OHM
Ohmsha

コンピュータでとく数学

データサイエンスのための
統計・微分積分・線形代数

矢吹太朗 著

はじめに

　本書は，コンピュータを使って大学教養レベルの統計・微分積分・線形代数（以下，教養数学という）を学ぶための教材です．読者には，教養数学の問題をコンピュータを使って解けるようになってもらいたいと思います．身に付けてもらいたいことは次の通りです．

- 問題を理解するのに必要な数学力
- コンピュータが処理できる形で問題を表現するプログラミング能力
- コンピュータの出した結果が正しいかどうかを判断する力

　本書におけるコンピュータはブラックボックスではありません．本書では，コンピュータの中でどういう処理が行われるか，その結果としてどういうものが出てくるかを想定できるようなプログラムだけを扱います．生成 AI を活用すると想定の範囲を超えられるのですが，そのようにしてコンピュータをブラックボックスにすることは，本書ではありません（4.2.1 項は例外）．

　教養数学の具体的な目標を表 1 のように設定します．統計の「線形回帰分析についての統計的推論の理解」は本書全体の目標とも言えます．それをどこまで深く理解したいかによって，微分積分と線形代数の必要性は変わるでしょう．

　線形回帰分析はひとことで言えば，図 1 のようにデータに直線を当てはめて分析する手法です．コンピュータを使えば直線を引くのは簡単です．しかし，直線はどのような理論にもとづいて引かれるのでしょうか．直線の周りにあるグレー部分は何でしょうか．こういう疑問に答えるためには，微分積分と線形代数に関して，表 1 の目標まで到達する必要があります．

　筆者が線形回帰分析を重視する理由は次のとおりです．

① 　線形回帰分析は，自然科学・社会科学のデータを扱う多くの分野で使われ

表 1　本書における統計，微分積分，線形代数の具体的な到達目標

科目	目標
統計	線形回帰分析についての統計的推論の理解
微分積分	多変数関数の微分積分の理解
線形代数	特異値分解と擬似逆行列の理解

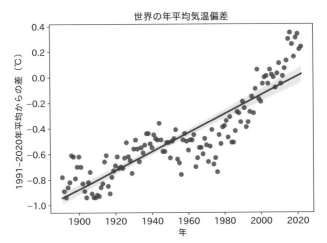

図 1　線形回帰分析の例：気象庁（`https://www.data.jma.go.jp/cpdinfo/temp/an_wld.html`）で公開されているデータを 11.3.4 項の方法で可視化した結果

　る．また，人工知能・データサイエンスについて学ぶときの出発点となる．
② 　線形回帰分析に話題を集中させることで，「何の役に立つかわからない」という疑問によるモチベーションの低下を防げる．
③ 　扱う話題を線形回帰分析に関連するものに限定しても，教養数学の大部分をカバーできる．

　線形回帰分析に関連するものに限定すると言っても，学ばなければならないことはたくさんあり，紙とペンだけで進むのは大変です．本書では，コンピュータを使うことでその負担を軽減することを試みます．この学び方は，「先に全体像を把握したい」，「学び直したい」という場合に特に有効だと思います．この学び方が合う人に本書が届いて，役立つことを願います．

　本書の草稿を査読してくださった，中村英史博士（ウルフラムリサーチアジアリミテッド），辻真吾博士，長谷川禎彦博士（東京大学），中居幸太君（千葉工業大学），完成を楽しみにしてくれた矢吹一惠と矢吹真人に感謝します．

2024 年 3 月

矢吹太朗

目　次

第II部　統計

第 III 部　微分積分

第 IV 部　線形代数

メモ目次

本書の読み方

●前提知識

本書では，高校数学を学んだことがある読者を想定しています（ただし，数学 III は学んでいなくてもかまいません）．これは，そのくらいの数学の経験を想定するという意味です．高校数学の教科書に載っていることを全て知っている必要はありません．教科書を読みながらであれば練習問題は解ける，と思えるならそれで十分です．

●コード

本書では，計算のほぼ全てをコンピュータで行います．そのために，表 2 のような環境やプログラミング言語を使います．Wolfram|Alpha は英語や日本語などの自然言語が使える環境です．Python と R はプログラミング言語，Mathematica は Wolfram 言語の環境です．本書では，環境とプログラミング言語を区別しない場合は，システムといいます．

本書を読み進めるうえでは，Python・R・Mathematica のどれか一つに注力してかまいません．複数のシステムを使うことにも利点がありますが，それについては後で説明します．

システムの選び方の例を挙げます．

- 身近に質問できる人がいる場合は，その人が勧めるものを使う．
- 大学の講義等のガイドとする場合は，そこで使われているものを使う．
- 読みたい書籍で使われているものがある場合は，それを使う．
- 数式処理と数値計算を統一的に行いたい場合は，Mathematica を使う．
- 数式処理を行いたい場合は，Python か Mathematica を使う．

表 2　本書で使用するシステム（環境やプログラミング言語）

システム	特徴
Wolfram|Alpha	自然言語による問合せが可能なウェブサイト．スマートフォンやタブレット用のアプリもある．有料版の「ステップごとの解説（Step-by-step solution）」機能が役立つこともあるが（図 14.6），本書では無料版を想定する．
Python	汎用の高水準プログラミング言語（フリーソフトウェア）
R	データサイエンスでよく使われるプログラミング言語（あるいはプログラミング言語 S の環境）（フリーソフトウェア）
Mathematica	強力な表現能力と数学ライブラリをもつ Wolfram 言語の実行環境（Raspberry Pi 版は無料）．Wolfram 言語自体は，Wolfram Engine（ローカル環境），または Wolfram Cloud（クラウド環境）で無料で使える．本書では，Wolfram 言語とその実行環境である Mathematica を区別せず，両方を Mathematica という．

● 「確認」しながら学ぶこと

　数学的な題材を理解するというのはどういうことでしょうか.

　中学校で学ぶ「2 の平方根」を例に考えてみたいと思います.「2 の平方根」について理解していると, 次のようなことがわかります.

① 　a が 2 の平方根だというのは, $a^2 = a \times a = 2$ だということである.
② 　2 の正の平方根が唯一つ存在する (それを $\sqrt{2}$ と表す).
③ 　2 の平方根は $\pm\sqrt{2}$ の二つだけである.
④ 　$\sqrt{2}$ は無理数 (二つの整数の比では表せない数) である.
⑤ 　$\sqrt{2}$ の 10 進小数表示は 1.4142 $\cdots$ である (無限に続く).
⑥ 　$\cdots$「「「「「2 の正の平方根」の正の平方根」の正の平方根」の $\cdots$ は, 1 である.

　①と, ②の括弧内は定義です. それ以外は命題 (真偽を求められる数学的主張) であり, 真だと言うためには, 証明が必要です. しかし,「2 の平方根の理解」には, 証明は必ずしも必要ではないかもしれません. 理解には, 証明以外にもさまざまなものがかかわるはずです. そもそも, 定義には証明はありませんから, 定義を理解するためには証明以外の何かが必要です.

　例えば, ⑤や⑥については, 証明を読み書きしたことがなかったり, どうやって証明するかわからなかったりしても, 直観的に理解しているのではないでしょうか. ⑤は, 電卓で $\boxed{2}\,\boxed{\sqrt{}}$ として確認できます. その後で $\boxed{\sqrt{}}$ を連打すれば, ⑥も確認できます. (一部の電卓では $\sqrt{2} \simeq 1.4142$ を得るのに $\boxed{\sqrt{}}\,\boxed{2}\,\boxed{=}$ としなければならず, ⑥の確認が少し面倒です.)

　このように, 数学的主張に合う結果を計算機 (電卓やコンピュータ) で得ることを, 本書では「確認」といいます. この「確認」は証明ではないことに注意してください. 電卓で $\boxed{2}\,\boxed{\sqrt{}}$ として約 1.4142 を得ることは, ⑤の証明にはなりません. ⑤が正しそうにみえる, というだけのことです.

　本書で提案したいのは, この「確認」によって題材に慣れることです. 証明を読み書きしたり, 練習問題を解いたりすることに加えて, この「確認」を積み重ねることで, 理解が深まることを期待するのです. ただし, このような学び方ができるのは, 扱っている命題が実は証明できるからです. 間違った主張や証明できるかどうかわからない主張について「確認」を積み重ねるのは, 本書の試みとはまったく別のことです.

● コンピュータ活用の三つの特徴

　コンピュータを活用して数学を学ぶことの特徴を三つ紹介します.

〔特徴 1〕

　「全体像を把握してから, 細部を理解する」というスタイルで学べます. なお, 全体像の把握は,「何となくわかる」ではなく「結果を出せる」ということです.

　本書でほとんどの命題の証明を割愛しているのは, 全体像の把握を優先しているからです. とはいえ, 完全理解に証明は不可欠です. 全体像を把握した後で証明を補いたいという読者のために, 教養数学 (統計・微分積分・線形代数) の標準的な教科書を参考文献に挙げています.

〔特徴 2〕

　計算の難しさ, 効率よく計算するための工夫, 計算のテクニックに気をとられずに, 概念の理解に集中できます.

　紙とペンだけを使って教科書を読んでいて, 途中の面倒な計算で, 時間, 気力, 体力を消費することがあります. 何をしているのかわからなくなってしまうことすらあります. 面倒な計

算をコンピュータに任せれば，そういう危険を避けられるかもしれません．

コンピュータには，紙とペンでは試すのが難しい思いつきを，簡単に試せることがあるという利点もあります．

〔特徴 3〕

コンピュータという「他者」を相手にすることで，自分の理解が深まります．

学習者にとって，コンピュータは他者であり，勝手な思い込みは通じません．例えば，何の仮定もなしに $\sqrt{(x-1)^2}$ を $x-1$ にしたり，$\sqrt{a}\sqrt{b}$ を $\sqrt{ab}$ にしたりする，初学者がおかしがちな間違いを，コンピュータはしません（2.6 節を参照）．

また，プログラミング言語は自然言語より厳密なので，それを使ってコンピュータを操作するときには，人間が相手なら気にしなくてよいことにも注意しなければなりません．例えば，関数 f と，その x における値 $f(x)$ とは別物ですが，この二つを混同しても，相手が人間なら，文脈から意味を推測するので，あまり問題にはなりません．しかし，相手がコンピュータの場合は，f とすべきところを f(x) としたり，f(x) とすべきところを f とすると，適切な結果は得られません（2.3.2 項を参照）．

「計算をコンピュータにまかせたら，自分は何も理解できないのではないか」と心配する必要はありません．まずは用意されている機能を使って題材に慣れます．その後で，あえてその機能を使わずに，結果を再現することを試みます．コンピュータという他者にやり方を教えるのです．例えば，線形代数の目標の一つである特異値分解は，まず 20.1.1 項で簡単に求められることを知り，20.1.2 項の応用例（画像圧縮）で慣れてから，20.1.3 で再現します．このような過程の中で，解説を読むだけでは気付かなかった細部に気付くでしょう．その気付きが，証明を読んで納得するのとは異なる理解につながります．そういう題材が本書には詰まっています．

●なぜ複数のシステムを使うのか

前述のとおり，本書を初めて読む際には，Python, R, Mathematica のどれか一つに注力してかまいません．しかし，慣れてきたら，複数のシステムを比べながら使うことを勧めます．複数のシステムを使うことには二つの利点があります．

第 1 に，一つの問題をさまざまなシステムで解こうとすると，問題をさまざまな抽象度で考えることになり，結果として，問題に対する理解が深まります．例えば，$y = x^2 - 5x + 6$ と x 軸で囲まれる領域の面積を求めたいとしましょう．このとき，領域の面積を求める機能が用意されているシステムなら，その機能を使うだけで済みます．一方，そういう機能のないシステムでは，面積を求めるための積分を行うことになります．さらに，積分の機能のないシステムでは，積分のためのプログラムを書くことになるでしょう．

第 2 に，複数のシステムで同じ結果を得ることで，結果の正しさや自分の理解への確信度が高まります．人間もコンピュータも間違う可能性があります．間違いに気付くには，複数の方法で解いてみることが有効です．紙とペンでの結果と，あるシステムでの結果，さらに別のシステムでの結果が同じになれば，その結果が正しいこと，自分が問題を理解できていることの確信度が高まるでしょう．

●本書の構成

本書は，第 I 部から第 IV 部までの 4 部構成となっています．

第 I 部では，高校数学を復習しながら，Wolfram|Alpha, Python, R, Mathematica の基本的な使い方を学びます．続いて，第 II 部で統計，第 III 部で微分積分，第 IV 部で線形代数

を学びます．第 I 部と第 II 部は通読して，第 III 部と第 IV 部は必要に応じて読み進めてください．

　より深いレベルでの理解を目指す場合は，本書を読んだ後で（または読みながら），統計，微分積分，線形代数の，「証明」を割愛していない，本格的な教科書を読むとよいでしょう．巻末の文献リストを参考にしてください．

　各部は，章 > 節 > 項で構成されています．節単位で読むことを勧めます．

　見出しに「♠」が付いているところや脚註では，補足や発展的な話題を扱っています．本書を初めて読む際には，飛ばしてもかまいません．

　重要な数学的事実を「メモ」としてまとめています．「メモ目次」にタイトルとページをまとめてあるので，活用してください．

●記法

本書では，次のような記法を採用しています．

- **集合**を波括弧 {} で表す．例：10 未満の素数の集合を，$\{p \mid p$ は 10 未満の素数 $\}$ あるいは $\{2, 3, 5, 7\}$ と表す（p は要素に付けた仮の名前）．
- x が集合 A の要素（元）であることを，$x \in A$ と表す．
- 集合 A と B の差を $A \setminus B$ で表す．例：$\{0, 1, 2, 3\} \setminus \{0, 2\} = \{1, 3\}$.
- $\leq$ は $\leqq$ と同じ，$\geq$ は $\geqq$ と同じである．
- 「左辺 := 右辺」で左辺を右辺によって定義することを表す．これは，Python と Mathematica のコードでは「=」，R のコードでは「<-」となる（例 2.13 を参照）．「左辺 =: 右辺」で右辺を左辺によって定義することを表す．
- 「左辺 = 右辺」で左辺の計算結果と右辺の計算結果が等しいことを表す．これは，コードでは「==」となる（例 2.13 を参照）．
- 文章中の，0.1 のように小数点を含んだタイプライタ体で表される数値は**近似値**である．例えば，0.1 はちょうど $\frac{1}{10}$ ではなく，約 $\frac{1}{10}$ ということである．また，$1230 = \frac{123}{100} \times 10^3$ のことを 1.23e2，$\frac{123}{10000} = \frac{123}{100} \times 10^{-2}$ のことを 1.23e-3 のように表す**指数表記**は，近似値を表すためだけに使う（2.5 節を参照）．
- ベクトルを丸括弧で，行列を角括弧で表す（17.6.2 項を参照）．

  例：$\begin{pmatrix} 1, 2 \end{pmatrix}$ と $\begin{pmatrix} 1 \\ 2 \end{pmatrix}$ はベクトル，$\begin{bmatrix} 1 & 2 \end{bmatrix}$ と $\begin{bmatrix} 1 \\ 2 \end{bmatrix}$ は行列である．

- δ_{ij} は**クロネッカーのデルタ**（Kronecker's delta）で，$i = j$ なら 1，$i \neq j$ なら 0 である．
- Python と R の「#」以降行末まで，Mathematica の「(*」から「*)」は**コメント**である．
- 文章や数式で α や β などのギリシャ文字を使っていても，コードではそれらを alpha や beta などと表す．プログラミング言語自体はギリシャ文字をサポートしていたとしても，コードは ASCII 文字だけで書くのが安全だと筆者が考えているからである（コメントは例外）．ギリシャ文字（小文字）のコードでの表記法を表 3 にまとめる．

表3 ギリシャ文字（小文字）とそのコードでの表記法

文字	表記法	文字	表記法	文字	表記法	文字	表記法
α	alpha	η	eta	ν	nu	τ	tau
β	beta	θ	theta	ξ	xi	υ	upsilon
γ	gamma	ι	iota	o	omicron	ϕ	phi
δ	delta	κ	kappa	π	pi	χ	chi
ε	epsilon	λ	lambda	ρ	rho	ψ	psi
ζ	zeta	μ	mu	σ	sigma	ω	omega

●サンプルコード

　本書に掲載しているコードは，サポートサイト[*1]で公開します．しかし，プログラミングに慣れていない場合は，サポートサイトのコードをそのまま使うのではなく，書籍をみながら自分で入力することを勧めます．簡単そうなコードでも，自分で入力して実行しようとすると，些細なミスのせいで動かないことがあります．そういうことへの対応を繰り返すことで，プログラミングに慣れるのです．

[*1] https://github.com/taroyabuki/comath

I 入門

　第I部では，本書で使うシステム（Wolfram|Alpha，Python，R，Mathematica）の使い方を説明します．

　もし第I部の数学の内容が難しいと感じる場合は，本書を読む前に高校数学（特に数学Iと数学A）を学ぶことを勧めます．ただし，大学入試の難しい問題を解けるようになる必要はありません．高校で使われる検定教科書の練習問題を解けるようになれば十分です．検定教科書が手もとにない場合は，文献[12]のような高校数学全体を1冊にまとめたものがあるとよいでしょう．

## 第 1 章

実行環境

■ 1.1 Wolfram|Alpha

Wolfram|Alphaは，ウェブブラウザ（Chrome，Edge，Firefox，Safari のような，ウェブサイトを閲覧するためのソフトウェア）で https://www.wolframalpha.com にアクセスし，計算したいことを日本語や英語などの自然言語で入力して使います．どのようなことができるのかを知るために，サイトでまとめられた使用例[*1]に軽く目を通しておくとよいでしょう．

例 1.1　$6x^2 - 24$ を**因数分解**して，$6(x-2)(x+2)$ を得ます[*2].

Wolfram|Alpha
`factor_6x^2-24`

　本書では，Wolfram|Alpha への問合せを表す文字列中のスペース（ASCII のスペース，いわゆる半角スペース）を␣と表記します．これは，必要なスペースに気付きやすくするためです．なお，Wolfram|Alpha は入力文字数の制約が厳しいので，不要なスペースは入れないようにします．（本書の Python，R，Mathematica のコードには，見やすくするためにスペースを入れることがあります．）

　また，本書では Wolfram|Alpha への問合せに英語を使いますが，言語設定を日本語にすると，次のように日本語で問い合わせることもできます．

Wolfram|Alpha
`6x^2-24の因数分解`

　因みに，Wolfram|Alpha の結果には Mathematica のコードが含まれることがあるので，Mathematica での書き方がわからないときには，まず Wolfram|Alpha に問い合わせてみるとよいでしょう．

　Mathematica に詳しい場合は，Wolfram|Alpha に Mathematica のコードを入力してみてもよいでしょう．Mathematica の一部の関数は Wolfram|Alpha でも実行できるからです[*3]．ただし，Mathematica のどの関数が Wolfram|Alpha で実行できるのかは公開されていませんし，現在実行できるコードが将来も実行できるとは限りません．

[*1]　https://www.wolframalpha.com/examples

[*2]　Mathematica には，ノートブックから Wolfram|Alpha に問い合わせる機能があります．最初に「=」あるいは「==」を入力すると現れるセルに，Wolfram|Alpha への問い合わせを入力して使います．

[*3]　$6x^2 - 24$ の因数分解なら `Factor[6 x^2 - 24]` です．

■ 1.2 Python・R・Mathematica

Python と R を使う場合に最も手軽なものの一つが **Google Colaboratory**[*4] です．これはノートブック環境（後述）を提供するクラウドサービスで，ウェブブラウザと Google のアカウントがあればすぐに使えます．使用できる計算資源（計算時間，記憶領域）が豊富な有料版もありますが，本書の範囲であれば無料版で十分です[*5]．

Mathematica を使う場合に手軽なのが **Wolfram Cloud**[*6] です．これもノートブック環境を提供するクラウドサービスで，ウェブブラウザと（無料で作れる）Wolfram ID があればすぐに使えます．Google Colaboratory と同様，使用できる計算資源の多い有料版もありますが，本書の範囲であれば無料版で十分です[*7]．

■ 1.2.1　使い方

Google Colaboratory と Mathematica では通常，**ノートブック**を使います．ノートブックは，文章，コード，実行結果をひとまとめにするものです．コードを入力して，Shift+Enter で**評価**するのが基本的な使い方です．評価するとは，コードを実行して結果を得ることです．

■ 1.2.2　ライブラリ，パッケージ，モジュール，クラス

Python, R, Mathematica では，言語自体がもつ機能以外にも，さまざまな機能が使えます．そのような機能の総体を**ライブラリ**といいます．また，ライブラリの要素を**パッケージ**といいます．さらに Python では，パッケージの要素を**モジュール**，モジュールの要素を**クラス**といいます．ライブラリとパッケージの関係は，図書館と書籍の関係のようなものだと思ってください．

■Pythonのライブラリ

実行環境にインストールされていないパッケージは，インストールして使います．例として，see というパッケージをインストールするコードを示します．本書で必要とするほかのパッケージは，Google Colaboratory にインストールされているはずです．

[*4]　https://colab.research.google.com/

[*5]　クラウド以外の選択肢の一つにコンテナがあります．コンテナを実現するソフトウェアの一つである Docker 用のイメージ（コンテナのひな形）で，Python や R の環境が整ったものを採用するとよいでしょう．本書のためのイメージとしては，quay.io/jupyter/datascience-notebook と rocker/tidyverse を勧めます [28]．

[*6]　https://www.wolframcloud.com

[*7]　クラウド以外の選択肢としては，まず Mathematica が挙げられます．Raspberry Pi OS 版は無料です．Raspberry Pi 版以外でも無料のものがほしい場合は，Wolfram 言語の実行環境である Wolfram Engine Community Edition (https://www.wolfram.com/engine/) を Wolfram Language kernel for Jupyter notebooks (https://github.com/WolframResearch/WolframLanguageForJupyter) と組み合わせて使います．ただし，その環境では Manipulate がうまく動かない恐れがあります．

```
                            Python
!python -m pip install see
```

　パッケージをインストールしたら，それを読み込んで使います．本書で必要なパッケージやモジュールを読み込むコードを示します[8]．実行する際には，本書のサポートサイト[9]からコピー＆ペーストしてください．

```
                            Python
import matplotlib.pyplot as plt
import numpy as np
import pandas as pd
import seaborn as sns
import statsmodels.api as sm
import statsmodels.formula.api as smf
import sympy as sym
from collections import Counter
from patsy import dmatrices
from scipy import linalg, stats
from scipy.integrate import quad
from scipy.optimize import minimize
from sklearn.linear_model import LinearRegression
from statsmodels.stats.proportion import binom_test
from statsmodels.stats.weightstats import CompareMeans, DescrStatsW, ttest_ind
from sympy import *
from sympy.stats import *
from sympy.plotting import plot3d
```

　本書では，パッケージ，モジュール，クラス等を読み込むためのコードはここだけに掲載し，ほかでは原則として省略します．このコードを実行せずに本書のコードを実行すると，エラーが発生することがあります．例えば，変数 x を使うつもりで var('x') とすると，次のようなエラーメッセージが表示されます．

```
        NameError: name 'var' is not defined
```

　このようなエラーが発生したら，パッケージ等を読み込むコードを実行してからやり直してください．

■Rのライブラリ

　実行環境にインストールされていないパッケージは，インストールして使います．例として，5 個のパッケージをインストールするコードを示します．本書で必要とするほかのパッケージは，Google Colaboratory にインストールされているはずです[10]．

---

[8]　　see は 1.3.2 項で読み込みます．

[9]　　https://github.com/taroyabuki/comath/blob/main/code/imports.py

[10]　　20.1.2 項だけで使う magick はそこでインストールします．

```R
install.packages(c("ellipse", "exactci", "matrixcalc", "mnormt", "pracma"),
                 repos = "https://cran.rstudio.com/") # reposは必須ではない.
```

パッケージは「library(パッケージ名)」として読み込んで使います. パッケージを読み込まずに,「パッケージ名::関数名」として, パッケージ中の特定の関数だけを使うこともできます. 本書では主に後者の方法を使います.

1.3　コードについての説明

本書では, コードの構成要素についての詳しい説明を割愛しています. コードがよくわからない場合は, 次のように対策してください.

① パターンマッチングにもとづく理解を試みる.
② リファレンスマニュアルを参照する.

1.3.1　パターンマッチングにもとづく理解

コードの意味は, パターンマッチングにもとづいて理解してもらいたいと思います. 次の例を使って説明します.

例 1.2　2 の非負の平方根（square root）の 10 進小数表示を求めて, 約 1.414 を得ます.

```Python
np.sqrt(2)
```

説明文, コード, 結果を比べると, 次のことがわかります.

- 非負の平方根の 10 進小数表示を np.sqrt で求める[*11]. sqrt ではない.
- np と sqrt は全て小文字. Np.Sqrt や NP.SQRT ではない.
- 計算の対象（ここでは 2）を括弧の中に書く.
- 括弧は丸括弧 (). 角括弧 [] や波括弧{}ではない.

これが, パターンマッチングにもとづく理解です. 本書では, パターンマッチングにもとづいて理解できると思われることについては, 説明を割愛します.

1.3.2　リファレンスマニュアルの参照

パターンマッチングではわからないようなことについては, リファレンスマニュアルを参照してください. リファレンスマニュアルの参照方法を, 本書で扱う典型的なコードを例に説明します. この段階ではコードの意味はわからなくてかまいません（7.3 節

[*11]　1.2.2 項の「import numpy as np」を前提としています.

を参照). (リファレンスマニュアルは英語で書かれていることが多いので, 英語が苦手な場合は機械翻訳を活用しながら読むとよいでしょう.)

■**Python**

```Python
data = pd.DataFrame({'x1': [1, 3, 6, 10], 'y': [7, 1, 6, 14]})
model = smf.ols('y ~ x1', data).fit()
model.params
```

1 行目の data が表すものを知りたいときは, data としてその内容を表示させるか, ?data または?pd.DataFrame としてリファレンスマニュアルを表示させます. 本書ではこれで十分だと思いますが, もっと詳しく知りたい場合は, 公式のドキュメント[*12]を参照したり, ウェブで検索したりするとよいでしょう. 1.2.2 項で「import pandas as pd」としているので, pd が pandas の略であることを意識すると, 調べやすいかもしれません.

2 行目の model についても同様で, ?model とするとリファレンスマニュアルが表示されます. さらに詳しく調べたい場合は, そこで参照されている公式ドキュメント[*13]を読みます. 1.2.2 項で「import statsmodels.formula.api as smf」としているので, smf.ols について調べる場合は, それが正式には statsmodels.formula.api.ols であることを意識してください.

3 行目の model.params についても同様で, ?model.params とするとリファレンスマニュアルが表示されます. model の後に.params と続けられることは, 次のように確認できます. その結果の一部を示します.

```Python
from see import see
see(model)
#    .outlier_test()    .params         .predict()         .pvalues
#    .remove_data()     .resid          .resid_pearson     .rsquared
#    .rsquared_adj      .save()         .scale             .ssr
#    .summary()         .summary2()     .t_test()
```

これをみると, model の後に.params や.summary2() を続けられることがわかります (後者には丸括弧があります). 慣れてくると, model. まで入力して, Tab キーあるいは Ctrl+Space で候補を表示させて, そこから params を選ぶようになるでしょう.

[*12]　https://pandas.pydata.org/docs/reference/api/pandas.DataFrame.html

[*13]　https://www.statsmodels.org/dev/generated/statsmodels.regression.linear_model.RegressionResults.html

表 1.1 Mathematica における括弧の形とその意味

括弧の形	意味
( )	計算結果をまとめる．例：2(1 + 1) の結果は 4．
[ ]	関数に引数を与える．例：Fibonacci[3] の結果は 2．
{ }	リストを作る（3.1 節）．
[[ ]]	要素にアクセスする（3.1 節）．
<| |>	連想を作る（3.2 節）．

■R

```R
data <- data.frame(x1 = c(1, 3, 6, 10), y = c(7, 1, 6, 14))
model <- lm(y ~ x1, data)
summary(model)
```

1 行目の data が表すものを知りたいときは，data としてその内容を表示させるか，class(data) としてその型（"data.frame"）を表示させます．data.frame について知りたければ，?data.frame としてリファレンスマニュアルを表示させます．

2 行目の model についても同様で，class(model) として，型（"lm"）を得ます．lm については?lm で調べます．

3 行目の summary については，?summary ではなく，?summary.lm で調べます．summary は一般的なもので，引数（丸括弧の中の記述）によって処理が変わります．ここでの引数 model の型が lm なので，「.lm」を付けるのです．

なお，上のコードに続いて model$coefficients などとすることがあります．このように，model の後に$coefficients を付けられることは，attributes(model) で確認できます．

■Mathematica

```Mathematica
data = {{1, 7}, {3, 1}, {6, 6}, {10, 14}};
model = LinearModelFit[data, X1, X1]
model["BestFitParameters"]
```

Mathematica についてのドキュメント（リファレンスマニュアルを含む）は，ドキュメントセンター[*14]にまとめられているので，何か調べようとするときには，ここを参照することになります．頻繁に参照する場合はローカル環境にダウンロード，インストールしておくとよいでしょう（メニュー → ヘルプ）．

Mathematica では，括弧の形から意味が一意に決まります（表 1.1）．

表 1.1 をふまえると，上記のコードの 1 行目ではリストを作っていることがわかり

---

*14　https://reference.wolfram.com/language/

ます．リストについては本書の 3.1 節でも説明しますが，ドキュメントセンターの
「guide/ListManipulation」（コアとなる言語と構成 → リスト）にも詳しい説明があ
ります．

　2 行目の LinearModelFit については，?LinearModelFit で調べられますが，
Mathematica や Wolfram Cloud を使っている場合は，LinearModelFit の上に（マ
ウスでなく）文字入力のカーソルがある状態で F1 キーを押して，ドキュメントを表示
させるのが簡単です．Wolfram Engine を使っている場合は，ウェブにあるドキュメン
ト[15]を参照してください．

　3 行目の model["BestFitParameters"] については，上記の LinearModelFit の
ドキュメントで解説されています．慣れてくると，model["Properties"] として表示
される中から，必要なものを見つけられるようになるでしょう．

　なお，Mathematica 自体には含まれていない，Wolfram Function Repository[16]で
公開されている関数を使うことがあります．本書の例 13.7 にある ResourceFunction
["LocalExtrema"] がその一例です．これについて詳しく知りたい場合は，Wolfram
Function Repository のウェブサイトで LocalExtrema を検索して，解説ページ[17]を
見つけます．

---

[15]　https://reference.wolfram.com/language/ref/LinearModelFit.html

[16]　https://resources.wolframcloud.com/FunctionRepository/

[17]　https://resources.wolframcloud.com/FunctionRepository/resources/Loca
lExtrema/

## 第 2 章

数と変数

2.1 簡単な計算

2.1.1 数の四則演算と累乗

四則演算（足し算・引き算・掛け算・割り算あるいは加算・減算・乗算・除算）には，+, -, *, /を使います．この段階では，演算の対象は整数，自然数（1 以上の整数），有理数（整数の比），実数だと考えてください．コンピュータ特有の事項を 2.5 節で説明します．

例 2.1 $2 \times (-3)$ を求めて，-6 を得ます．

共通
`2 * (-3)`

Wolfram|Alpha と Mathematica ではスペースも乗算になります．因みに，次のコードのスペースは省略できます．

Wolfram|Alpha, Mathematica
`2_(-3)`

計算は左から行うのが原則ですが，+, -, *, /が混在しているときは，*, /が優先されます．計算の順序は丸括弧 () を使って明示するのが安全です．

例 2.2 $(1 + 2) \times 3$ を求めて，9 を得ます．

共通
`(1 + 2) * 3`

「1 + 2」と「1+2」は同じ式です．本書では，コードを見やすくするために，前者のように演算子（ここでは +）の前後にスペースを入れることがあります[1,2]．

例 2.3 2^{10} を求めて，1024 を得ます．

累乗（ベキ乗）は，Python では「**」，Mathematica では「^」で表します．

---

[1] 文字数に制限のある Wolfram|Alpha では，文字数を節約したいので，このような見やすくするためのスペースは，原則として入れません．

[2] Python では日本語のスペース（いわゆる全角スペース，Unicode では U+3000）を使うとエラー（SyntaxError）になります．

Wolfram|Alpha と R では「^」と「**」の両方を使えます.

```
Wolfram|Alpha, R, Mathematica
2^10
```

```
Wolfram|Alpha, R, Python
2**10
```

2.1.2　数や式の比較

　数や式の比較には，等号（==），等号否定（!=），未満（<），以下（<=），以上（>=），超過（>）などを使います.

例 2.4　$-2 < -1$ を評価して，真（成り立つということ）を得ます[3].

　コードを実行して結果を得ることを**評価**といいます. ここで行っている評価は，真偽，つまり**真**（true）と**偽**（false）のどちらなのかを求めることです.
　真と偽は，R では TRUE と FALSE，ほかのシステムでは True と False と表します[4]. 真と偽をまとめて**論理値**（**真理値**，真偽値）といいます.

```
共通
-2 < -1
```

例 2.5　$2 + 2 = 5$ を評価して，偽（成り立たないということ）を得ます.

　これらの例のように，真偽を求められる主張を**命題**といいます.

```
共通
2 + 2 == 5
```

例 2.6　「$7 < 5$ のときは 10，そうでないときは 20」を評価して，20 を得ます.

　このような，条件の評価結果によって値が決まる式を，**条件式**といいます. この例は条件式の書き方を説明するためのものであって，実用的ではありません. 条件式が実用的になるのは，条件（ここでは $7 < 5$）が実行時に決まるときです.

```
Python
10 if (7 < 5) else 20
```

---

[3]　R では「<-」に特別な意味があるため（2.2 節），「<」の後にスペースを入れるか，「-2<(-1)」としないとエラーになります.

[4]　R では TRUE の代わりに T，FALSE の代わりに F が使えるのですが，T や F は代入によって別のものを表せるので，常に TRUE と FALSE を使うのが安全です.

R

```
if (7 < 5) 10 else 20
```

Mathematica

```
If[7 < 5, 10, 20]
```

例 2.7 $x < 1$ を評価して，そのままの式（$x < 1$）を得ます[*5].

Wolfram|Alpha, Mathematica

```
x<1
```

Python

```
var('x') # xが変数であることの宣言
x < 1
```

この例の $x < 1$ のように，x の値が決まると命題になる，つまり真偽を求められるようになる主張を，x の**条件**（**述語**）といいます．本書では，命題と条件を区別せずに**主張**ということがあります．

例 2.8 $x = y$ を評価して，そのままの式（$x = y$）を得ます[*6].

Python

```
var('x y')
Eq(x, y)
```

Mathematica

```
x == y
```

🔲 2.1.3　恒等式の評価♠

（見出しに♠が付いているところでは，補足や発展的な話題を扱っています．本書を初めて読む際には，飛ばしてもかまいません．）

任意の実数 x に対して $x^2 - 1 = (x + 1)(x - 1)$ が成り立ちますが，この式を例 2.8 の方法で評価しても，そのままの式を得るだけです．右辺を展開してから評価すれば真を得ますが，次のように式全体を ^simplify^ 簡約するのが汎用的です（簡約については 2.6 節を参照）．

[*5]　Python では，x が変数（variable）だという宣言 var('x') が必要です．1.2.2 項の「from sympy import *」を前提としています．

[*6]　Python では，記号を含む式が等しい（equal）という条件は，「==」ではなく Eq を使って表します．

```
                                    Python
simplify(Eq((x**2 - 1), (x + 1) * (x - 1)))
```

```
                                  Mathematica
x^2 - 1 == (x + 1) (x - 1) // Simplify
```

🔲 2.1.4 論理演算

真理値，命題，条件についての演算を**論理演算**といいます．よく使う論理演算に，否定，論理和，論理積があります．

まず，真理値（命題）の否定，論理和，論理積を試します．

例 2.9 「$0 < 1$ の**否定**」「$0 < 1$ **でない**」（論理式は $\neg(0 < 1)$）を求めて，偽を得ます．

```
                           Wolfram|Alpha, Python
not(0<1)
```

```
                                      R
!(0 < 1)
```

```
                                  Mathematica
Not[0 < 1] (* 方法1 *)
! (0 < 1)  (* 方法2 *)
```

例 2.10 「$0 < 1$ と $2 > 3$ の**論理和**」つまり「$0 < 1$ **または** $2 > 3$」（論理式は $0 < 1 \lor 2 > 3$）を求めて，真を得ます．

```
                           Wolfram|Alpha, Python
(0<1)or(2>3)
```

```
                                      R
(0 < 1) | (2 > 3)
```

```
                                  Mathematica
Or[0 < 1, 2 > 3]    (* 方法1 *)
(0 < 1) || (2 > 3) (* 方法2 *)
```

例 2.11 「$0 < 1$ と $2 > 3$ の**論理積**」つまり「$0 < 1$ **かつ** $2 > 3$」（論理式は $0 < 1 \land 2 > 3$）を求めて，偽を得ます．

```
                      Wolfram|Alpha, R
(0 < 1) & (2 > 3)
```

```
                         Python
(0 < 1) and (2 > 3)
```

```
                       Mathematica
And[0 < 1, 2 > 3]  (* 方法1 *)
(0 < 1) && (2 > 3) (* 方法2 *)
```

　次に，条件の論理演算を試します．ここでは簡単な条件の否定だけを試し，複雑な場合は第5章で扱います．

例2.12　「$10 < x$の**否定**」（$10 < x$**でない**．論理式は $\neg(10 < x)$）という条件を評価して，$x \leq 10$ を得ます．$x \leq 10$ は，$\neg(10 < x)$ を真にするような x の条件です[*7].

```
                 Wolfram|Alpha,Mathematica
Not[10<x]
```

```
                         Python
var('x')
Not(10 < x)
```

■ 2.2　変　数

　さまざまな値（データ）をとりうるものを**変数**といい，変数に具体的な値を割り当てることを**代入**といいます．変数に値を代入することは，その値に名前を付けることでもあります．

例2.13　$x := 5$ とすると，$x = 5$（は真である）．

　この文章の前半と後半は，似て非なるものです．
　前半の「$x := 5$ とする」というのは，変数 x の値を 5 にするということです．これに対応するコードは「x = 5」です．

[*7]　Pythonでは，真理値の論理演算と条件の論理演算では記法が異なります．条件 X, Y に対して，$\neg X$ は Not(X)，$X \vee Y$ は Or(X, Y)，$X \wedge Y$ は And(X, Y) です．Not, Or, And で真理値の論理演算も行えますが，not, or, and で条件の論理演算は行えません．常に Not, Or, And を使えばよいようにみえますが，これらは SymPy のものなので，そういうわけにはいきません．

　後半の「$x = 5$」は x についての**条件**で，x の値が決まると真偽が決まります．x の値が 5 なら真，x の値が 5 以外なら偽です．これに対応するコードは「x == 5」です．

　慣習的には「$x = 5$ とすると，$x = 5$（は真である）」と書かれることもありますが，これでは「$x = 5$」の意味を文脈から推測しなければなりません．本書では「$:=$」という記号を導入して，コードと同様に，文章や数式でも外見で違いがわかるようにします．

```
                       Wolfram|Alpha
x==5␣where␣x=5
```

```
                  Python, R, Mathematica
x = 5;  x == 5
```

　R では「x = 5」の代わりに「x <- 5」とも書けます．本書では主に「<-」を使います（上は例外）[*8].

> **例2.14**　a を $1 + 2$，b を 9 として（a に $1 + 2$，b に 9 を代入して），$a(b + 1)$ を求めて，30 を得ます[*9].

```
                       Wolfram|Alpha
a␣(b+1)␣where␣a=1+2,b=9
```

```
                         Python, R
a = 1 + 2
b = 9
a * (b + 1)
```

```
                        Mathematica
a = 1 + 2;
b = 9;
a(b + 1)
```

　このように，短い文が続く場合に，紙面を節約するために，次のようなコードを書くことがあります．

```
                           共通
a = 1 + 2; b = 9; a * (b + 1)
```

[*8]　R の「x = 5」と「sqrt(x = 5)」では，「=」の意味が違います．意味が違うので，前者を x <- 5 として，表記を変えたほうがわかりやすいのです．

[*9]　$a(b + 1)$ という数式の意味が，$a \times (b + 1)$ のことなのか，$b + 1$ における関数 a の値のことなのかは，文脈から判断します（この場合は前者）．コードでは外見で区別できます（2.3.2 項を参照）．

　ここで，セミコロン「;」は文の区切りを意味します．ただし，Mathematica では，セミコロンに出力の抑制という意味もあるので，最後にセミコロンを付けると何も表示されなくなります．

　代入時に代入した値を確認したいときは，R では代入文を丸括弧 () で囲み，Mathematica では行末の「;」をなくします[*10]．

R

```
(a <- 1 + 2)
```

Mathematica

```
a = 1 + 2
```

　このコードを実行すると，a の値は 3 になり，画面には 3 が表示されます．ただし，この方法が有効なのは，対話的に使っている場合だけです．代入した値を常に表示したい場合は，Python と R では print(a)，Mathematica では Print[a] とします．

2.2.1　変数を記号に戻す方法

　例 2.15　a = 3 として変数にデータを代入した後で，a をただの記号に戻し，$(a+1)^2$ を展開（expand）して，9 ではなく $a^2 + 2a + 1$ を得ます[*11]．

Python

```
a = 3
var('a') # 変数を記号にする.
expand((a + 1)**2)
```

Mathematica

```
a = 3;
Clear[a]; (* 変数を記号にする. *)
Expand[(a + 1)^2]
```

2.2.2　変数名の付け方

　変数の名前は一部の例外（後述）を除けば，何でもかまいませんが，表 2.1 のような慣習があります．特に他人と共有するコードでは，これらの慣習に従ったほうが，コ

---

*10　Python にも「(a := 1 + 2)」という記法があるのですが，丸括弧の有無によって中の式の意味が変わるのがわかりにくいので，本書では採用しません．

11　Mathematica には，Clear[a] と似たような意味の ClearAll[a], Unset[a]（あるいは「a = .」），Remove[a] という記法もあるのですが，本書では Clear だけを使います．Clear["Global`*"] とすると，全ての変数がただの記号になります（「`」はシングルクォートではなくバッククォートで，日本語キーボードでは Shift+@ で入力します）．本書の全ての章と節では，最初に Clear["Global`"] が実行されると考えてください．

表 2.1　変数名の付け方（慣習）

名前	用途（慣習）
a, b, c	定数
f, g, h	関数
i, j, k	順序数（順番を表すのに使う整数）
m, n	基数（個数を表すのに使う整数）
p, q, r, s, t, u	パラメータ
x, y, z	未知数，座標
lhs, rhs	式の左辺（left-hand side）と右辺（right-hand side）
tmp	一時的な変数
大文字のアルファベット	行列

ミュニケーションが円滑になります．

変数名は 1 文字である必要はなく，2 文字以上でもかまいません．

Python で変数名として使えない文字列は次のように確認できます．

```Python
import keyword
keyword.kwlist
```

R で変数名として使えない文字列はウェブページ[*12]で確認できます．

Mathematica では，製品に含まれているものの名前は大文字で始まるので，小文字で始まる名前なら安心して使えます．自分で付ける名前は小文字から始まるものにするのはよい原則です．しかし，行列のように，大文字の名前を使いたい場合もあるので，本書ではこの原則にはこだわりません．とはいえ，C, D, E, I, K, N, O には機能やデータが割り当てられているので使えません．使おうとするとエラーになるので，間違って使う心配はありません．

Python, R, Mathematica のいずれも，名前に機能やデータが割り当てられているかどうかは，「?名前」で調べられます（例：「?str」）．

2.2.3　添字付きの変数

x_1, x_2, x_3 のような，下付数字（subscript）の付いた**添字付変数**をコードで表す簡単な方法は，x1, x2, x3 のような，後ろに数字を付けた変数名を使うことです．この方法は，Python, R, Mathematica では問題なく使えますが，Wolfram|Alpha では x2 が x^2 と解釈される場合があるので注意が必要です（例：x2-5x+6=0）[*13]．

[*12]　https://cran.r-project.org/doc/manuals/r-release/R-lang.html#Reserved-words

[*13]　本書では，x_i の 2 乗を x_i^2 ではなく x_i^2 と表します．添字が上下に付く場合は，上の添字は指数です．

例 2.16　$x_1 := 2$, $x_2 := 3$ に対して，$x_1 + x_2$ を求めて，5 を得ます．

共通

```
x1 = 2; x2 = 3; x1 + x2
```

添字の分離♠

Mathematica には，添字付きの変数をたくさん使いたいときや，反復操作の対象にしたいときに便利な，Subscript[名前，添字] という記法があります．それを使って $x_1 + x_2$ を求めて，5 を得ます[14]．

Mathematica

```
Subscript[x, 1] = 2; Subscript[x, 2] = 3; Subscript[x, 1] + Subscript[x, 2]
```

このように添字を分離しておくと，添字を対象にした反復処理などができて便利です．

2.2.4　遅延値（Mathematica）

x = 1 の後で y = x + 1 とすると，y の値は 2 になります．続いて x = 2 としても，y の値は 2 のままです．

Python, R, Mathematica

```
x = 1; y = x + 1; x = 2; y
```

x と y の間に $y = x + 1$ という関係があるとしましょう．上のコードでは，x を更新しても y は更新されないので，$y = x + 1$ という関係は保たれません．この関係を保つためには，x の更新後に，もう一度 y = x + 1 としなければなりません．

Mathematica では，「=」の代わりに「:=」を使うことで，この手間を省けます．「:=」を使うと，右辺を未評価のまま左辺に代入するからです．このように設定される値を**遅延値**といいます[15]．

Mathematica

```
x = 1;
y := x + 1; (* yは「2」ではなく「x + 1」になる. *)
x = 2;
y           (* 「x + 1」は「2 + 1」つまり3. *)
```

---

[14]　Mathematica には Indexed[x, 1] という記法もありますが，これに対しては代入ができません．Python の IndexedBase も同様です．

[15]　Python や R で同様のことを行いたいときは，関数（2.3.2項）を使います．Mathematica でも，関数を使ったほうが，y が x に依存することがわかりやすいかもしれません．しかし，変数が多くなると関数の記述が煩雑になるので，本書では必要に応じて遅延値を使います．

　遅延値の考え方は，表計算ソフトウェアを思い出すとわかりやすくなるかもしれません．表計算ソフトウェアでセル A1 を「1」，A2 を「=A1+1」とすると，A2 の値は 2 になります．その後で A1 を「2」にすると，A2 の値は自動的に 3 になります．先の x が A1，y := x + 1 が A2 だとすると，遅延値の振舞いは表計算ソフトウェアのそれと似ています．

■ 2.3　置換と関数

　本節では関数を扱います．関数は，定義域や終域を指定して定義します（2.3.2 項）．定義域や終域の表し方の一つに，次のような**区間**があります．

- $\{x \mid a < x < b\}$ を**開区間**といい，(a, b) と表す．
- $\{x \mid a \leq x \leq b\}$ を**閉区間**といい，$[a, b]$ と表す．
- $\{x \mid a \leq x < b\}$ と $\{x \mid a < x \leq b\}$ をそれぞれ**半開区間**といい，$[a, b), (a, b]$ と表す．

2.3.1　置　換

数式の一部を別の数式で置換する方法を説明します．

f の x を 5 で置換した結果を $f\big|_{x=5}$ と表します．

例 2.17　$f := 2x + 3$ に対して，$f\big|_{x=5}$ を求めて，13 を得ます．

Python
```
var('x')
f = 2 * x + 3
f.subs(x, 5)
```

Mathematica
```
f = 2 x + 3;
f /. x -> 5
```

　置換は代入とは違います．x に 5 を代入してから f = 2 * x + 3 とすると，f は 13 になりますが，先のコードを実行しても，f は 2 * x + 3 のままで，13 にはなりません．

例 2.18　$g := a + b$ の，a を x で，b を y で置換して，$x + y$ を得ます．

Python
```
var('a b x y')
g = a + b
g.subs(((a, x), (b, y)))
```

```
Mathematica
g = a + b;
g /. {a -> x, b -> y}
```

2.3.2 関　数

　集合 A の**要素（元）** x に，集合 B の要素 y がただ一つ対応するとき，その対応のことを（A から B への）**関数（写像**, function）といいます[*16]．集合 A をその関数の**定義域**，集合 B をその関数の**終域**といいます[*17]．この関数を f とします．$x \in A$ が対応する B の要素を，f による x の**像**（x における f の値）といい，$f(x)$ と表します

　集合と集合の対応を $\to$ で，要素と要素の対応を $\mapsto$ で表します．例えば，定義域 A の要素 x と終域 B の要素 $y = 2x + 3$ との対応である関数を次のように表します[*18]．

$$A \to B;\ x \mapsto 2x + 3. \tag{2.1}$$

$$x \mapsto 2x + 3\ (x \in A). \tag{2.2}$$

この関数の名前を "f" とする場合には，次のように表します．

$$f \colon A \to B;\ x \mapsto 2x + 3. \tag{2.3}$$

$$f \colon x \mapsto 2x + 3\ (x \in A). \tag{2.4}$$

$$f \colon A \to B\ を\ f(x) := 2x + 3\ で定める. \tag{2.5}$$

$$f(x) := 2x + 3\ (x \in A). \tag{2.6}$$

　(2.2), (2.4), (2.6) のような表記では，定義域を表す条件（この例では $x \in A$）を省略することがあります．定義域の記述を省略するときは，定義域として実数の範囲で最も広いものを想定します．この例（$x \mapsto 2x + 3$）で想定される定義域は実数全体 $\mathbb{R}$

[*16]　B が数の集合のときを関数，そうでないときを写像といって区別することがあります．本書もそれに近く，第 II 部では主に「関数」という語を用い，第 III 部では主に「写像」という語を用います．

[*17]　終域のことを値域という文献もあります．しかし，値域という用語は，関数による A の像，つまり A の要素 x の像の集合 $\{f(x) \mid x \in A\}$ を表すこともあり，紛らわしいので，本書では使いません．

[*18]　(2.5) と (2.6) は，「$f(x) = 2x + 3$」という慣習的な表記を，意味が明確になるように修正したものです．「$f(x) = 2x + 3$」だけでは，これが，①特定の x についての等式なのか，②特定の x についての $f(x)$ の定義なのか，③定義域の任意の要素 x についての $f(x)$ の定義（つまり関数 f の定義）なのかがよくわかりません．文章や数式では文脈から③と推測できることもありますが，コードを読み書きするときにはそういう推測は避けたいです．例えば，Mathematica では「f[x] = 2 x + 3」というコードが有効ですが，このコードの意味はどちらかと言えば③ではなく②です．こういう曖昧さを回避するために，本書では「$f(x) := 2x + 3$」という記法を導入してその意味を③に限定します．この記法が使えるのは関数に名前を付ける場合だけです．(2.1) と (2.3)，あるいは，(2.2) と (2.4) だけを使うと，関数に名前を付ける場合と付けない場合で統一感があってよいのですが，慣習に合わせます．

です．別の例 $\left(x \mapsto \dfrac{1}{x}\right)$ なら，想定される定義域は $\mathbb{R} \setminus \{0\}$（$\mathbb{R}$ と $\{0\}$ の**差集合**つまり「0 以外の実数」）です．このように，式が意味をもつような実数の部分集合で最大の定義域を**自然定義域**といいます．

　特に断らない限り，関数についての主張における表現は，関数の定義域内でのこととします．例えば，「関数 f による x の像 $f(x)$」という表現は，x が f の定義域に属していることを暗黙の前提とします．

例 2.19　関数 $f(x) := 2x + 3$ による 5 の像 $f(5)$ を求めて，13 を得ます[19].

```
                        Wolfram|Alpha
f(5)_where_f(x)=2x+3
```

```
                           Python
f = lambda x: 2 * x + 3
f(5)
```

```
                             R
f <- function(x) { 2 * x + 3 }
f(5)
```

```
                        Mathematica
f = Function[x, 2 x + 3];
f[5]
```

　このような関数の実装における，x を**仮引数**（かりひきすう）(parameter)，5 を**実引数**（じつひきすう）(argument) ということがあります．本書では両者を区別せずに**引数**といいます．

　Python では，関数を次のように定義（define）することもあります[20].

```
                           Python
def f(x): return 2 * x + 3
f(5)
```

---

[19]　Mathematica では，この f の定義を「f = (2 # + 3) &;」とも書けます．本書のコードではこの記法は使いませんが，本書のコードの出力結果でこの記法が使われることがあります．

[20]　Python には，数値計算用の lambdify(x, x の式) や数式処理用の Lambda(x, x の式) という記法もあります．本文で示した lambda や def とは異なり，関数の定義時に x の式が評価されます．

Mathematica では，関数を次のように定義することもあります[*21]．ただし，「f = ...」という代入と「f[x_] := ...」という関数定義は同時には使えません．使い方を変えるときには Clear[f]; が必要です．

```Mathematica
Clear[f];
f[x_] := 2 x + 3
f[5]
```

■ f と $f(x)$ の区別♠

本書では原則として，次の二つを区別します．

---

f 関数 $x \mapsto f(x)$

$f(x)$ x における f の値（f による x の像．本書ではこれは関数ではない．）

これらは区別されないことも多いです．例として，「$f(x) := 2x+3, g := f(a)$ とする」という表記を挙げます．g は次のいずれかです．

① 関数 $a \mapsto 2a+3$
② 数式 $2a+3$

この二つの区別は，どちらなのかを文脈から判断すればよい場合には重要ではないかもしれません．しかし，コードでは区別が必要です．g が関数なら，g(5) や g[5] のように，引数を与えて評価できるはずです．本書では，そういうものだけを関数というようにしています．

例外的に，x^2 のような単なる式が $x \mapsto x^2$ という関数を表すことがあります．本書では，このような関数の表し方を**暗黙の関数定義**といいます．**定数関数** $x \mapsto c$（c は定数）を単に c と表すのも，暗黙の関数定義の一例です．

> **例2.20** 関数 $f(x) := 2x+3$ による a の像を $g := f(a)$ とします．$f(5)$ と，$a = 5$ のときの g の値を求めて，いずれも 13 を得ます．

g は $2a+3$ という式であって，$a \mapsto 2a+3$ という関数ではありません．ですから，g(5) や g[5] のように引数を与えて評価することはできません．

```Python
f = lambda x: 2 * x + 3; var('a')
g = f(a)
f(5), g.subs(a, 5)
```

[*21] 「f[x_]」の中の「x_」は，f[何か] の「何か」を仮に x としていることを表しています．右辺は未評価（つまり 2 x + 3）のまま記憶されます（遅延値）．そこで，f[5] を評価しようとすると，「x_」というパターンが「5」にマッチし，x は 5 ということになり，2 * x + 3 が 13 になります．これは，Mathematica がサポートする「パターンと変換規則によるプログラミング」の最も簡単な例です．

```Mathematica
Clear[f, a];
f = Function[x, 2 x + 3];
g = f[a];
{f[5], g /. a -> 5}
```

細かい補足を五つ述べます.

第1に，掛け算と関数による像の表記は，数式では区別しません．例えば，$f := 2x + 3$，つまりfが関数ではなく単なる式のとき，$f(5) = f \times 5 = 10x + 15$です．その一方で，$f(x) := 2x + 3$，つまり$f$が単なる式ではなく関数のとき，$f(5) = 2 \times 5 + 3 = 13$です．このように$f(5)$という表記だけでは，それが$f \times 5$のことなのか，$f$による5の像のことなのかが曖昧です．どちらなのかは文脈から判断しなければなりません．

コードでは外見で区別できます．PythonとRでは，掛け算の記号を省略しないことになっているので，f(5)というコードは，$f \times 5$ではなく，fによる5の像のことです．$f \times 5$を表すコードはf * 5です．Mathematicaでは関数の引数は角括弧[]で与えることになっているので，f(5)というコードは，fによる5の像ではなく，$f \times 5$のことです．fによる5の像を表すコードはf[5]です[22]．

第2に，数学でいう関数と，プログラミングでいう関数は，同じではありません．数学でいう関数では，定義域の要素を一つ決めれば，対応する値が一意に決まります．これに対して，プログラミングでいう関数は，定義域の要素を一つ決めても，対応する値が一意に決まるとは限りません．例えば，乱数を発生させる「関数」は，呼び出すたびに異なる値が返るので，数学でいう関数ではありません．とはいえ，このことで混乱することはないはずなので，本書では，数学でいう関数とプログラミングでいう関数を特に区別せずに関数といいます．

第3に，数学的に定義された関数をそのままコードにしないことがあります．例えば，$f(x) := \dfrac{1}{x}\ (x \in \mathbb{R} \setminus \{0\})$のような関数を，定義域を明示せずに，次のように実装することがあります．

```Python
f = lambda x: 1 / x
f(1)
```

```R
f <- function(x) { 1 / x }
f(1)
```

```Mathematica
Clear[f];
f[x_] := 1 / x
f[1]
```

---

[22]　Mathematicaでは，単独の「f[5]」，「f@5」，「5 // f」は同じ意味です．本書では，主にf[5]のような記法を使い，筆者が計算結果をみてから追加の計算をしたことを表すためだけに「5 // f」のような記法を使います．

x が 0 でない実数だと明示することもできます．例を示します．

```Mathematica
f1[x_] := Piecewise[{{1/x, x != 0}}, Undefined]

f2[0] = Undefined;
f2[x_] := 1/x

f3[0] = Undefined;
f3[x_ /; x != 0] := 1/x

f4[x_] := If[x != 0, 1/x, Undefined]

f5[x_] := Which[x != 0, 1/x, True, Undefined]

{f1[1], f2[1], f3[1], f4[1], f5[1]} (* 全て1 *)
{f1[0], f2[0], f3[0], f4[0], f5[0]} (* 全てUndefined *)
```

ただし，これらは全て同等ということではありません．記法によって，その先の計算がうまくいく場合といかない場合があります．本書の題材では，Piecewise を使う方法（f1）がうまくいくことが多いようです．

第4に，f のような関数の名前は必須ではありません．例として，無名の関数 $x \mapsto 2x + 3$ による5の像 $(x \mapsto 2x + 3)(5)$ を求めて，13を得ます．

```Python
(lambda x: 2 * x + 3)(5)
```

```R
(function(x) 2 * x + 3)(5)
```

```Mathematica
Function[x, 2 x + 3][5]
```

第5に，厳密に言えば，置換と，関数の適用は別物です．例えば，$f_1 := \dfrac{x}{x}$ の x を0で置換すると1になりますが，$f_2(x) := \dfrac{x}{x}$ として $f_2(0)$ を求めるとエラーになります．Mathematica で f2[x_] := x/x の後の f2[0] と等価なのは，f2[x] /. x -> 0（結果は1）ではなく，ReleaseHold[Hold[x/x] /. HoldPattern[x] -> 0]（結果はエラー）です[3]．

2.3.3 多変数関数

前項では，$\mathbb{R} \to \mathbb{R}$，つまり一つの実数に一つの実数を対応させる関数（1変数関数）を扱いました．

本項では，n 個の実数の組に一つの実数を対応させる関数（**多変数関数**）を扱います．

表 2.2　多変数関数の 2 種類の実装方法 ($x := (x_1, x_2)$)

	例 2.21		例 2.22	
	$f(x, y) := x + y$		$g(x) = g((x_1, x_2)) := x_1 + x_2$	
	実装の一部	変数の使用例	実装の一部	変数の使用例
Python	lambda x, y	x + y	lambda x	x[0] + x[1]
R	function(x, y)	x + y	function(x)	x[1] + x[2]
Mathematica	f[x_, y_]	x + y	f[x_]	x[[1]] + x[[2]]

n 個の実数 $x_1, \ldots, x_n$ の組を $(x_1, \ldots, x_n)$ と表します[*23]．$(x_1, \ldots, x_n)$ を要素とする集合を $\mathbb{R}^n$ と表します．

$\mathbb{R}^n$ の部分集合 A の要素に，$\mathbb{R}$ の部分集合 B の要素を対応させる関数 f を

$$f\colon A \to B;\ (x_1, \ldots, x_n) \mapsto f((x_1, \ldots, x_n)) \tag{2.7}$$

と表します．

A の要素の成分を表す記号は何でもいいのですが，1 変数の場合に慣習的に x が使われるのと同様に，多変数の場合は慣習的に $x_1, \ldots, x_n$ が使われます．ただし，2 変数の場合には x, y，3 変数の場合には x, y, z が使われることも多いです．

$x := (x_1, \ldots, x_n)$ とすると，(2.7) は

$$f\colon A \to B;\ x \mapsto f(x) \tag{2.8}$$

と簡潔になります．この記法には，変数の数 n によらないという利点があります．それは，コードについても言えることです．

通常は $f((x_1, \ldots, x_n))$ を $f(x_1, \ldots, x_n)$ と表します．本書でも原則としてこれらを同一視しますが，2 種類ある多変数関数の実装方法を区別したい場合に使い分けることがあります（表 2.2）．

多変数関数の実装方法を，2 個の数の和を求める関数，$f(x, y) := x + y$ と $g(x) = g((x_1, x_2)) := x_1 + x_2$ を例に説明します[*24]．

> **例 2.21**　多変数関数の実装方法 1（引数は 2 個の数）：2 個の数を引数とする関数を f とし，f(2, 3) あるいは f[2, 3] を求めて，5 を得ます．

Wolfram|Alpha

```
f(2,3)_where_f(x,y)=x+y
```

[*23]　これは 3.1 節で導入するベクトルと同じ記法です．本書では，実数の組とベクトルは同じものとします．

[*24]　通常，2 個の数 a, b の和は「$a + b$」と表されます．このように，演算対象の間に演算子を置く書き方を**中置記法**といいます．本書では，自分で定義する関数を中置記法で表すことはありません．「$a + b$」をあえて本書の記法で表すと「$+(a, b)$」です．

```Python
f = lambda x, y: x + y
f(2, 3)
```

```R
f <- function(x, y) { x + y }
f(2, 3)
```

```Mathematica
Clear[f];
f[x_, y_] := x + y
f[2, 3]
```

例 2.22　多変数関数の実装方法 2（引数は 1 組の実数）：1 組の実数を引数とする関数を g，$(2,3)$ を x とし[25]，g(x) あるいは g[x] を求めて，5 を得ます．

```Wolfram|Alpha
g(x)_where_x={2,3},g(x)=x[[1]]+x[[2]]
```

```Python
g = lambda x: x[0] + x[1]
x = (2, 3); g(x)
```

```R
g <- function(x) { x[1] + x[2] }
x <- c(2, 3); g(x)
```

```Mathematica
Clear[g];
g[x_] := x[[1]] + x[[2]]
x = {2, 3}; g[x]
```

2種類の実装方法の相互利用♠

関数 g を次のように実装すると，番号を使わずに要素を参照できます．

```Mathematica
g[{x1_, x2_}] := x1 + x2
g[x]
```

1 組の実数に，2 個の数を引数とする関数 f を適用する方法を示します．Python では変数の前

---

[25]　Python では，$(2,3)$ の表現方法が 5 種類あります（表 3.2）．ここではタプルを使っていますが，ほかのものも使えます．

に「*」を付けます．Rでは`do.call`，Mathematicaでは`Apply`を使います．

Python
```
f(*x)
```

R
```
do.call(f, as.list(x))
```

Mathematica
```
Apply[f, x]
```

複数の数に，1組の実数を引数とする関数gを適用する方法を示します．

Python
```
g((2, 3))
```

R
```
g(c(2, 3))
```

Mathematica
```
g[{2, 3}]
```

2.4 数式処理と数値計算

コンピュータでの計算には，大きく分けて数式処理と数値計算があります．xについての次の方程式

$$ax^2 + bx + c = 0 \quad (a, b, c は定数で，\ a \neq 0) \tag{2.9}$$

を例に説明します．

この方程式を解いて，解 $x = \dfrac{-b \pm \sqrt{b^2 - 4ac}}{2a}$ を得るような，数式（記号）をそのまま処理する計算を**数式処理（記号処理）**といいます．数式処理の結果得られる解を**厳密解（解析解）**ということがあります．

それに対して，例えば $a := 1$, $b := 2$, $c := -4$ のように，記号を数値で置き換えてから方程式を解いて，1.236068 や-3.236068 という具体的な数値（後述の近似値）を得る計算を**数値計算**といいます．数値計算で求めた解を**数値解**といいます．この場合の解は厳密には $x = -1 \pm \sqrt{5}$ です．通常，数値解と厳密解は等しくありません．

数式処理が簡単にできるなら，それに越したことはありません．解析解から数値解を得るのは簡単だからです．まず $x = \dfrac{-b \pm \sqrt{b^2 - 4ac}}{2a}$ という解析解を得て，それを使って $a := 1$, $b := 2$, $c := -4$ の場合の数値解 1.236068, -3.236068 を得るのは簡単だということです．

しかし，いつも数式処理ができるというわけではありません．数式処理ができないよ

うな方程式は，数値的に解くしかありません（例：4.4 節）.

　Python は標準では数式処理をサポートしていません．本書では，数式処理のためのパッケージ **SymPy** を導入して数式処理を行います.

　R も標準では数式処理をほとんどサポートしていません．ほかのソフトウェアを使用するしくみ（R の中で Python を使うための reticulate や，数式処理ソフトウェア Yacas を使用するための Ryacas など）を導入して数式処理を行うことはできますが，本書では，一部の例外を除いて，R で数式処理は行いません.

　Mathematica は標準で数式処理と数値計算の両方をサポートしていて，両者を簡単に使い分けられるようになっています.

　数式処理の例を示します.

例 2.23　$(x+1)^2$ を $\overset{\text{expand}}{\text{展開}}$ して，$x^2 + 2x + 1$ を得ます.

Wolfram|Alpha, Mathematica

```
Expand[(x+1)^2]
```

Python

```
var('x')
expand((x + 1)**2)
```

■ 2.5　厳密値と近似値

　コンピュータで扱う数には**厳密値**と**近似値**があります．例えば，2 の非負の平方根を $\sqrt{2}$ と表せばそれは厳密値で，1.414214 と表せばそれは近似値です[*26].

　数式処理をサポートしているシステムでは多くの場合，厳密値だけを使う計算の結果は厳密値に，近似値を使う計算の結果は近似値になります．ただし，R では，（絶対値が比較的小さい）整数どうしの足し算・引き算・掛け算以外の計算では，全て近似値が使われると考えてください.

例 2.24　厳密値として得られた結果を **10 進小数表示**する例として，$\sqrt{2}$ の 10 進数表示を 30 桁求めて，1.41421356237309504880168872421 を得ます.

Wolfram|Alpha, Mathematica

```
N[Sqrt[2],30]
```

[*26]　本書における「近似値」と厳密値の違いは，それらの値の違いではなく，コンピュータの内部での表現方法の違いです．例えば，1/8 を 0.125 と表せばそれは近似値なのですが，0.125 が表す値は 1/8 と等しいです.

```Python
N(sqrt(2), 30)
```

　概数を求めるだけなら，Python では N(sqrt(2))，Mathematica では N[Sqrt[2]]
でかまいません[*27]．

2.5.1　浮動小数点数♠

　数値計算では，数の表現に**浮動小数点数**がよく使われます．この浮動小数点数について，
0.1_{10}，つまり10進数の $0.1 = 1/10$ を例に説明します（何進数なのかを添字で表します）．
　浮動小数点数の 0.1_{10} は

$$0.1_{10} = (-1)^s \times (1 + f \times 2^{-52_{10}}) \times 2^{b - 1023_{10}} \tag{2.10}$$

という形式で表されます．2進数で，s は2桁の数，e は11桁の数，f は52桁の数で，順番に符
号部，指数部，仮数部といいます．これらの値を求めて

$$s = 0_2, \tag{2.11}$$

$$e = 01111111011_2, \tag{2.12}$$

$$f = 1001100110011001100110011001100110011001100110011010_2 \tag{2.13}$$

を得ます．

```Python
import struct
tmp = bin(int(struct.pack('>d', 0.1).hex(), 16))[2:].zfill(64) # ビット列
s, e, f = tmp[0], tmp[1:12], tmp[12:64] # 1, 11, 52桁に分ける.
s, e, f
```

　0または1の1文字を**ビット**，ビットからなる文字列をビット列といいます．ここで示したの
は，0.1_{10} を $1 + 11 + 52 = 64$ ビットのビット列で近似する方法で，**倍精度**といいます．よく
使われる浮動小数点数には，このほかに，4倍精度（128ビット），単精度（32ビット），半精度
（16ビット）などがあります．
　(2.10)を計算して，$\dfrac{3602879701896397}{36028797018963968}$ を得ます[*28]．これは $1/10$ に近い値にみえますが，
等しくはありません．

```Python
s, e, f = int(s), sym.S(int(e, 2)), sym.S(int(f, 2)) # 数値に変換する.
(-1)**s * (1 + f / 2**52) * 2**(e - 1023)
```

[*27]　Nの2番目の引数で指定した桁数の10進数表示を求めるのですが，Pythonでは，その
結果が全て正しいわけではありません．例えば，$\tan(355/226)$ の10進数表示10桁を
N(tan(sym.S(355) / 226), 10) として求めて -7497258.878 を得ますが，正しく
は -7497258.185 です．

[*28]　この有理数は，Pythonで 0.1.as_integer_ratio()，Mathematicaで SetPrecisio
n[0.1, Infinity] あるいは FromDigits[RealDigits[0.1, 2], 2] としても得られ
ます．

　この0.1_{10}のように，紙とペンでは正確に表現できても，浮動小数点数では正確に表現できないものがあります．ですから，浮動小数点数を使う計算は不正確になることがあります．とはいえ，この事実を次のようにコンピュータでの計算に一般化するのは間違いです．

　①　コンピュータでは数値はビット列で表現される．（正しい）
　②　0.1_{10}（10進数の0.1）は有限桁の2進数では正確に表現できない．（正しい）
　③　よって，コンピュータでは数値を正確に表現できない．（間違い）

　数値がビット列で表されるのは確かなのですが，ビット列の形式は浮動小数点数以外にもあるので，①と②が正しいからといって，③が正しいわけではないのです．例えば，1/10を1と10の組$(1, 10)$で表現すれば，それを解釈した結果は厳密に1/10と等しいです．

　不正確になることがあるにもかかわらず，浮動小数点数を使うのは，そのほうが計算に必要な資源（メモリと時間）が少なくて済むことが多いからです．例えば，0.1×0.2を求めるためには，二つの数を記憶して，計算し，結果を記憶しなければなりません．浮動小数点数はハードウェアでサポートされていることが多く，記憶に必要な領域は比較的小さく，計算に必要な時間は比較的短く済みます．それに対して，1/10を$(1, 10)$，2/10を$(2, 10)$で表現するような方法は，一般的なハードウェアではサポートされていないため，記憶に必要な領域は比較的大きく，計算に必要な時間は比較的長くなります．例えば，明日の天気を予想するための計算は，今日のうちに終わらなければなりません．そういう場合には，正確さを犠牲にして，速さを優先することになるでしょう．

　近似的な計算では，円周率πの代わりに3.14，22/7，355/113などが使われることがあります[16]．科学技術の現場の数値計算で使われるπの近似値は3.141592653589793と言われますが[5]，倍精度でのπの近似値は884279719003555/281474976710656で，3141592653589793/1000000000000000ではありません．前者のほうが後者よりπに近いです．

```Mathematica
pi2 = FromDigits[RealDigits[N[Pi], 2], 2]
pi10 = FromDigits[RealDigits[N[Pi]], 10], 10]
Abs[Pi - pi2] < Abs[Pi - pi10] (* True *)
```

　通常は，浮動小数点数を使うことによる計算の不正確さを心配する必要はありません．しかし，入門の段階では，計算結果が教科書と違っているときに，それがやり方が間違っているせいなのか，浮動小数点数の不正確さのせいなのかがわからないという問題が起こりえます．そういう問題は，数式処理で解いてみたり，別のシステムで解いてみたりすることで，解決できるかもしれません．

2.5.2　Pythonのパッケージの使い分け

　Pythonには複数のパッケージで同じような関数やクラスがあるので，初学者は混乱するかもしれません．そういう混乱の例として，$\sqrt{5}$の表し方を説明します．
　実数の非負の平方根は，sympy.sqrt，numpy.sqrt，math.sqrtで表せます．
　SymPyは数式処理のパッケージです．sympy.sqrt(5)は$\sqrt{5}$の厳密値です．その2乗は厳密に5に等しいです．

```Python
import sympy
sympy.sqrt(5)**2 == 5 # True
```

　その一方で，**NumPy** と **math** は数値計算のパッケージです．numpy.sqrt(5) と math.sqrt(5) は $\sqrt{5}$ の近似値です[29]．これらを 2 乗しても 5 にはなりません．

```Python
import math
import numpy
numpy.sqrt(5)**2 == 5, math.sqrt(5)**2 == 5 # いずれもFalse
```

　SymPy を使うと厳密値になって，ほかでは近似値になるのなら，常に SymPy を使えばよいようにみえますが，そういうわけではありません．数式処理では扱えないもの（例：4.4 節）や，数式処理では遅すぎるものがあるからです．とはいえ，数学の基本を学ぶには計算は正確なほうがわかりやすいと思うので，本書では，できるだけ数式処理を使うようにします．Python を使うときは，できるだけ SymPy を使うということです．

　本書では，SymPy は「from sympy import *」として導入します（1.2.2 項）．こうすると，sympy.sqrt を単に sqrt と記述できるようになります．「*」は sympy の全てのモジュールを表します．想定外のモジュールが読み込まれてしまうという問題があるので，これは推奨できる書き方ではないのですが，本書ではコードの簡潔さを優先しています[30]．

　NumPy は「import numpy as np」として導入します（np は慣習的な短縮名）．こうすると，numpy.sqrt を np.sqrt と記述できるようになります．

2.5.3　厳密値と近似値の使い分けの原則

　数が厳密値と近似値のどちらになるかを，次のような原則で判断します．

原則 1　入力で小数点「.」を使うと近似値になる．出力に小数点「.」があるなら近似値である．

原則 2　整数どうしの四則演算で，結果が整数になるものの計算結果は厳密値になる．

原則 3　近似値を使う計算の結果は近似値になる．例えば，1.0 - 1.0 + 1 の結果は近似値である．

　算数や数学では 1.0 と 1 は同じものですが，上記の原則 1 によって，コードでは「1.0」と「1」は別物になります（R では同じ）[31]．

---

[29]　numpy.sqrt は，ベクトル（3.1 節）の各要素の非負の平方根をまとめて求められるという点で，math.sqrt より優れています．

[30]　例えば，1.2.2 項の読み込み方だと，sympy.E が sympy.stats.E で上書きされるので，sympy.E を使いたいときは，E ではなく sym.E としなければなりません．

例 2.25 `0.1 + 0.2 = 0.3` を評価して，Wolfram|Alpha と Mathematica では真，Python と R では偽を得ます．

```
共通
0.1 + 0.2 == 0.3
```

Python と R が不正確で，Wolfram|Alpha と Mathematica が正確なようにみえますが，そうではありません．

上記の原則 1 によって，`0.1 + 0.2` と `0.3` は近似値になります[*32]．どちらも 3/10 とは等しくはないので，厳密な比較には意味がありません．

特別な理由がない限りは，近似値を使うときは，比較も近似的に行います．

`0.1 + 0.2` と `0.3` を近似的に比較して，等しいという結果を得ます（表 2.3）[*33,*34]．

```
Python
np.isclose(0.1 + 0.2, 0.3)
```

```
R
all.equal(0.1 + 0.2, 0.3)
```

```
Mathematica
Chop[0.1 + 0.2 - 0.3] == 0
```

例 2.26 $\dfrac{1}{10} + \dfrac{2}{10} = \dfrac{3}{10}$ を評価して，真を得ます．

有理数は小数点を使わずに書けるので，原則 1 が適用されません．ただし Python では，単に「`1 / 10`」とすると近似値になってしまうので，厳密値にしたい場合は，「`sym.S(1) / 10`」あるいは `Rational(1, 10)` とします[*35]．

[*31] これは，科学における有効数字とは別の話です．

[*32] 浮動小数点数を有理数で表すと，`0.1 + 0.2` は $\dfrac{1351079888211149}{4503599627370496}$，`0.3` は $\dfrac{5404319552844595}{18014398509481984}$ で，$\dfrac{1}{18014398509481984}$ の差があります．

[*33] Python では `math.isclose` でも数値を近似的に比較できます．ただし，`np.isclose` とは仕様が異なります．

[*34] R の `all.equal` の結果が真かどうかは `isTRUE` で調べます．ですから，その結果によって処理を変えたいときは，`if (all.equal(a, b))` ではなく `if (isTRUE(all.equal(a, b)))` とします．

[*35] Python のコードの `sym.S` は単に S としてもかまいません．本書のコードでは，S を変数として使うことを考慮して，`sym.S` としています．

表 2.3　数値の比較方法

システム	厳密な比較	近似的な比較
Python	a == b	np.isclose(a, b)
Python (SymPy)	a == b	np.isclose(np.double(a), np.double(b))
R	a == b	all.equal(a, b)
Mathematica	a == b	Chop[N[a] - N[b]] == 0

```
                 Wolfram|Alpha, Mathematica
1/10+2/10==3/10
```

```
                              Python
sym.S(1) / 10 + sym.S(2) / 10 == sym.S(3) / 10
```

数値の比較方法を表 2.3 にまとめます[*36].

■数値の比較方法の詳細♠

Pythonの np.isclose(a, b) は $|a - b| \leq \text{atol} + \text{rtol} \times |b|$ です（atol と rtol のデフォルト値は 1e-8，1e-5）．この a と b は対等ではないので，np.isclose(a, b) と np.isclose(b, a) は同じとは限りません．例えば，np.isclose(-1e-13, 1e-8) は真ですが，np.isclose(1e-8, -1e-13) が偽です．

Rの all.equal(a, b) は $|a - b| < \text{tolerance}$ です（tolerance のデフォルト値は 1.5e-8）．

Mathematicaでは，対象が近似値の場合は「==」による比較が近似的になります．その近似の程度を Internal`$EqualTolerance で設定します．この変数の値（初期値は 7 Log10[2.]）を 0. にすると厳密な比較になり（文献 [9] の 51 頁），0.1 + 0.2 == 0.3 の結果は，Python や Rと同様に，偽（等しくない）になります．

```
                           Mathematica
(* 「 ` 」はシングルクォートではなくバッククォート *)
Block[{Internal`$EqualTolerance = 0.}, 0.1 + 0.2 == 0.3] (* False *)
```

しかし，「==」による近似的な比較は直観的には理解しづらく[*37]，Internal`$EqualTolerance の調整も難しいので，近似的な比較をするときは，表 2.3 のとおり，Chop[] の中で引き算をして，その結果を 0 と比較することを勧めます[*38]．例として，0.1 + 0.2 - 0.3 と 0 を比較して，真（等しい）を得ます．

```
                           Mathematica
Chop[0.1 + 0.2 - 0.3] == 0 (* True *)
```

[*36]　Python では np.double の部分を float にしてもかまいません．np.double にはベクトルや行列でも使えるという利点があります（表 16.2）．

[*37]　例えば，0.1 + 0.2 == 0.3 は真ですが，0.1 + 0.2 - 0.3 == 0 は偽です．

[*38]　比較の程度を Chop の引数で指定します．Chop[$expr, delta$] とすると，絶対値が $delta$ 未満の近似値が無視されます（$delta$ のデフォルト値は 10^{-10}）．

■Rにおける絶対値の比較的大きな整数の計算♠

上記の原則2により，整数どうしの四則演算はだいたい安心して計算できます．ただし，Rでは，絶対値が比較的大きい整数の計算は近似値になることがあります．

例2.27　Rで9007199254740992＋1を求めて，（間違った結果）9007199254740992を得ます．（Wolfram|Alpha，Python，Mathematicaでは，正しい結果を得ます．）

```R
options(digits = 22) # 表示桁数の設定（デフォルトは7）
9007199254740992 + 1
options(digits = 7)
```

2.6　簡　約

数式を単純な形に変形することを簡約（simplification）といいます．

Python には，簡約のためのさまざまな手法があります[39]．ここでは，simplify，sqrtdenest，refine を紹介します．

Mathematica では，簡約には Simplify や FullSimplify を使います．Simplify のほうが高速ですが，FullSimplify のほうが強力です．まず Simplify を試し，それでうまくいかないときに FullSimplify を試すとよいでしょう．

例2.28　$(\sin x)^2 + (\cos x)^2$ を簡約し，1 を得ます．

```
Wolfram|Alpha
simplify_sin(x)^2+cos(x)^2
```

```Python
var('x')
simplify(sin(x)**2 + cos(x)**2)
```

```Mathematica
Clear[x];
Simplify[Sin[x]^2 + Cos[x]^2]
```

例2.29　$\sqrt{5 + 2\sqrt{6}}$ を簡約し，$\sqrt{2} + \sqrt{3}$ を得ます．

```
Wolfram|Alpha
simplify_sqrt(5+2sqrt(6))
```

---

[39] https://docs.sympy.org/latest/modules/simplify/simplify.html

```Python
sqrtdenest(sqrt(5 + 2 * sqrt(6)))
```

```Mathematica
FullSimplify[Sqrt[5 + 2 Sqrt[6]]]
```

例 2.30 $x - 1 \geq 0$（が真）という仮定のもとで $\sqrt{(x-1)^2}$ を簡約し，$x - 1$ を得ます.

```Wolfram|Alpha
simplify_sqrt((x-1)^2)_where_x-1>=0
```

```Python
refine(sqrt((x - 1)**2), Q.nonnegative(x - 1))
```

```Mathematica
Simplify[Sqrt[(x - 1)^2], x - 1 >= 0]
```

Python では，仮定の記述に Q.zero（0 である），Q.positive（正である，0 超過），Q.negative（負である，0 未満），Q.nonpositive（非正，正でない，0 以下），Q.nonnegative（非負，負でない，0 以上）などを使います[*40].

2.6.1 同値変形の活用♠

$x - 1 \geq 0$ という仮定のもとで，$\sqrt{(x-1)^2}$ を $x - 1$ に変形しました．何の仮定もなしに $\sqrt{(x-1)^2}$ を $x - 1$ とするのは，初学者がおかしがちな間違いです．次のようにして，実数（real）x についての，$\sqrt{(x-1)^2} = x - 1$ と同値な条件（$x \geq 1$）を得ます．

```Mathematica
Reduce[Sqrt[(x - 1)^2] == x - 1, x, Reals]
```

a, b を実数とします．$\sqrt{a}\sqrt{b}$ を $\sqrt{ab}$ にするのも初学者がおかしがちな間違いです．これが成り立つのは $a \geq 0$ かつ $b \geq 0$ のときだけであることを確認します.

```Mathematica
Clear[a, b];
Reduce[Sqrt[a] Sqrt[b] == Sqrt[a b], Reals]
```

[*40] https://docs.sympy.org/latest/modules/assumptions/predicates.html

## 第 3 章

データ構造

データの表現形式を**データ構造**といいます．すでに登場している「数」も，データ構造の一つです（厳密値や近似値など，細かく分けられます）．

本章では，本書でよく使う「数」以外のデータ構造（ベクトル，連想，データフレーム）について説明します．本質的には同じものの名称がシステムによって異なることがあるので，本書では表 3.1 のように統一します．

3.1 ベクトル

数や記号をひとまとめにするための最も標準的なデータ構造を，本書では統一して**ベクトル**といいます．

例えば，2, 3, 5 をひとまとめにしたベクトルを，本書では $(2, 3, 5)$ と表します．

ベクトルの構成要素を**成分**（**要素**）といいます．ベクトルの成分の個数を**サイズ**（**長さ**，length）といいます[*1]．

成分が同じでも，成分の順序が異なるベクトルは別物です．例えば，$(2, 3, 5)$ と $(2, 5, 3)$ は別物です．

基数（個数を表すための数）は共通ですが，順序数（順序を表すための数）はシステムによります．順序を，Python では 0 から，ほかのシステムでは 1 から数えます．本書の文章や数式では，順序は 1 から数えます．$(2, 3, 5)$ の「5」は第 3 成分です．「Python では 2 番目」のような注記は省略します．

本書ではベクトルを a や b のような太字の小文字で表します[*2]．

例 3.1 $v \coloneqq (2, 3, 5)$ とし，v のサイズを求めて，3 を得ます．

```Python
v = [2, 3, 5]; len(v)
```

表 3.1　本書におけるデータ構造の名称

統一の名称	Python	R	Mathematica
ベクトル	リスト，タプル，アレイ，シリーズ，Matrix	ベクトル	リスト
連想	辞書	リスト	連想
データフレーム	データフレーム	データフレーム	データセット

[*1]　使用する関数名を考えると「長さ」がよいのですが，「長さ」は「大きさ（ノルム）（16.2.5 項）」の意味でも使われてまぎらわしいので，本書では「サイズ」といいます．

[*2]　文献によって，ベクトルを $\vec{a}$ や ⑩ などと表すこともあります．

表3.2　Pythonの「ベクトル」

	作り方	成分の更新	スカラー倍や和	統計の機能	数式処理
リスト	`[2, 3, 5]`	可	なし	なし	△
タプル	`(2, 3, 5)`	不可	なし	なし	△
アレイ	`np.array([2, 3, 5])`	可	あり	あり	△
シリーズ	`pd.Series([2, 3, 5])`	可	あり	あり	△
Matrix	`Matrix([2, 3, 5])`	可	あり	なし	○

R

```
v <- c(2, 3, 5); length(v)
```

Mathematica

```
v = {2, 3, 5}; Length[v]
```

3.1.1　Pythonの「ベクトル」♠

例3.1のPythonのコードのvは**リスト**です．ベクトルとして使えるものとして，Pythonにはリストのほかに**タプル**，**アレイ**，**シリーズ**，Matrixがあります．これらの特徴を表3.2にまとめます．

タプルはリストを不便にしただけにみえるかもしれませんが，式をコンマで区切って並べた「1 + 1, 1 + 2」がタプル(2, 3)になるという便利な記法があるため，本書ではよく使います．

アレイとシリーズの性質は似ていますが，用途が異なります．アレイの主な用途は数値計算（例：第Ⅳ部「線形代数」），シリーズの主な用途はデータ処理（例：3.3節）です．

Matrixはその名称から，ベクトルではなく行列（第17章）のためのものにみえますが，SymPyではn次元ベクトルを$n \times 1$行列で表すことになっているので，ここで紹介しています（使い方は16.1節を参照）．

3.1.2　成分の更新

例3.2　例3.1で作ったvの「5」を「0.5」に変更してから，vを求めて，$(2, 3, 0.5)$を得ます．

成分の参照方法に注意してください．値が「5」の成分は，Pythonでは第2成分，ほかでは第3成分です[3]．

---

[3]　Pythonのアレイで「v = np.array([2, 3, 5]); v[2] = 0.5; v」としても期待通りの結果は得られません．アレイの成分が整数になるため，0.5を代入しても0になってしまうのです．「v = np.array([2., 3., 5.])」あるいは「v = np.array([2, 3, 5], dtype=float)」として，成分が浮動小数点数になるようにすると，期待通りの結果になります．シリーズでも同様の注意が必要です．

```Python
v[2] = 0.5; v
```

```R
v[3] <- 0.5; v
```

```Mathematica
v[[3]] = 0.5; v
```

3.1.3　等間隔の数からなるベクトル

等間隔の数からなるベクトルを生成する方法を三つ紹介します.

① 指定した個数の順序数を生成する方法（例 3.3）
② 始点，終点，間隔を指定して生成する方法（例 3.4）
③ 始点，終点，個数を指定して生成する方法（例 3.5）

例 3.3 順序数を 5 個求め，Python では $(0, 1, 2, 3, 4)$，R と Mathematica では $(1, 2, 3, 4, 5)$ を得ます.

Python では np.arange，R では「:」，Mathematica では Range を使います.

```Python
np.arange(5)
```

```R
1:5
```

```Mathematica
Range[5]
```

例 3.4 0 以上 1 以下，間隔 0.1 で成分が並ぶベクトルを求めて，$(0, 0.1, \ldots, 1.0)$ を得ます（Mathematica の結果は厳密値，ほかの結果は近似値）.

```Python
np.arange(0, 1.01, 0.1) # 終点（ここでは1）より大きい値を指定する.
```

```R
seq(0, 1, 0.1)
```

```Mathematica
Range[0, 1, 0.1]
```

例 3.5 区間 $[0, 100]$ を 4 等分する，サイズが 5 のベクトルを求めて，$(0, 25, 50, 75, 100)$ を得ます．

Python では np.linspace, R では seq, Mathematica では Subdivide を使います．

Python
```
np.linspace(0, 100, 5)
```

R
```
seq(0, 100, length.out = 5)
```

Mathematica
```
Subdivide[0, 100, 4]
```

3.1.4　ベクトルの演算
ベクトルを使うと，複数の数に対する計算をまとめて行えます[*4]．そのような演算について説明します．（ベクトルの比較方法は 16.2.2 項で説明します．）

■ベクトルのスカラー倍
ベクトルに数を掛けたものをベクトルの**スカラー倍**といいます[*5]．ベクトル $a := (a_1, \dots, a_n)$ に数 c を掛けた結果（スカラー倍）を

$$ca := (ca_1, \dots, ca_n) \tag{3.1}$$

で定義します．

例 3.6 $v := (2, 3)$ に対して，$1.1v$ を求めて，$(2.2, 3.3)$ を得ます．

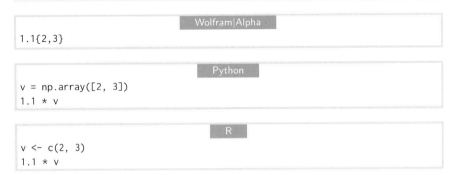

Wolfram|Alpha
```
1.1{2,3}
```

Python
```
v = np.array([2, 3])
1.1 * v
```

R
```
v <- c(2, 3)
1.1 * v
```

[*4]　Python のリストとタプルはここで扱っている演算をサポートしていません．例えば，10 * [2, 3] は [20, 30] になりません．また，[2, 3] + [1, 2] は [3, 5] になりません．

[*5]　**スカラー**はベクトルや行列に掛けられる数のことで，本書では実数です．

Mathematica
```
v = {2, 3};
1.1 v
```

これらのコードで v 自体は $(2,3)$ のままで変わりません．v 自体を変えたい場合は，`v = 1.1 * v` などとして，計算結果を v に代入します．

■ベクトルの和

ベクトル $a := (a_1, \ldots, a_n)$, $b := (b_1, \ldots, b_n)$ に対して，$\boldsymbol{a}$ と $\boldsymbol{b}$ の**和**を

$$\boldsymbol{a} + \boldsymbol{b} := (a_1 + b_1, \ldots, a_n + b_n) \tag{3.2}$$

で定義します．$\boldsymbol{a} + \boldsymbol{b}$ が定義されるのは，$\boldsymbol{a}$ と $\boldsymbol{b}$ のサイズが等しいときだけです．本書ではこれを，$\boldsymbol{a}+\boldsymbol{b}$ という表記における暗黙の前提とします．ベクトルの差も同様です．

例 3.7 $\boldsymbol{u} := (10, 20)$, $\boldsymbol{v} := (2, 3)$ に対して，$\boldsymbol{u} + \boldsymbol{v}$ を求めて，$(12, 23)$ を得ます．

Wolfram|Alpha
```
{10,20}+{2,3}
```

Python
```
u = np.array([10, 20]); v = np.array([2, 3])
u + v
```

R
```
u <- c(10, 20); v <- c(2, 3)
u + v
```

Mathematica
```
u = {10, 20}; v = {2, 3};
u + v
```

例 3.8 例 3.7 の $\boldsymbol{v}$ の各成分に 1 を足して，$(3, 4)$ を得ます．

Wolfram|Alpha
```
v+1␣where␣v={2,3}
```

Python, R, Mathematica
```
v + 1
```

ここで行っている計算を数式で表すなら通常 $\boldsymbol{v} + (1, 1)$ となりますが，コードは `v + 1` で済みます．数式も $\boldsymbol{v} + 1$ と表したくなるかもしれませんが，断りなしにこう書くのは混乱のもとです．

■ベクトルの内積

ベクトル $\boldsymbol{a} := (a_1, \ldots, a_n)$ と $\boldsymbol{b} := (b_1, \ldots, b_n)$ の**内積**を

$$\boldsymbol{a} \cdot \boldsymbol{b} = \sum_{i=1}^{n} a_i b_i = a_1 b_1 + \cdots + a_n b_n \tag{3.3}$$

で定義します[*6]．$\boldsymbol{a} \cdot \boldsymbol{b}$ が定義されるのは，$\boldsymbol{a}$ と $\boldsymbol{b}$ のサイズが等しいときだけです．本書ではこれを，$\boldsymbol{a} \cdot \boldsymbol{b}$ という表記における暗黙の前提とします．

> **例 3.9**　$\boldsymbol{u} := (10, 20)$ と $\boldsymbol{v} := (2, 3)$ の内積
>
> $$(10, 20) \cdot (2, 3) = 10 \times 2 + 20 \times 3 \tag{3.4}$$
>
> を求めて，80 を得ます[*7]．

Wolfram|Alpha
```
{10,20}.{2,3}
```

Python
```
u = np.array([10, 20]); v = np.array([2, 3])
u.dot(v)
```

R
```
u <- c(10, 20); v <- c(2, 3)
print(u %*% v)     # 結果は1行1列の行列（非推奨）
print(sum(u * v)) # 結果は数
```

Mathematica
```
u = {10, 20}; v = {2, 3};
u . v
```

■ベクトルのコピー

ベクトル $\boldsymbol{a} := (2, 3, 4)$ を $\boldsymbol{b}$ にコピーして，$\boldsymbol{b}$ の「4」を「0.5」に変更すると，$\boldsymbol{b}$ は $(2, 3, 0.5)$ になります．しかし，$\boldsymbol{b}$ は $\boldsymbol{a}$ のコピーなので，$\boldsymbol{a}$ は変更されません．$\boldsymbol{b}$ の変更後の $\boldsymbol{a}$ を求めて，$(2, 3, 4)$ を得ます[*8]．

[*6]　文献によっては，内積は $\langle \boldsymbol{a}, \boldsymbol{b} \rangle$ や $(\boldsymbol{a}, \boldsymbol{b})$ と表されます．

[*7]　R で「u %*% v」が非推奨の理由は 17.4.3 項を参照してください．

[*8]　Python では「b = a.copy()」として a を b にコピーします．単に「b = a」とすると，b は a と同じベクトルを指すことになり，b の変更の影響は a にも及び，a は $(2, 3, 0.5)$ になります．「b = a」のようなコードがこのような意味を持つことは，ベクトルに限らず，Python のデータ構造で一般に言えることです．

```Python
a = [2, 3, 4]; b = a.copy(); b[2] = 0.5; a
```

```R
a <- c(2, 3, 4); b <- a; b[3] <- 0.5; a
```

```Mathematica
a = {2, 3, 4}; b = a; b[[3]] = 0.5; a
```

■成分の抽出

例3.10 $v := (2, -1, 3, -2)$ から，正の成分だけを抽出して，$(2,3)$ を得ます．

```Python
v = [2, -1, 3, -2]
[x for x in v if x > 0] # 内包表記
```

```R
v <- c(2, -1, 3, -2)
v[v > 0] # []の中はベクトル化（後述）されていなければならない．
```

```Mathematica
v = {2, -1, 3, -2};
Cases[v, x_ /; x > 0]        (* パターンマッチングによる抽出 *)
Select[v, Function[x, x > 0]] (* 関数による抽出 *)
Select[v, Positive]          (* 組込み関数の利用 *)
```

3.1.5 反復処理♠

　ベクトルの成分に対する反復処理の方法を紹介します．前項で紹介したベクトルの演算はここで紹介する方法でも実現できますが，ベクトルのスカラー倍，和，内積などは，簡潔で高速な前項の方法で求めることを勧めます．

例3.11 $v := (2, -1, 3, -2)$ の各成分に対して，「負なら0，そうでなければ1」という変換をして，$(1, 0, 1, 0)$ を得ます．

　まず，実用的な方法を示します．

```Python
v = [2, -1, 3, -2]
np.heaviside(v, 0)
```

```R
                              R
v <- c(2, -1, 3, -2)
ifelse(v < 0, 0, 1)
```

```Mathematica
                         Mathematica
v = {2, -1, 3, -2};
UnitStep[v]
```

■反復処理（その1）♠

v と同じサイズのベクトル u を用意して，v の各成分に「負なら 0，そうでなければ 1」と変換した結果を設定していきます[9].

```Python
                           Python
v = [2, -1, 3, -2]
n = len(v)      # vのサイズ
u = [None] * n # Noneは「値がない」ということ.
for i in range(n): u[i] = 0 if v[i] < 0 else 1
u
```

```R
                              R
v <- c(2, -1, 3, -2)
n <- length(v)   # vのサイズ
u <- rep(NA, n) # NAは「値がない」ということ.
for (i in 1:n) { u[i] <- if (v[i] < 0) 0 else 1 }
u
```

```Mathematica
                         Mathematica
v = {2, -1, 3, -2};
n = Length[v];        (* vのサイズ *)
u = Table[Null, n]; (* Nullは「値がない」ということ. *)
Do[u[[i]] = If[v[[i]] < 0, 0, 1], {i, 1, n}];
u
```

■反復処理（その2）♠

v の各成分を x という名前で取り出し，x が負なら 0，そうでなければ 1 とした結果をベクトルにまとめます.

```Python
                          Python
v = [2, -1, 3, -2]
[(0 if x < 0 else 1) for x in v]
```

```Mathematica
                        Mathematica
Table[If[x < 0, 0, 1], {x, v}]
```

---

[9]   Python の None，R の NA，Mathematica の Null は，いずれも「値がない」ことを表します.

■反復処理（その3）♠

関数 $f(x) := \begin{cases} 0 & (x < 0), \\ 1 & (x \geq 0) \end{cases}$ に対して，v の各成分における f の値をベクトルにまとめます[*10].

```Python
v = [2, -1, 3, -2]
f = lambda x: 0 if x < 0 else 1
[f(x) for x in v]
```

```R
v <- c(2, -1, 3, -2)
f <- function(x) { if (x < 0) 0 else 1 }
sapply(v, f)
```

```Mathematica
v = {2, -1, 3, -2};
f = Function[x, If[x < 0, 0, 1]];
Map[f, v]
```

f(v) あるいは f[v] と書ける，つまりベクトルを引数にできるように f を設定します．このように設定することを**ベクトル化**といいます．ベクトル化のための設定には，Python では np.vectorize，R では Vectorize，Mathematica では Listable を使います[*11].

```Python
f = np.vectorize(lambda x: 0 if x < 0 else 1)
f(v)
```

```R
f <- Vectorize(function(x) { if (x < 0) 0 else 1 })
f1 <- function(x) { ifelse(x < 0, 0, 1) } # ifelseはベクトル化されている.
print(f(v)); print(f1(v))
```

```Mathematica
v = {2, -1, 3, -2};
f = Function[x, If[x < 0, 0, 1], Listable];
f[v]
```

[*10] R の sapply と Mathematica の Map は，ベクトルの各要素における関数の値を求めて結果をベクトルにまとめます．

[*11] R の ifelse はベクトル化されています（例3.11）．しかし，if の代わりに常に ifelse を使えばいいかというと，そういうわけではありません．例えば，u と v が等しいときは u，そうでないときは v となる式は，「if (isTRUE(all.equal(u, v))) u else v」であって ifelse(isTRUE(all(u == v)), u, v) ではありません．

■反復処理（サイズが同じ二つのベクトル）♠

例：$u := (1, 7, 2, 9), v := (2, 3, 5, 7)$ の成分を一つずつ取り出し，u の成分が小さければ -1，そうでなければ 1 とした結果をベクトルにまとめて，$(-1, 1, -1, 1)$ を得ます.

ベクトルの和や内積には専用の方法があります. 専用の方法がない場合，反復処理（その 1）の方法でもよいのですが，Python には zip，R には mapply，Mathematica には MapThread を使う，簡潔な記法もあります.

```Python
u = [1, 7, 2, 9]; v = [2, 3, 5, 7]
[(-1 if a < b else 1) for a, b in zip(u, v)]
```

```R
u <- c(1, 7, 2, 9); v <- c(2, 3, 5, 7)
print(ifelse(u < v, -1, 1)) # この例ではこのほうが簡潔.
f <- function(a, b) {if (a < b) -1 else 1 }
print(mapply(f, u, v))
```

```Mathematica
u = {1, 7, 2, 9}; v = {2, 3, 5, 7};
f = Function[{a, b}, If[a < b, -1, 1]];
MapThread[f, {u, v}]
```

■ 3.2　連　想

キー（key）とバリュー（value）という二つの要素の組（ペア）の集合を表現するためのデータ構造を，Python では**辞書**，R では**リスト**，Mathematica では**連想**といいます. 本書では，これらをまとめて連想といいます.

> **例 3.12**　次の連想に対して，"orange" というキーに対応するバリューを求めて，"みかん" を得ます.
>
> | キー | バリュー |
> | --- | --- |
> | "apple" | "りんご" |
> | "orange" | "みかん" |

```Python
x = {"apple" : "りんご", "orange" : "みかん"}
x["orange"]
```

```R
x <- list("apple" = "りんご", "orange" = "みかん")
x[["orange"]]
```

Mathematica

```
x = <|"apple" -> "りんご", "orange" -> "みかん"|>;
x["orange"]
```

　連想のキーとバリューは対等ではありません．キーに対応するバリューを求める方法は用意されていますが，バリューに対応するキーを求める方法は用意されていません．

例 3.13　例 3.12 の連想に，キーが"grape"でバリューが"ぶどう"のペアを追加し，"grape"に対応するバリューを求めて，"ぶどう"を得ます．

Python

```
x["grape"] = "ぶどう"
x["grape"]
```

R

```
x[["grape"]] <- "ぶどう"
x[["grape"]]
```

Mathematica

```
AppendTo[x, "grape" -> "ぶどう"];
x["grape"]
```

例 3.14　例 3.12 の連想から，キーが"apple"のペアを削除し，"apple"というキーが存在するかどうかを求めて，偽（存在しない）を得ます．

Python

```
x.pop("apple")
"apple" in x
```

R

```
x[["apple"]] <- NULL
!is.null(x[["apple"]])
```

Mathematica

```
x["apple"] =.
KeyExistsQ[x, "apple"]
```

3.2.1　Mathematicaでの連想の実現方法（その2）♠

　Mathematicaでは，「変数名[キー] = バリュー」として連想を実現することもできます．その方法を使って，上記の例を再現します．

```Mathematica
Clear[x];
x["apple"] = "りんご";
x["orange"] = "みかん";

x["orange"]                (* みかん *)

x["grape"] = "ぶどう";
x["grape"]                 (* ぶどう *)

x["apple"] =.
Head[x["apple"]] =!= x (* False *)
```

3.3　データフレーム

表3.3のような，各列にラベルの付いた表形式のデータ構造を，Python や R では**データフレーム**，Mathematica では**データセット**といいます．本書では，これらをまとめてデータフレームといいます．

表3.3のデータフレームは，3行4列のデータフレームです．3行というのは，name が A の行，B の行，C の行の，3行のことです．4列というのは，ラベルが name の列，english の列，math の列，gender の列の，4列のことです．上から1行目，2行目，3行目，…，左から1列目，2列目，3列目，… と数えます．

データフレームの成分の種類（型）は各列で一定です．例えば，表3.3のデータフレームの name の列には文字列だけ，english の列には数値だけが格納されています．

データを扱う処理の多くがデータフレームを対象にして実装され，ライブラリに入っています．ですから，データフレームの形でデータを用意して，ライブラリを利用すれば，多くの処理が簡単に行えます．しかし，本書ではそれらの処理のしくみをみたいと思うので，データフレームのような比較的抽象度の高い形式のデータから，ベクトルのような比較的抽象度の低い形式のデータを取り出して計算することが多いです．

本節では，データフレームの作り方と，データフレームの一部を取り出す方法を説明します．

表3.3　データフレームの例

name	english	math	gender
A	60	70	f
B	90	80	m
C	70	90	m

3.3.1 データフレームの作成

例 3.15 表 3.3 のデータフレームを作ります.

列ごとに入力する方法を示します.

```Python
df = pd.DataFrame({'name': ['A', 'B', 'C'],
                   'english': [60, 90, 70],
                   'math': [70, 80, 90],
                   'gender': ['f', 'm', 'm']})
df
```

```R
(df <- data.frame(name = c("A", "B", "C"),
                  english = c(60, 90, 70),
                  math = c(70, 80, 90),
                  gender = c("f", "m", "m")))
```

```Mathematica
df = Transpose[Dataset[<|"name" -> {"A", "B", "C"},
                        "english" -> {60, 90, 70},
                        "math" -> {70, 80, 90},
                        "gender" -> {"f", "m", "m"}|>]]
```

行ごとに入力する方法を示します. この方法はとても冗長にみえますが, 通常は反復のためのコードを使うので, これほど面倒ではありません.

```Python
df = pd.DataFrame(({'name': 'A', 'english': 60, 'math': 70, 'gender': 'f'},
                   {'name': 'B', 'english': 90, 'math': 80, 'gender': 'm'},
                   {'name': 'C', 'english': 70, 'math': 90, 'gender': 'm'}))
df
```

```R
(df <- rbind(data.frame(name = "A", english = 60, math = 70, gender = "f"),
             data.frame(name = "B", english = 90, math = 80, gender = "m"),
             data.frame(name = "C", english = 70, math = 90, gender = "m")))
```

```Mathematica
df = Dataset[{
  <|"name" -> "A", "english" -> 60, "math" -> 70, "gender" -> "f"|>,
  <|"name" -> "B", "english" -> 90, "math" -> 80, "gender" -> "m"|>,
  <|"name" -> "C", "english" -> 70, "math" -> 90, "gender" -> "m"|>}]
```

3.3.2 データフレームの部分抽出

データフレームの一部を抽出する方法を表3.4, 表3.5, 表3.6にまとめます[12].

表3.4 データフレームの部分抽出（Python）

目的	結果	コード
1行以上の抽出	データフレーム	`df.iloc[[0, 2], :]`
1行の抽出	ベクトル	`df.iloc[1, :]`
1列以上の抽出	データフレーム	`df.iloc[:, [1, 2]]`
	データフレーム	`df[['english', 'math']]`
1列の抽出	ベクトル	`df.iloc[:, 1]`
	ベクトル	`df['english']` あるいは `df.english`
1行の削除	データフレーム	`df.drop(2, axis=0)`
1列の削除	データフレーム	`df.drop(df.columns[3], axis=1)`

表3.5 データフレームの部分抽出（R）

目的	結果	コード
1行以上の抽出	データフレーム	`df[c(1, 3), ]`
1行の抽出	ベクトル	`df[2, ]`
1列以上の抽出	データフレーム	`df[, c(2, 3)]`
	データフレーム	`df[, c("english", "math")]`
1列の抽出	ベクトル	`df[, 2]`
	ベクトル	`df[, "english"]`
	ベクトル	`df$"english"` あるいは `df$english`
1行の削除	データフレーム	`df[-2, ]`
1列の削除	データフレーム	`df[, -4]`

表3.6 データフレームの部分抽出（Mathematica）

目的	結果	コード
1行以上の抽出	データフレーム	`df[[{1, 3}, All]]`
1行の抽出	ベクトル	`Values[Normal[df[[2, All]]]]`
1列以上の抽出	データフレーム	`df[[All, {2, 3}]]`
	データフレーム	`df[[All, {"english", "math"}]]`
1列の抽出	ベクトル	`Normal[df[[All, 2]]]`
	ベクトル	`Normal[df[[All, "english"]]]`
1行の削除	データフレーム	`Drop[df, {2}, {}]`
1列の削除	データフレーム	`Drop[df, {}, {4}]`

---

[12] わかりやすくするために，あえて冗長な書き方をしているものがあります．例えば，Python の `df.iloc[[0, 2], :]` は `df.iloc[[0, 2]]` でもかまいません．Mathematica の `df[[...]]` の角括弧は1組でもかまいません．角括弧が2組必要な行列の部分抽出（17.4節）に合わせています．

例3.16 表3.3のデータフレームから，ラベルが"english"の列と"math"の列を抽出して，次のデータフレームを得ます[13].

english	math
60	70
90	80
70	90

Python
```
df[['english', 'math']]
```

R
```
df[, c("english", "math")]
```

Mathematica
```
df[All, {"english", "math"}]
```

例3.17 表3.3のデータフレームから，ラベルが"english"の列を抽出して，ベクトル $(60, 90, 70)$ を得ます.

Python
```
df["english"]
```

R
```
df$"english"
```

Mathematica
```
Normal[df[[All, "english"]]]
```

PythonとRには次のような略記法があります[14].

Python
```
df.english
```

---

[13] Rでは，この方法でラベルが"english"の列を抽出してデータフレームにする場合，df[, c("english")]ではなく df[, c("english"), drop = FALSE] としなければなりません．結果が1列の場合，デフォルトではデータフレームではなくベクトルになるからです（17.4.3項を参照）.

[14] この略記法にはコード補完が働きやすいという利点もあります．ただし，ラベルに空白が含まれていると，この記法は使えません．Pythonではこの記法が使えないラベルがほかにもあります（例：'class'）.

```R
df$english
```

例 3.18　表 3.3 のデータフレームから，2, 3 列目の値（value）を取り出して，**行列**

$$\begin{bmatrix} 60 & 70 \\ 90 & 80 \\ 70 & 90 \end{bmatrix} \tag{3.5}$$

に変換します．（行列は数を長方形に並べたものです．第 17 章で詳しく説明します．）

```Python
m = df.iloc[:, [1, 2]].values; m
```

```R
(m <- as.matrix(df[, c(2, 3)]))
```

```Mathematica
m = Values[Normal[df[[All, {2, 3}]]]]
```

　この行列 m は，「第 1 行，第 2 行，第 3 行」という形式でメモリに格納されています．これを**転置**すると，「第 1 列，第 2 列」という形式になります．Python と Mathematica では，複数の列を別々の変数に代入する操作を，転置を使ってまとめて行うことがあります．次のコードの結果，english は $(60, 90, 70)$，math は $(70, 80, 90)$ になります．

```Python
english, math = m.T; english, math
```

```Mathematica
{english, math} = Transpose[m]
```

第4章 可視化と方程式

■ 4.1 可視化

　関数の**グラフ**を描く方法と，数式で表された領域を描く方法について説明します．本書における可視化は，プレゼンテーションのためのものではなく，考える材料とするためのものです．ですから，軸のラベルなど，正式なプレゼンテーションの際にはあったほうがよいと思われるものを省略することがあります．また，コードの実行結果そのままではなく，紙面で見やすいように調整したものを掲載します．

■ 4.1.1　$y = f(x)$

　$f(x) := x^2 + 2x - 4$ とします．区間 $[-5, 3]$ における $y = f(x)$ のグラフを，2種類の方法で描きます．

方法1　$f(x)$ を与えて描く方法（x は記号）
方法2　$(x_1, f(x_1)), \ldots, (x_n, f(x_n))$ を与えて描く方法（n は整数, $x_1, \ldots, x_n$ は数値）

　例4.1　（方法1）$f(x) = x^2 + 2x - 4$ を与えてグラフを描いて，図4.1を得ます．

Wolfram|Alpha
```
plot_x^2+2x-4,x=-5..3
```

Python
```
var('x')
plot(x**2 + 2 * x - 4, (x, -5, 3));
```

R
```
curve(x^2 + 2 * x - 4, -5, 3)
```

Mathematica
```
Plot[x^2 + 2 x - 4, {x, -5, 3}]
```

　例4.2　（方法2）$n := 101$ 個の点の座標 $(x_1, f(x_1)), \ldots, (x_n, f(x_n))$ を与えてグラフを描いて，方法1とほぼ同じ結果を得ます（$x_1, \ldots, x_n$ の作り方は 3.1.3 項を参照）．

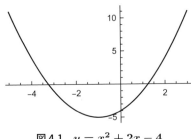

図 4.1 $y = x^2 + 2x - 4$

```
Python
x = np.linspace(-5, 3, 101)
y = x**2 + 2 * x - 4
plt.plot(x, y);
```

```
R
x <- seq(-5, 3, length.out = 101)
y <- x^2 + 2 * x - 4
plot(x, y, "l")
```

```
Mathematica
x = Subdivide[-5, 3, 100];
y = x^2 + 2 x - 4;
ListLinePlot[Transpose[{x, y}]]
```

■サンプリングに関する注意♠

　Rのcurveには抽出する点の数を指定するオプションnがあり，そのデフォルト値は（方法2のコードと同じ）101です．ですから，Rの方法1と方法2は同じです．

　このような，グラフ上の点を抽出して可視化する方法には，グラフの変動が激しいときに，その概形を正しくとらえられないという危険があります．

> **例 4.3** $y = \sin(102x)$ の区間 $[0, 2\pi]$ でのグラフを描いて，図 4.2 を得ます．

```
R
par(mfrow = c(1, 3))
curve(sin(102 * x), 0, 2*pi, main = "n = 101")
curve(sin(102 * x), 0, 2*pi, main = "n = 102", n = 102)
curve(sin(102 * x), 0, 2*pi, main = "n = 200", n = 200)
par(mfrow = c(1, 1))
```

　図4.2の左が $n := 101$ の場合（curveのデフォルト），中央が $n := 102$ の場合（1だけ増やした），右が $n := 200$ の場合（かなり増やしたつもり）で，いずれも $y = \sin(102x)$ の概形を正しく描けていません．

　さまざまな n で試すのが，こういう危険を避ける方法の一つですが，闇雲にやっても勘が悪

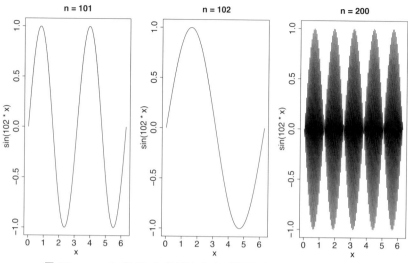

図 4.2　$y = \sin(102x)$（抽出した点の数は左から $101, 102, 200$）

いとうまくいきません.

　別の方法として，複数のシステムで試すという方法が挙げられます．方法1のPythonとMathematicaのコードでは，方法2よりも高度なアルゴリズムが使われているので，それらは危険を回避するためのよい選択肢です．例として，方法1のMathematicaのコードで，最初に抽出する点の数をオプション**PlotPoints**で調整して描いた $y = \sin(102x)$ のグラフを図 4.3 に示します．（複数のシステムで試すことの例です．これが正解だということではありません.）

```
Plot[Sin[102 x], {x, 0, 2 Pi}, PlotPoints -> 100]
```

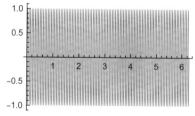

図 4.3　$y = \sin(102x)$（Mathematica）

4.1.2　$z = f(x, y)$

　2 変数関数 $f(x, y) := x^2 + y^2$ を，領域 $-1 \le x \le 1,\ -1 \le y \le 1$ で可視化します.

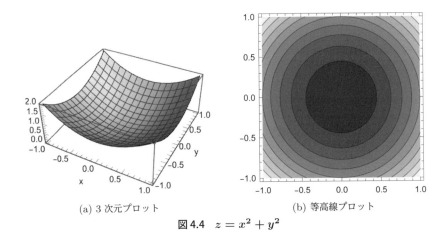

(a) 3 次元プロット　　　　　　　(b) 等高線プロット

図 4.4　$z = x^2 + y^2$

例 4.4　$z = f(x, y)$ の 3 次元プロットを描いて，図 4.4(a) を得ます.

　R を除くシステムでは，例 4.1 のように数式を与えて描きます. R では例 4.2 のように明示的にサンプリングを行って描きます.

```
Wolfram|Alpha
plot␣x^2+y^2,x=-1..1,y=-1..1
```

```
Python
var('x y')
plot3d(x**2 + y**2, (x, -1, 1), (y, -1, 1));
```

```
R
data <- expand.grid(x = seq(-1, 1, 0.1), y = seq(-1, 1, 0.1))
data$z <- data$x^2 + data$y^2
lattice::wireframe(z ~ x + y, data)
```

```
Mathematica
Plot3D[x^2 + y^2, {x, -1, 1}, {y, -1, 1}, AxesLabel -> {"x", "y"}]
```

例 4.5　$z = f(x, y)$ の**等高線プロット**を描いて，図 4.4(b) を得ます[*1].

[*1]　Wolfram|Alpha での結果は例 4.4 のコードで得ます.

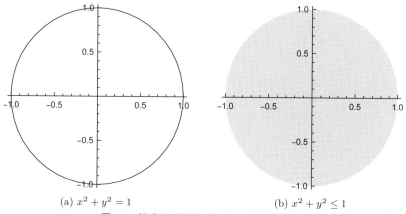

(a) $x^2 + y^2 = 1$　　　(b) $x^2 + y^2 \leq 1$

図4.5　等式や不等式で表される領域の可視化

```Python
plotting.plot_contour(x**2 + y**2, (x, -1, 1), (y, -1, 1));
```

```R
x <- seq(-1, 1, length.out = 100); y <- seq(-1, 1, length.out = 100)
z <- outer(x, y, function(x, y) x^2 + y^2)
contour(x, y, z)
```

```Mathematica
ContourPlot[x^2 + y^2, {x, -1, 1}, {y, -1, 1}]
```

4.1.3　等式や不等式で表される領域

例 4.6　等式 $x^2 + y^2 = 1$ で表される領域（region）を可視化して，図4.5(a) を得ます．

```Wolfram|Alpha
x^2+y^2=1
```

```Python
plot_implicit(Eq(x**2 + y**2, 1));
```

```Mathematica
Clear[x, y];
reg1 = ImplicitRegion[x^2 + y^2 == 1, {x, y}];
Region[reg1, Axes -> True]
```

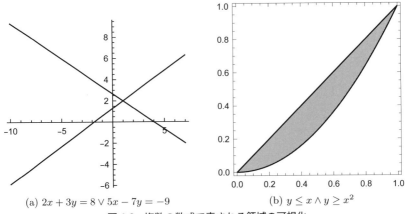

(a) $2x + 3y = 8 \vee 5x - 7y = -9$ (b) $y \leq x \wedge y \geq x^2$

図 4.6　複数の数式で表される領域の可視化

例 4.7　不等式 $x^2 + y^2 \leq 1$ で表される領域を可視化して，図 4.5(b) を得ます．

```
Wolfram|Alpha
x^2+y^2<=1
```

```
Python
plot_implicit(x**2 + y**2 <= 1);
```

```
Mathematica
reg2 = ImplicitRegion[x^2 + y^2 <= 1, {x, y}];
Region[reg2, Axes -> True]
```

例 4.8　「$2x + 3y = 8$ または $5x - 7y = -9$」を満たす点 (x, y) の集合を可視化して，図 4.6(a) を得ます．

```
Wolfram|Alpha
2x+3y=8,5x-7y=-9
```

```
Python
plot_implicit(Or(Eq(2 * x + 3 * y, 8), Eq(5 * x - 7 * y, -9)));
```

```
Mathematica
reg = ImplicitRegion[Or[2 x + 3 y == 8, 5 x - 7 y == -9], {x, y}];
Region[reg, Axes -> True]
```

例4.9 「$y \leq x$ かつ $y \geq x^2$」を満たす点 (x, y) の集合を可視化して，図 4.6(b) を得ます[*2].

```
Wolfram|Alpha
y<=x␣and␣y>=x^2
```

```
Python
plot_implicit(And(y <= x, y >= x**2), (x, 0, 2), (y, 0, 2));
```

```
Mathematica
reg = ImplicitRegion[And[y <= x, y >= x^2], {x, y}];
RegionPlot[reg]                                                (* ① *)
Plot[{x, x^2}, {x, 0, 1}, Filling -> {1 -> {2}}, AspectRatio -> 1] (* ② *)
```

■領域に対する操作♠

Mathematica では，領域に対する操作（可視化，長さ，面積，体積の計算）を統一的に行えます．

例4.10 例 4.6 で可視化した領域（図 4.5(a)）の長さと，例 4.7 で可視化した領域（図 4.5(b)）の面積を求めて，2π と π を得ます．

```
Mathematica
{RegionMeasure[reg1], RegionMeasure[reg2]}
```

例4.11 例 4.9 で可視化した領域（図 4.6(b)）の面積を求めて，1/6 を得ます．

```
Mathematica
RegionMeasure[reg]
```

この結果を，$y = x$ と $y = x^2$ の交点（4.3 節）の x 座標 a, b $(a < b)$ と，定積分（14.1 節）を利用して得ます．

```
Python
var('x')
a, b = sorted(solve(Eq(x, x**2), x))
integrate(x - x**2, (x, a, b))
```

[*2]　Mathematica で Region での可視化がうまくいかない場合の対処法として，① RegionPlot を使うコードと，② $y = x$ のグラフ（1 番目）と $y = x^2$ のグラフ（2 番目）の間を塗りつぶすコードを示します．

```Mathematica
Clear[x];
{a, b} = Sort[SolveValues[{x == x^2}, x]];
Integrate[x - x^2, {x, a, b}]
```

■インタラクティブな可視化♠

例 4.12　パラメータ c を含む領域 $x^3 + y^3 - 3xy = c$ を，c をインタラクティブに設定できる形式で可視化します．（因みに，$c := 0$ のときの曲線を**デカルトの葉線**といいます．）

　Mathematica には，インタラクティブなユーザインタフェースを作る機能（Manipulate）が標準で用意されています．それを使ってこの領域を可視化して，図 4.7 を得ます[3].

```Mathematica
Manipulate[
 ContourPlot[x^3 + y^3 - 3 x y == c, {x, -2, 2}, {y, -2, 2}],
 {{c, 0}, -1, 1}] (* cは-1以上1以下で，初期値は0 *)
```

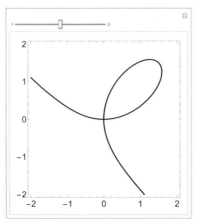

図 4.7　$x^3 + y^3 - 3xy = c$（c はインタラクティブに設定可能）

■ 4.2　方程式

例 4.13　次の**方程式**を解いて，$x = -1 \pm \sqrt{5}$ を得ます[4].

$$x^2 + 2x - 4 = 0. \tag{4.1}$$

---

[3]　ImplicitRegion で 1 次元領域を扱うとパフォーマンスが悪くなるので，ContourPlot を使います．

[4]　(4.1) の解は，$y = x^2 + 2x - 4$ のグラフ（図 4.1）が x 軸と交わる点の x 座標です．

```
                        Wolfram|Alpha
x2+2x-4=0
```

```
                           Python
var('x')
solve(Eq(x**2 + 2 * x - 4, 0), x)
```

```
                        Mathematica
SolveValues[x^2 + 2 x - 4 == 0, x]
```

Mathematica には，方程式を解くための関数として，SolveValue のほかに，Solve と Reduce があります．本書では，状況に応じてこれらを使い分けます．それぞれを使って例 4.13 の方程式を解いた結果は次のとおりです（例 4.14 も参照）．

- SolveValue: $\{-1 - \sqrt{5}, -1 + \sqrt{5}\}$（値の組）
- Solve: $\{\{x \to -1 - \sqrt{5}\}, \{x \to -1 + \sqrt{5}\}\}$（置換のためのルールの集合）
- Reduce: $-1 - \sqrt{5} \vee -1 + \sqrt{5}$（もとの方程式が表す条件と同値な条件．「条件」や「同値」については 5.1 節を参照）

例 4.14 $x^2 + 2x - 4 = 0$ の解 a, b の和を求めて，-2 を得ます．（これは，方程式の解を使う計算の例です．）

```
                           Python
a, b = solve(x**2 + 2 * x - 4, x)
a + b
```

```
                        Mathematica
{a, b} = SolveValues[x^2 + 2 x - 4 == 0, x]
a + b

tmp = Solve[x^2 + 2 x - 4 == 0, x]
{a, b} = x /. tmp;
a + b

tmp = Reduce[x^2 + 2 x - 4 == 0, x]
{a, b} = x /. {ToRules[tmp]};
a + b
```

4.2.1 解と係数の関係♠

方程式の解が求められても，それを使う計算が難しいことがあります．例として，x についての方程式

$$x^n + 2x - 4 = 0 \quad (n \in \mathbb{N}) \tag{4.2}$$

の全ての解の和（sum, total）を求めます.

解と係数の関係について知っていれば，n が 3 以上のときは方程式 (4.2) の解の和が 0 になるとわかります.

解と係数の関係について知らなくても，n を具体的に決めれば，解の和を求められます. 例えば，$n := 3$ の場合の解の和を求めて，0 を得ます.

```Python
n = 3; simplify(sum(solve(x**n + 2 * x - 4, x)))
```

```Mathematica
n = 3; Simplify[Total[SolveValues[x^n + 2 x - 4 == 0, x]]]
```

しかし，n が記号のままだと解を求められませんし，n を具体的に決めても，結果が得られるのはそれが比較的小さい場合だけです.

そこで，**生成 AI** を試します. OpenAI の ChatGPT 4 に「方程式 x^n+2x−4=0 の解の和. ただし，n は 3 以上の整数」と入力して得られる結果を，一部修正して掲載します.

> 方程式 $x^n + 2x - 4 = 0$ の解の和を求めるには，ヴィエトの公式を使います. 方程式 $a_n x^n + a_{n-1} x^{n-1} + \ldots a_1 x + a_0 = 0$ の解の和は $-a_{n-1}/a_n$ です.
>
> あなたの方程式 $x^n + 2x - 4 = 0$ には x^{n-1} の項が存在しないため，その係数は 0 です. また，x^n の係数は 1 です. したがって，全ての解の和は $-0/1 = 0$ となります.

示された結果「0」は正しいです. しかし，このようにして問題を解く能力は，本書を通じて身に付けてもらいたいもの，つまり，どういう処理が行われるか，その結果としてどういうものが出てくるかを想定できるようなプログラムを書く能力ではありません. ですから，少し残念ではありますが，このような，コンピュータをブラックボックスにする使い方は，ここで紹介するに留めます.

■ 4.3　連立方程式

例 4.15　次の**連立方程式**を解いて，$(x, y) = (1, 2)$ を得ます[*5].

$$\begin{cases} 2x + 3y = 8, \\ 5x - 7y = -9. \end{cases} \tag{4.3}$$

```Wolfram|Alpha
2x+3y=8,5x-7y=-9
```

```Python
var('x y')
sol = solve([Eq(2 * x + 3 * y, 8), Eq(5 * x - 7 * y, -9)], [x, y]); sol
```

```Mathematica
sol = SolveValues[{2 x + 3 y == 8, 5 x - 7 y == -9}, {x, y}]
```

例 4.16　方程式 (4.3) の解を (x_1, y_1) とします．$x_1 + y_1$ を求めて，3 を得ます．（これは，方程式の解を使う計算の例です．）

```Python
x1, y1 = sol.values()
x1 + y1
```

```Mathematica
{{x1, y1}} = sol; x1 + y1
```

4.4　数値的に解く方程式

例 4.17　次の方程式の解を求めます．

$$2^x + \sin x = 0. \tag{4.4}$$

```Wolfram|Alpha
2^x+sin_x=0
```

方程式 (4.4) は，Python の solve や Mathematica の SolveValue で解析的に解くことはできません[*6]．

そこで，この方程式の解を探索することを試みます．

探索の準備として，$y = 2^x + \sin x$ のグラフを描いて状況を確認します（図 4.8）．

グラフから，$[-2, 0]$ に属する解（根，root）があることがわかるので，R ではこの区間で解を探索してみます．Python と Mathematica では，この区間に属する解を，$x = 0$ を起点に探索してみます．

```Python
var('x'); f = 2**x + sin(x)
nsolve(f, x, 0)
```

[*5]　(4.3) の解は，「$2x + 3y = 8$ または $5x - 7y = -9$」を可視化した際に描かれた直線の交点の座標です（図 4.6(a)）．線形代数を学ぶと連立方程式についての理解が深まります（17.9 節を参照）．

[*6]　解析的に解けない方程式に対しては，Mathematica の NSolveValues で数値的に解くのが定石なのですが，この方程式は，NSolveValues[2^x + Sin[x] == 0, x] では解けません．

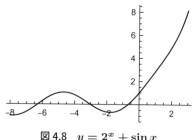

図 4.8 $y = 2^x + \sin x$

```R
f <- function(x) { 2^x + sin(x) }
uniroot(f, c(-2, 0))
```

```Mathematica
f[x_] := 2^x + Sin[x]
FindRoot[f[x] == 0, {x, 0}]
```

いずれの場合も，得られる数値解は-0.67618 です．
探索する区間や探索の起点を変えて，別の解を得ることもできます．

4.5 不等式

例 4.18 次の**不等式**を x について解いて，$-1 - \sqrt{5} < x < -1 + \sqrt{5}$ を得ます[7]．

$$x^2 + 2x - 4 < 0. \tag{4.5}$$

```Wolfram|Alpha
x^2+2x-4<0
```

```Python
var('x')
solve(Lt(x**2 + 2 * x - 4, 0), x)
```

```Mathematica
Reduce[x^2 + 2 x - 4 < 0, x]
```

---

[7]　$y = x^2 + 2x - 4$ のグラフ（図 4.1）において，$-1 - \sqrt{5} < x < -1 + \sqrt{5}$ ならば，グラフ上の点 $(x, f(x))$ は x 軸より下（y 座標が負）になります．

第5章 論理式

コンピュータで**論理式**を扱う方法を説明します．使用するシステムは Mathematica です．ほかのシステムは，本章で扱う論理式をサポートしていません．

5.1 論理式入門

まずは，日本語の「$x^2 = 2$ となるような実数 x が存在する」に対応する論理式

$$\exists x \in \mathbb{R} \, (x^2 = 2) \tag{5.1}$$

を扱います．

この論理式を次のようなコードで評価して，真を得ます．「$x^2 = 2$ となるような実数 x が存在する」という命題は真だということです．

```Mathematica
expr = Exists[x, Element[x, Reals], x^2 == 2];
Reduce[expr]
```

このように，自然言語（ここでは日本語）で書かれた主張（命題や条件）を論理式で書き直し，それをさらにコードに書き直して評価することで，もとの命題の真偽が求められたり，もとの条件と同値で簡潔な条件が得られたりします．

教養数学で論理式に出会うのは，数列や関数の極限を扱うための**イプシロン・デルタ論法**を学ぶときかもしれません[*1]．しかし，極限を扱う論理式は比較的複雑なので，ここでは次のような，もっと単純な主張を扱います．

① 2乗すると2になる実数が存在する．（5.2節）
② 任意の実数 b に対して，整数 n が存在して $n > b$ が成り立つ．（5.3節）
③ x の方程式 $ax + b = 0$ に解が存在する．（5.4.1項）
④ x の方程式 $x^2 + a^2 = 0$ に実数解が存在する．（5.4.2項）
⑤ $a^n + b^n = c^n \ (n \geq 3)$ を満たす正の整数 n, a, b, c は存在しない．（5.4.3項）

論理式で使う記号を表5.1にまとめます．**存在記号**∃ と**全称記号**∀ を合わせて**量化記号**といいます．

▐ 含意（〜ならば〜）についての注意♠

含意（〜ならば〜）には注意が必要なことを，例を使って説明します．

[*1] イプシロン・デルタ論法で関数の極限を定義する論理式が 12.1.1 項の (12.6)，極値を定義する論理式が 13.2.3 項の (13.36) です．

表5.1　論理式で使う記号

記号	名前	Mathematica
$\mathbb{N}$	**自然数** $(1, 2, \dots)$	PositiveIntegers
$\mathbb{N}$	**自然数** $(0, 1, \dots)$	NonNegativeIntegers
$\mathbb{Z}$	**整数**	Integers
$\mathbb{Q}$	**有理数**	Rationals
$\mathbb{R}$	**実数**	Reals
$\mathbb{C}$	**複素数**	Complexes
$\exists$	**存在記号**	Exists
$\forall$	**全称記号**	Forall
$\neg$	**否定**（～**でない**）	Not
$\wedge$	**論理積**（～**かつ**～）	And
$\vee$	**論理和**（～**または**～）	Or
$\implies$	**含意**（～**ならば**～）	Implies
$\iff$	**同値**	Equivalent

例5.1　「$x > 10$ならば$x > 11$」という主張を評価して，これと同値な条件「$x \leq 10$または$x > 11$」を得ます．

```Mathematica
Reduce[Implies[x > 10, x > 11]]
```

「$x > 10$ならば$x > 11$」は，xが決まると真偽を求められる，xの条件です．

しかし，これが偽の命題だと勘違いされることがあります．日常語の感覚でも偽だと感じるかもしれません．

■注意点1

「$x > 10$ならば$x > 11$」が偽だと感じる一因に，この条件を命題「全ての実数xに対して，$x > 10$ならば$x > 11$」と解釈することが挙げられます．実際，高校数学の検定教科書にはそういう事例があります．しかし，「$x > 10$ならば$x > 11$」と「全ての実数xに対して，$x > 10$ならば$x > 11$」は，論理式で書くと

$$x > 10 \implies x > 11, \tag{5.2}$$
$$\forall x \in \mathbb{R} \, (x > 10 \implies x > 11) \tag{5.3}$$

となる，別物です．(5.2)は条件（xが決まると真偽を求められる主張）で，(5.3)は命題（真偽を求められる主張）です[*2]．

(5.3)の真偽を求めて，偽を得ます．

[*2]　「$\implies$」と「$\to$」を使い分けて，(5.2)を「$x > 10 \to x > 11$」，(5.3)を「$x > 10 \implies x > 11$」とする文献もありますが，まぎらわしいので本書ではそういうことはしません．

```
Mathematica
Reduce[ForAll[x, Element[x, Reals], Implies[x > 10, x > 11]]]
```

命題 $\forall x\,(F(x) \implies G(x))$「全ての x に対して，$F(x)$ ならば $G(x)$」が真のとき，$F(x)$ を「$G(x)$ の**十分条件**」といい，$G(x)$ を「$F(x)$ の**必要条件**」といいます．

命題 $\forall x(F(x) \iff G(x))$「全ての x に対して，"$F(x)$ ならば $G(x)$，かつ，$G(x)$ ならば $F(x)$"」が真のとき，「$F(x)$ は $G(x)$ の**必要十分条件**である」，「$G(x)$ は $F(x)$ の必要十分条件である」，「$F(x)$ と $G(x)$ は**同値**である」などといいます．

これらの用語の定義において，$\forall x$「全ての x に対して，」を暗黙の仮定として省略するのは混乱のもとです．

■注意点2

先に確認したとおり，「$x > 10$ ならば $x > 11x$」と同値な x の条件は，「$x \leq 10$ または $x > 11$」なのですが，これについても違和感を感じるかもしれません．例えば $x := 0$ のときに，「$x \leq 10$ または $x > 11x$」つまり「$0 \leq 10$ または $0 > 11$」が真なのはよいとして，「$x > 10$ ならば $x > 11$」つまり「$0 > 10$ ならば $0 > 11$」は真にはみえないというわけです．

この違和感の原因として，数学の「A ならば B」が，日常語の感覚と合っていないことが挙げられます．数学では，$A \implies B$「A ならば B」は，$(\neg A) \lor B$「A でない，または B」と同じです．ですから，「$0 > 10$ ならば $0 > 11$」は「$0 > 10$ でない，または $0 > 11$」と同じです．「$0 > 10$ でない，または $0 > 11$」は真なので，「$0 > 10$ ならば $0 > 11$」も真です．

このように，「ならば」についての違和感を拭えない場合は，「A ならば B」を「A でない，または B」に機械的に置き換えるとよいでしょう．

■最低限の論理演算

$A \implies B$ が $(\neg A) \lor B$ と同じであることを，次のように確認します．

```
Mathematica
BooleanConvert[Implies[A, B], "OR"] (* 含意 *)
```

同様に，$A \land B$ が $\neg((\neg A) \lor (\neg B))$ と同じであることを，次のように確認します．

```
Mathematica
BooleanConvert[And[A, B], "OR"] (* 論理積 *)
```

これで，含意と論理積はどちらも，論理和と否定で表せることがわかりました．ですから，論理式を書くためには，四つの論理演算（否定・論理和・論理積・含意）のうち，論理和と否定だけあればよいのです．

さらに言えば，論理演算は一つだけでも十分です．そのような論理演算の例として，A と B の**否定論理積** $A \mid B = \neg(A \land B)$ と，A と B の**否定論理和** $A \downarrow B = \neg(A \lor B)$ が挙げられます．

ここでは否定論理積（Mathematica では Nand）について調べます．

$\neg A = A \mid A$ と $A \lor B = (\neg A) \mid (\neg B)$ を確認します．

```
Mathematica
{BooleanConvert[Not[A]] == BooleanConvert[Nand[A, A]],
 BooleanConvert[Or[A, B]] == BooleanConvert[Nand[Not[A], Not[B]]]}
```

　否定は否定論理積で表せて，論理和は否定論理積と否定で表せるので，否定論理積だけあれば，四つの論理演算は全て表せることがわかります．実は否定論理積だけあれば，任意の写像 $f\colon \{\text{false}, \text{true}\}^n \to \{\text{false}, \text{true}\}$ を表す論理式を作れることも示せます[1]．否定論理和（Mathematica では Nor）についても，$\neg A = A \downarrow A$ と $A \vee B = \neg(A \downarrow B)$ が成り立つので，同様の議論により，これだけあればよいことがわかります（確認のためのコードは割愛）．

■ 5.2　2乗すると2になる数

例 5.2　「2 乗すると 2 になる実数が存在する」という主張を評価して，真（存在する）を得ます．

主張を次のように書き直します．

① 　2 乗すると 2 になる実数が存在する．
② 　$x^2 = 2$ を満たす実数 x が存在する．
③ 　$\exists x \in \mathbb{R}\ (x^2 = 2)$.
④ 　Exists[x, Element[x, Reals], x^2 == 2]

日本語，論理式，コードの関係をまとめます．

日本語	実数 x（「x は実数」つまり「x は $\mathbb{R}$ の要素（element）」ということ）
論理式	$x \in \mathbb{R}$
コード	Element[x, Reals]
日本語	$\cdots$ を満たす実数 x が存在する
論理式	$\exists x \in \mathbb{R}\ (\cdots)$
コード	Exists[x, Element[x, Reals], $\cdots$]

コードを評価して，真を得ます．

```Mathematica
Reduce[Exists[x, Element[x, Reals], x^2 == 2]]
```

　論理式としては不完全になりますが，実数だという記述（$\in \mathbb{R}$）を省略して，論理式を $\exists x\ (x^2 = 2)$，それに対応するコードを Exists[x, x^2 == 2] としてもうまくいきます．次のコードのように，論理式を評価する Reduce に引数 Reals を与えて，変数（ここでは x）を実数に限定できるからです．

```Mathematica
Reduce[Exists[x, x^2 == 2], Reals]
```

例5.3　「2 乗すると 2 になる有理数が存在する」という主張を評価して，偽（存在しない）を得ます．

　上記の論理式の実数（$\mathbb{R}$）を有理数（$\mathbb{Q}$）に置き換えてできる論理式は $\exists x \in \mathbb{Q} \, (x^2 = 2)$ です．コードでは，Reals を Rationals に置き換えます．

```Mathematica
Reduce[Exists[x, Element[x, Rationals], x^2 == 2]] (* False *)
Reduce[Exists[x, x^2 == 2], Rationals]            (* False *)
```

5.3　日本語と論理式の対応

例5.4　次の主張を評価して，真を得ます．

　　任意の実数 b に対して，整数 n が存在して，$n > b$ が成り立つ．　　　　(5.4)

この，あたり前にみえる主張は，日本語と論理式の対応を説明するための例です．主張を次のように書き直します．

①　任意の実数 b に対して，整数 n が存在して，$n > b$ が成り立つ．
②　$\forall b \in \mathbb{R} \, (\exists n \in \mathbb{Z} \, (n > b))$．
③　ForAll[b, Element[b, Reals],
　　　Exists[n, Element[n, Integers], n > b]]

日本語，論理式，コードの関係をまとめます（5.2 節で扱ったものは除く）．

日本語	任意の実数 b に対して $\cdots$
論理式	$\forall b \in \mathbb{R} \, (\cdots)$
コード	ForAll[b, Element[b, Reals], $\cdots$]

コードを評価して，真を得ます．

```Mathematica
expr = ForAll[b, Element[b, Reals], Exists[n, Element[n, Integers], n > b]];
Reduce[expr]
```

(5.4) の日本語での表現方法には，次のようなものがあります[3]．

- 任意の実数 b に対して，整数 n を適当に選んで $n > b$ が成り立つようにできる．

---

[3]　数学的主張を自然な日本語で完璧にするのは難しいです．(5.4) の表現には，「存在」が「$n > b$ を成り立たせる整数 n 全体の集合が空集合ではない」ということなのがわかりにくいという不満があります．

- 実数 b を任意に一つとったとき，$n > b$ を成り立たせるような整数 n が必ず存在する．
- b が実数ならば，$n > b$ を満たす整数 n が存在する．
- b を実数とする．このとき，整数 n で $n > b$ を満たすものが存在する．
- （非推奨）任意の実数 b に対して $n > b$ となる整数 n が存在する．

最後の例が非推奨なのは，次のような 2 通りの解釈ができるからです．

① 任意の実数 b に対して「$n > b$ となる整数 n が存在する」．
② 「任意の実数 b に対して $n > b$ となる」整数 n が存在する．

①がここで扱っている主張で，②は別の主張です．②を論理式で書くと

$$\exists n \in \mathbb{Z} \ (\forall b \in \mathbb{R} \ (n > b)) \tag{5.5}$$

となりますが，これは偽です．

■論理式のさまざまな書き方♠

　日本語と比べると論理式は誤解が生じにくいはずですが，初学者にとってはそうでもないかもしれません．想定される原因の一つに，論理式の書き方にさまざまな流儀があることが挙げられます．例えば，(5.4) を表す論理式の書き方には，次のようなものがあります（まだほかにもあります）．

① $\forall b \in \mathbb{R} \ (\exists n \in \mathbb{Z} \ (n > b))$
② $(\forall b \in \mathbb{R})(\exists n \in \mathbb{Z})(n > b)$
③ $\forall b \in \mathbb{R}, \ \exists n \in \mathbb{Z} \ s.t. \ n > b$

　①が本書で採用した書き方です．②は丸括弧の使い方が①とは異なりますが，左から右に読んでいけば誤解する危険のない書き方です．③は英語で表現した命題 "For any real number b, there exists an integer n such that $n > b$." をそのまま翻訳したような書き方です．

　また，$\exists$ と $\forall$ に関しても，次のように，意味が同じになる書き方が複数あります．

- 「$\exists n \ n$ の条件 (式1)」と「$\exists n \ (n$ の条件 $\wedge$ 式1)」
- 「$\forall b \ b$ の条件 (式2)」と「$\forall b \ (b$ の条件 $\implies$ 式2)」

Mathematica の Exists と ForAll でもこれらは同値ということになっています．

- Exists[x, cond, expr] と Exists[x, And[cond, expr]]
- ForAll[x, cond, expr] と ForAll[x, Implies[cond, expr]]

ですから，(5.4) に対応する論理式は次のようにも書けます．

$$\forall b \in \mathbb{R} \ (\exists n \ (n \in \mathbb{Z} \wedge n > b)) \tag{5.6}$$

$$\forall b \ (b \in \mathbb{R} \implies (\exists n \in \mathbb{Z} \ (n > b))) \tag{5.7}$$

　しかし，このような書き換えはうまくいかないことがあります．実際，(5.6) に対応するコードを評価すると真になりますが，(5.7) に対応するコードを評価しても真にはなりません．

```
                    Mathematica
expr1 = ForAll[b,
   Element[b, Reals], Exists[n, And[Element[n, Integers], n > b]]];
Reduce[expr1] (* True *)

expr2 = ForAll[b,
   Implies[Element[b, Reals], Exists[n, Element[n, Integers], n > b]]];
Reduce[expr2] (* 失敗 *)
```

■アルキメデスの公理♠

(5.4) の命題は，次の**アルキメデスの公理**で a を 1，自然数 n を整数 n にしたものです．

メモ 5.1（アルキメデスの公理）
任意の実数 $a > 0, b > 0$ に対して，自然数 n が存在して $na > b$ が成り立つ．

このアルキメデスの公理と区間縮小法の原理（幅が 0 に近づく閉区間の列を与えるとそれら の区間に共通なただ一つの数が決まること）[25, 26] を合わせたものを実数を特徴付ける性質の 一つである**連続の公理**として，微分積分の体系を構築できます（**公理**は理論の出発点として証 明なしに認めておく主張のこと）．別の主張を連続の公理として採用するなら，アルキメデスの 公理はそれを使って証明される定理になります．文献 [25] では，連続の公理と互いに同等，つ まり一方を仮定してもう一方を証明できるような主張が 22 個紹介されています．その中には， 高校数学で証明なしに導入される**最大値の定理**（閉区間で定義された連続関数には最大値・最 小値が存在する）や，本書で証明なしに導入される**平均値の定理**（メモ 13.1），メモ 13.2 の各項 目もあります．高校数学では最大値の定理を公理ということにすれば，「証明なしに使ってい る」という後ろめたい気持ちから解放されるかもしれません．

■ 5.4 方程式の解の存在
5.4.1 $ax + b = 0$ の解の存在

例 5.5　「x の方程式 $ax + b = 0$ に解が存在する」という主張を評価して[*4]，a, b の 条件「$(a = 0 \land b = 0) \lor a \neq 0$」を得ます．

主張を次のように書き直します．

①　x の方程式 $ax + b = 0$ に解が存在する．
②　$ax + b = 0$ を満たす x が存在する．
③　$\exists x \, (ax + b = 0)$
④　Exists[x, a x + b == 0]

コードを評価して，「$(a = 0 \land b = 0) \lor a \neq 0$」を得ます．

[*4]　主張と同値な条件，つまり $\forall a \forall b \,(主張 \iff A(a, b))$ が真となるような条件 $A(a, b)$ を求めるということです．

```
Mathematica
Reduce[Exists[x, a x + b == 0]]
```

解が存在することと「$(a = 0$ かつ $b = 0)$ または $a \neq 0$」は同値だということです.
「$x = -\dfrac{b}{a}$ と書けるから解は常に存在する」や「$a \neq 0$ のときに限って,$x = -\dfrac{b}{a}$ と書けるから解は存在する」という,初学者がおかしがちな誤りを回避できています.こういう単純な問題でも,初学者がコンピュータで確認しながら解く意義は大いにあるでしょう.

📑 5.4.2　$x^2 + a^2 = 0$ の実数解の存在

例5.6　「x の方程式 $x^2 + a^2 = 0$ に実数解が存在する」という主張を評価して[*5],「Re $a = 0$」(a の実部は 0)を得ます.

主張を次のように書き直します.

① 　x の方程式 $x^2 + a^2 = 0$ に実数解が存在する.
② 　$x^2 + a^2 = 0$ を満たす実数 x が存在する.
③ 　$\exists x \in \mathbb{R}\ (x^2 + a^2 = 0)$
④ 　Exists[x, Element[x, Reals], x^2 + a^2 == 0]

コードを評価して,「Re $a = 0$」を得ます.

```
Mathematica
Reduce[Exists[x, Element[x, Reals], x^2 + a^2 == 0]]
```

「実数解が存在するのは $a = 0$ のときだけで,そのときの実数解は $x = 0$」という,初学者がおかしがちな誤りを回避できています.

■不等号を含む場合の注意♠

同様にして,「$x^2 + a^2 < 0$ を満たす実数 x が存在する」という主張を評価します.この場合は,注意が必要です.
次のようにして,偽(存在しない)を得ます.

```
Mathematica
Reduce[Exists[x, Element[x, Reals], x^2 + a^2 < 0]] (* False *)
```

これは正しい結果ではありません.例えば,$a := \sqrt{-2}$ とすれば,不等式は $x^2 - 2 < 0$ となり,これを満たす実数 x が存在するからです.
Mathematica では,不等式(ここでは x^2 + a^2 < 0)があると,関連する変数は実数だと

[*5]　主張と同値な条件,つまり $\forall a$(主張 $\iff A(a)$)が真となるような条件 $A(a)$ を求めるということです.

暗黙的に仮定されます．x, a が実数だと仮定すると $x^2 + a^2 < 0$ は成り立たないので，結果が偽になったのです．こういう間違いを避けるためには，変数が実数だという暗黙の仮定を排除しなければなりません．

Reduce に引数 Complexes を与えて評価して，正しい条件「$\mathrm{Re}\, a = 0 \wedge \mathrm{Im}\, a \neq 0$」（$a$ の実部は 0，かつ，a の虚部は 0 でない）を得ます．

```Mathematica
Reduce[Exists[x, Element[x, Reals], x^2 + a^2 < 0], Complexes] // Simplify
```

5.4.3　フェルマーの最終定理♠

次の三つの命題を調べます．

命題 X　$a^n + b^n = c^n \ (n \geq 3)$ を満たす正の整数 n, a, b, c は存在しない．
命題 Y　$a^4 + b^4 = c^4$ を満たす正の整数 a, b, c は存在しない．
命題 Z　$a^4 + b^4 = c^2$ を満たす正の整数 a, b, c は存在しない．

命題 X は**フェルマー・ワイルズの定理**（フェルマーの最終定理）です．論理式で表すと

$$\neg(\exists n, a, b, c \in \mathbb{N} \ (n \geq 3 \wedge a^n + b^n = c^n)) \tag{5.8}$$

です（$\mathbb{N}$ は自然数の集合）．これをコードに書き直して評価して，真を得ます．

```Mathematica
Reduce[Not[Exists[{n, a, b, c}, And[n >= 3, a^n + b^n == c^n]]],
  PositiveIntegers]
```

命題 Y は命題 X で $n := 4$ とした場合です．命題 X が真なので，命題 Y も真のはずですが，一応確認します．命題 Y をコードに書き直して評価して，真を得ます．

```Mathematica
Reduce[Not[Exists[{a, b, c}, a^4 + b^4 == c^4]], PositiveIntegers]
```

命題 Z の真偽は，この方法ではわかりません．

```Mathematica
Reduce[Not[Exists[{a, b, c}, a^4 + b^4 == c^2]], PositiveIntegers] (* 失敗 *)
```

命題 Z が真なら命題 Y も真なので，命題 Z は命題 Y より強い主張です（2 乗して $a^4 + b^4$ になる整数が存在しないなら，4 乗して $a^4 + b^4$ になる整数も存在しない）．とはいえ，命題 Z の証明が難しいというわけではなく，命題 Y を証明する代わりに，命題 Z が証明されることもあります[7]．命題 X と命題 Y の真偽が得られ，命題 Z の真偽が得られないというのは，興味深いことです．

II 統計

第II部では，大学教養レベルの統計を扱います．

統計は，**記述統計**と**推測統計**に分けられます．記述統計は，データを整理・要約する方法のことです．推測統計は，母集団（10.1.1項）の性質を標本から推測する方法のことです．

第6章と第7章で記述統計を扱い，第8章と第9章で推測統計の準備をして，第10章と第11章で推測統計を扱います．

本書の大きな目標である線形回帰分析を，7.3節では記述統計の一部として，第11章では推測統計の一部として扱います．

第II部の構成は大学教養レベルの統計の標準的な教科書とほぼ同じです．命題の証明がないことを別にすれば，本書単独で読めるようになっていますが，標準的な教科書が手もとにあると，便利かもしれません．練習問題もそれで補えるでしょう．例として，ページの少ない順に文献[17]と文献[29]を挙げますが，大学等で統計の講義を受講している場合は，そこで指定される教科書や参考書で十分です．

第II部で使用するシステムを表6.1にまとめます．

統計の理論的な計算には，Python（SymPy）やMathematicaによる数式処理が便利です．一方，実践では数値計算を行うことが多く，そういう場面ではPythonならSciPyが便利です．SymPyとSciPyでは，コードの書き方がかなり異なり，一方がわかればもう一方もわかるというわけにはいきません．そのため，第II部ではSymPyとSciPyの両方を使います．SymPyでも数値計算はできますが，「SymPyだけを使って，必要に応じて数値計算もする」という方針は，実用的でないため採用しません．両者のコードを混ぜて使わないように注意してください．

表 6.1　第II部で使用するシステム

システム	主な用途
Wolfram|Alpha	数式処理・数値計算
Python (SymPy)	数式処理
Python (SciPy)	数値計算
R	数値計算
Mathematica	数式処理・数値計算

第6章　1次元のデータ

■ 6.1　1次元データの準備

数値の列を **1次元データ**といいます．例えば，ある集団（グループ A）10 人の試験の得点が

$$36, 43, 53, 55, 56, 56, 57, 60, 61, 73 \qquad (6.1)$$

だったとします．これは 1 次元データです．

同じ試験を受けた別の集団（グループ B）10 人の得点が

$$34, 39, 39, 49, 50, 52, 52, 55, 83, 97 \qquad (6.2)$$

だったとして，グループ A と B を比べることを考えます．

■ 6.2　ヒストグラムと箱ひげ図

⊞ 6.2.1　ヒストグラム

1 次元データの可視化手法として，最初に挙げられるのは**ヒストグラム**です．ヒストグラムは，データを階級に分け，階級ごとの件数（頻度，度数）を棒グラフにしたものです．

例 6.1　グループ A の得点 (6.1) のヒストグラムを描きます（図 6.1）[*1].

```Wolfram|Alpha
histogram_{36,43,53,55,56,56,57,60,61,73}
```

```Python
a = pd.Series([36, 43, 53, 55, 56, 56, 57, 60, 61, 73])
b = pd.Series([34, 39, 39, 49, 50, 52, 52, 55, 83, 97])
a.hist();
```

```R
a <- c(36, 43, 53, 55, 56, 56, 57, 60, 61, 73)
b <- c(34, 39, 39, 49, 50, 52, 52, 55, 83, 97)
hist(a)
```

[*1]　Python には 1 次元データの表現方法がたくさんありますが（表 3.1），本章では主に，統計処理で最も使いやすいシリーズを使います．

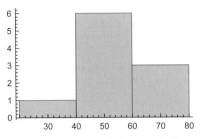

図6.1 グループ A の得点のヒストグラム

```
                    Mathematica
a = {36, 43, 53, 55, 56, 56, 57, 60, 61, 73};
b = {34, 39, 39, 49, 50, 52, 52, 55, 83, 97};
Histogram[a]
```

同様にして，グループ B の得点 (6.2) のヒストグラムを描けば，グループ A と B を比べられます（コードと結果は割愛）.

■階級の指定♠

通常は，ヒストグラムは例 6.1 のように描けば十分です．しかし，それではデータの概要がつかめない場合や，複数のサンプルのヒストグラムを比較したい場合には，階級の調整が必要です．階級を指定する例を表 6.2 にまとめます.

表6.2 ヒストグラムの階級の指定例

システム	階級数の指定	階級の境界値の指定
Python	a.hist(bins=4)	a.hist(bins=np.arange(20, 101, 20))
R	hist(a, 4)	hist(a, seq(20, 100, 20))
Mathematica	Histogram[a, 4]	Histogram[a, {20, 100, 20}]

階級数の目安の一つに，データが n 個のときの階級数を $1 + \log_2 n$ とする**スタージェスの公式**があります．R ではこれが階級数のデフォルトです．Python では bins='sturges'，Mathematica では {"Raw", "Sturges"} とすると，この公式が使われます.

6.2.2 度数分布

例6.2 グループ A の得点 (6.1) の**度数分布**，つまり階級ごとの度数を求めて，Python と R では $(1, 7, 2)$，Mathematica では $(1, 6, 3)$ を得ます[*2].

システムによって結果が異なるのは，境界値 (60) の扱いが異なるからです．Python と R では境界値が左側の階級に入るのに対して，Mathematica では境界値が右側の階

[*2] Python で a.hist(bins=np.arange(20, 81, 20)) として描いたヒストグラムから読み取れる度数は，$(1, 7, 2)$ ではなく $(1, 6, 3)$ です.

級に入ります[*3].

```Python
a.value_counts(bins=np.arange(20, 81, 20), sort=False)
```

```R
hist(a, seq(20, 80, 20))$counts
```

```Mathematica
HistogramList[a, {20, 80, 20}]
```

例 6.3　データ 7, 3, 1, 3, 4, 7, 7, 7, 10, 3 を集計し，1, 3, 4, 7, 10 がそれぞれ 1, 3, 1, 4, 1 個であることを確認します．

```Python
x = [7, 3, 1, 3, 4, 7, 7, 7, 10, 3]
f = Counter(x); f
```

```R
x <- c(7, 3, 1, 3, 4, 7, 7, 7, 10, 3)
(f <- table(x))
```

```Mathematica
x = {7, 3, 1, 3, 4, 7, 7, 7, 10, 3};
f = Counts[x]
```

　この結果を使って特定の要素（例えば 7）の度数を求めるには，Python と Mathematica では f[7]，R では f["7"] とします[*4].

6.2.3　箱ひげ図

　複数の 1 次元データの分布の様子を比べる場合，それぞれのヒストグラムを描いて比べてもよいのですが，**箱ひげ図**（box plot）を描くのもよい方法です．

例 6.4　グループ A の得点 (6.1) とグループ B の得点 (6.2) の分布を，箱ひげ図を描いて比べます（図 6.2）．

---

*3　R では right = FALSE とすると，境界値が右側の階級に入るようになります．システムによって階級の境界値を決めるときの近似値の扱い方に違いがあり，このような調整をしても結果が異なることがあります [28].

*4　近似値をうまく集計することは期待しないほうがよいでしょう．例えば，(0.1 + 0.2, 0.3) の集計結果はシステムによります（2.5.3 項を参照）．

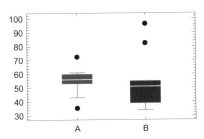

図 6.2　グループ A の得点とグループ B の得点のひげ図

```python
pd.DataFrame({'A':a, 'B':b}).boxplot();
```

```r
boxplot(a, b, names = c("A", "B"))
```

```mathematica
BoxWhiskerChart[{a, b}, "Outliers", ChartLabels -> {"A", "B"}]
```

　データを昇順（小さい順）に並べ替えたとき，最初の値を**最小値**，25 % のところの値を第 1 **四分位数**（quartile），50 % のところの値を第 2 四分位数あるいは**中央値**，75 % のところの値を第 3 四分位数，最後の値を**最大値**といいます．

　箱ひげ図の「箱」は，第 1 四分位数，第 2 四分位数，第 3 四分位数を表します[*5]．「ひげ」は，**四分位範囲**（第 3 四分位数と第 1 四分位数の差）の 1.5 倍以内のデータの最小値と最大値を表します．その外側にあるデータは個別に描きます．

6.3　1次元データの要約
6.3.1　平均，中央値，最頻値

　1 次元データを少数個の数値で説明するときによく使われる指標とその値の求め方を表 6.3 にまとめます．

　「データの個数」のことを**サンプルサイズ**あるいは**標本の大きさ**ともいいます．上記のグループ A とグループ B のデータの個数はいずれも 10 です[*6]．

　中央値は，データを昇順に並べ替えたときに中央にくる値で，**メジアン**ともいいます[*7]．データ中の極端に大きな値や極端に小さな値は，平均には大きく影響しますが，

[*5]　四分位数には複数の定義があり，箱ひげ図の描き方にも複数の流儀があります．そのため，描かれる箱ひげ図はシステムによって異なります．しかし，データの概要がわかればよいので，問題ありません．

[*6]　「データの個数」は**母数**ではありません．母数は母集団についてのパラメータのことです（10.1.2 項）．また，「データの個数」はサンプル数（標本数）でもありません．

[*7]　サンプルサイズが偶数のときは，中央にある二つの数の平均をとり，中央値とします．

表6.3　1次元データに関する指標1
（「...」や a はデータ（Python ではシリーズ））

名前	Wolfram|Alpha	Python	R	Mathematica
合計	total␣...	a.sum()	sum(a)	Total[a]
データの個数	length␣...	a.count()	length(a)	Length[a]
平均	mean␣...	a.mean()	mean(a)	Mean[a]
中央値	median␣...	a.median()	median(a)	Median[a]
最頻値	mode␣...	a.mode()	which.max(table(a))	Commonest[a]
最小	min␣...	a.min()	min(a)	Min[a]
最大	max␣...	a.max()	max(a)	Max[a]

中央値にはあまり影響しません.

　最頻値は，出現回数が最も多い値です．**モード**ともいいます.

> **例6.5**　グループ A の得点 (6.1) の**平均**（算術平均，相加平均，mean）を求めて，55 を得ます[8].

```
Wolfram|Alpha
mean␣{36,43,53,55,56,56,57,60,61,73}
```

```
Python
a = pd.Series([36, 43, 53, 55, 56, 56, 57, 60, 61, 73])
a.mean()
```

```
R
a <- c(36, 43, 53, 55, 56, 56, 57, 60, 61, 73)
mean(a)
```

```
Mathematica
a = {36, 43, 53, 55, 56, 56, 57, 60, 61, 73};
Mean[a]
```

定義にもとづく計算♠

　1次元データ $x_1, \ldots, x_n$ の平均 $\bar{x}$ の定義は次のとおりです.

$$\bar{x} := \frac{1}{n} \sum_{i=1}^{n} x_i. \tag{6.3}$$

この定義にもとづいて，グループBの得点 (6.2) の平均を求めて，55を得ます．データの個

---

[8]　Python で a.mean() として平均を求められるのは，a がアレイかシリーズのときだけです．np.mean(a) なら，a がリスト・タプル・Matrix の場合にも平均を求められるので汎用的です．しかしこの方法には，表 6.3 の全てがサポートされているわけではない，文字数が多いという欠点があります.

表6.4　1次元データに関する指標2
（Wolfram|Alpha, Python. Python の a はアレイかシリーズ）

名前	Wolfram|Alpha	Python
範囲	range␣...	a.max() - a.min()
四分位範囲	IQR␣...	stats.iqr(a)
不偏分散	var␣...	a.var(ddof=1)
標準偏差（$\sqrt{不偏分散}$）	std␣...	a.std(ddof=1)

表6.5　1次元データに関する指標2（R, Mathematica）

名前	R	Mathematica
範囲	max(a) - min(a)	Max[a] - Min[a]
四分位範囲	IQR(a)	InterquartileRange[a]
不偏分散	var(a)	Variance[a]
標準偏差（$\sqrt{不偏分散}$）	sd(a)	StandardDeviation[a]

数や合計を求めるのに反復処理のコード（3.1.5項）を書く必要はありません.

```Python
b = pd.Series([34, 39, 39, 49, 50, 52, 52, 55, 83, 97])
sum(b) / len(b), b.sum() / b.count() # 二つの方法
```

```R
b <- c(34, 39, 39, 49, 50, 52, 52, 55, 83, 97)
sum(b) / length(b)
```

```Mathematica
b = {34, 39, 39, 49, 50, 52, 52, 55, 83, 97};
Total[b]/Length[b]
```

6.3.2　散らばりの指標（分散と標準偏差）

　上記のグループ A とグループ B の，得点の平均はどちらも 55 で同じです．しかし，箱ひげ図（図6.2）をみると，グループ A よりグループ B のほうが，得点の散らばりが大きそうです．この違いを定量化するのに使える指標とその値の求め方を表6.4，表6.5 に，グループ A とグループ B に関するそれらの値を表6.6 にまとめます[9].

　「データが平均からどのくらいずれているか」を散らばりの指標にします．

★9　採用している四分位数の定義が異なるため，Wolfram|Alpha や Mathematica で計算した結果（7 と 16）と，Python や R で計算した結果（5.75 と 12.75）が異なります．四分位範囲を比べるときは，同じシステムで計算した結果を使ってください．Python や R の結果の厳密値が，Mathematica で InterquartileRange[a, {{1, -1}, {0, 1}}] として得られます．

表6.6　グループAとBの得点に関する散らばりの指標の値

名前	グループA	グループB
範囲	37	63
四分位範囲	7 (5.75)	16 (12.75)
不偏分散	100	398
標準偏差	10	20

例6.6　グループAの得点 (6.1) の,「平均との差」の平均を求めて, 0 を得ます.

```Python
(a - a.mean()).mean()
```

```R
mean(a - mean(a))
```

```Mathematica
Mean[a - Mean[a]]
```

　このように,「平均との差」の平均は必ず 0 になるので, 指標になりません.
　そこで,「平均との差の2乗」の平均を使います. これが**標本分散**です[10]. 1次元データ $x_1, \ldots, x_n$ の平均を $\bar{x}$ とすると, 標本分散は

$$標本分散 := \frac{1}{n} \sum_{i=1}^{n} (x_i - \bar{x})^2 \tag{6.4}$$

と定義されます.
　標本分散と似た指標に**不偏分散**があります. 不偏分散は

$$不偏分散 := \frac{1}{n-1} \sum_{i=1}^{n} (x_i - \bar{x})^2 \tag{6.5}$$

と定義されます.
　「不偏」については 10.1.2 項で説明します. ここでは, 不偏分散は標本分散を少し修正したものだと考えてください.
　データの個数 n が大きくなると, 標本分散と不偏分散はほとんど同じになります. そのような, 両者を区別する必要がない場合には, 単に**分散** (variance) といいます.
　分散の非負の平方根を**標準偏差** (standard deviation) といいます. 本書では, 標本分散の非負の平方根と不偏分散の非負の平方根を区別したいときは, 前者を $\sqrt{標本分散}$,

---

[10]　JIS 規格「統計—用語及び記号—第1部：一般統計用語及び確率で用いられる用語」(JIS Z 8101-1:2015) や文献 [29] など,「標本分散」という用語が不偏分散の意味で使われることがあるので注意が必要です.

後者を $\sqrt{\text{不偏分散}}$ と表します[*11].

例6.7 グループ A の得点 (6.1) の不偏分散を求めて，100 を得ます．

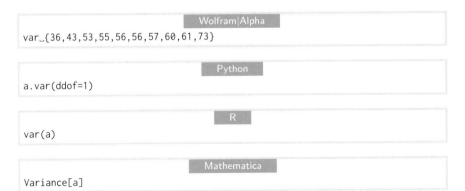

Python のコードの ddof=1 は不偏分散のことです．ddof=0 とすると標本分散になります．このどちらかを必ず付けることを勧めます．単に a.var() とすると，a がシリーズなら不偏分散，a がアレイなら標本分散になります．この仕様の違いは混乱のもとです．標準偏差を求める a.std についても同様で，$\sqrt{\text{不偏分散}}$ を求める ddof=1 と $\sqrt{\text{標本分散}}$ を求める ddof=0 のどちらかを常に付けることを勧めます．

R と Mathematica では，「分散」は不偏分散，「標準偏差」は $\sqrt{\text{不偏分散}}$ のことだと思ってかまいません．混乱の危険はほとんどありません．

定義にもとづく計算♠

(6.5) の定義にもとづいて，グループBの得点 (6.2) の不偏分散を求めて，約398を得ます．

```Python
sum((b - b.mean())**2) / (len(b) - 1)
```

```R
sum((b - mean(b))^2) / (length(b) - 1)
```

```Mathematica
Total[(b - Mean[b])^2]/(Length[b] - 1) // N
```

[*11] $\sqrt{\text{不偏分散}}$ を不偏標準偏差ということがありますが，$\sqrt{\text{不偏分散}}$ は不偏ではありません（10.1.2 項を参照）．正規母集団に限定すれば

$$\sqrt{\frac{n-1}{2}}\frac{\Gamma\left(\frac{n-1}{2}\right)}{\Gamma\left(\frac{n}{2}\right)}\sqrt{\text{不偏分散}} \qquad (\Gamma \text{ はガンマ関数}) \tag{6.6}$$

が不偏標準偏差になりますが，これは一般の母集団分布には適用できません[19]．

6.3.3　データの変換

> **メモ 6.1（データの標準化）**
>
> 1 次元データ $x_1, \ldots, x_n$ の平均を $\bar{x}$，分散を S^2，標準偏差を S とする．
> 実数の定数 a, b に対して，$y_1, \ldots, y_n$ を
>
> $$y_i := ax_i + b \quad (i := 1, \ldots, n) \tag{6.7}$$
>
> と定義する．
> $y_1, \ldots, y_n$ の平均は $a\bar{x} + b$，分散は $a^2 S^2$，標準偏差は $|a|S$ である．
> 特に，$a := \dfrac{1}{S}$，$b := -\dfrac{\bar{x}}{S}$ とした場合の y_i，つまり
>
> $$z_i := \frac{1}{S}x_i - \frac{\bar{x}}{S} = \frac{x_i - \bar{x}}{S} \tag{6.8}$$
>
> と定義される z_i を，x_i の**標準化変量（Z 得点）**という．また，x_i から z_i を求めることを**標準化**（standardization）という．
> 標準化変量 $z_1, \ldots, z_n$ の平均は 0，分散は 1，標準偏差は 1 である（そうなるように調整することが標準化である）．
> また
>
> $$t_i := 10z_i + 50 \tag{6.9}$$
>
> と定義される t_i を，x_i の**偏差値**という．偏差値 $t_1, \ldots, t_n$ の平均は 50，分散は 100，標準偏差は 10 である．

例 6.8　グループ A の得点 (6.1) を標準化して，標準化変量 $-19/10, \ldots, 9/5$ を得ます．

```
Wolfram|Alpha
standardize_{36,43,53,55,56,56,57,60,61,73}
```

```
Python
z = stats.zscore(a, ddof=1); z
```

```
R
(z <- scale(a))
```

```
Mathematica
z = Standardize[a]
```

例6.9 標準化変量 $z_1, \ldots, z_n$ の平均と標準偏差を求めて，0と1を得ます．（計算するまでもないことですが，一応確認します．）

```
Python
z.mean(), z.std(ddof=1)
```

```
R
c(mean(z), sd(z))
```

```
Mathematica
{Mean[z], StandardDeviation[z]}
```

■定義にもとづく計算♠

(6.8) の定義にもとづいて，グループAの得点を標準化して，標準化変量 $-19/10, \ldots, 9/5$ を得ます．

```
Python
(a - a.mean()) / a.std(ddof=1)
```

```
R
(a - mean(a)) / sd(a)
```

```
Mathematica
(a - Mean[a])/StandardDeviation[a]
```

標準化変量 z_i に $x_1, \ldots, x_n$ の標準偏差 s を掛けて $\bar{x}$ を足すと，もとに戻ります（$x_i = sz_i + \bar{x}$).

```
Python
a.std(ddof=1) * z + a.mean()
```

```
R
sd(a) * z + mean(a)
```

```
Mathematica
StandardDeviation[a] z + Mean[a]
```

例6.10 グループAの得点 (6.1) の偏差値を求めて，$31, 38, \ldots, 68$ を得ます．

```
Python, R, Mathematica
10 * z + 50
```

## 第7章

2次元のデータ

本章では，2次元のデータを扱います．2次元というのは，変数が二つあるということです．

表 7.1 は 2 次元データの例です．このデータには，年齢階級 x と血圧の平均 y という二つの変数があります．

表 7.1 年齢階級（中点）と血圧の平均 [29]

年齢階級 (x)	35	45	55	65	75
血圧の平均 (y)	114	124	143	158	166

■ 7.1 散布図

表 7.1 のような 2 次元データは，一方の変数を x 座標，もう一方の変数を y 座標として，平面上で可視化できます．その結果を**散布図**（scatter diagram）といいます．

例 7.1 表 7.1 のデータの散布図を描きます（図 7.1）．

Wolfram|Alpha
```
{35,114},{45,124},{55,143},{65,158},{75,166}
```

Python
```
x = pd.Series([35, 45, 55, 65, 75])
y = pd.Series([114, 124, 143, 158, 166])
plt.scatter(x, y);
```

R
```
x <- c(35, 45, 55, 65, 75); y <- c(114, 124, 143, 158, 166)
plot(x, y)
```

Mathematica
```
x = {35, 45, 55, 65, 75}; y = {114, 124, 143, 158, 166};
ListPlot[Transpose[{x, y}]]
```

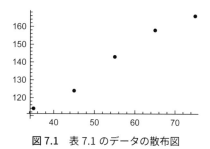

図 7.1 表 7.1 のデータの散布図

7.2 共分散と相関係数

散布図（図 7.1）をみると，表 7.1 のデータには，x が増加すると y も増加する傾向がありそうです．そのような傾向を定量化する指標に，共分散と相関係数があります．

2 次元データ $(x_1, y_1), \ldots, (x_n, y_n)$ の**共分散**（covariance）S_{xy} を

$$S_{xy} := \frac{1}{n-1} \sum_{i=1}^{n} (x_i - \bar{x})(y_i - \bar{y}) \tag{7.1}$$

と定義します．ここで，$\bar{x}$ は x の平均，$\bar{y}$ は y の平均です[*1]．不偏分散 (6.5) は (7.1) の記法で S_{xx} と表せるので，共分散の特別な場合と言えます．

例 7.2 表 7.1 の x と y の共分散を求めて，345 を得ます．

```
Wolfram|Alpha
covariance_{35,45,55,65,75},{114,124,143,158,166}
```

```
Python
x = pd.Series([35, 45, 55, 65, 75])
y = pd.Series([114, 124, 143, 158, 166])
x.cov(y, ddof=1), np.cov(x, y, ddof=1)[0, 1] # 二つの方法
```

```
R
x <- c(35, 45, 55, 65, 75); y <- c(114, 124, 143, 158, 166)
cov(x, y)
```

```
Mathematica
x = {35, 45, 55, 65, 75}; y = {114, 124, 143, 158, 166};
Covariance[x, y]
```

[*1] 共分散には $n-1$ で割る定義と n で割る定義があります．(7.1) は $n-1$ で割る定義です．Python では，ddof=1 とすると $n-1$ で割る定義，ddof=0 とすると n で割る定義が使われます．分散（6.3.2 項）と同様，このどちらかを常に付けることを勧めます．

データ x, y に対する，（共）分散 S_{xx}, S_{xy}, S_{yx}, S_{yy} をまとめた行列

$$S := \begin{bmatrix} S_{xx} & S_{xy} \\ S_{yx} & S_{yy} \end{bmatrix} = \begin{bmatrix} 250 & 345 \\ 345 & 484 \end{bmatrix} \tag{7.2}$$

を**分散共分散行列**といいます．$S_{xy} = S_{yx}$ なので，分散共分散行列 S は対称行列（17.3 節）です．

　この例では変数は x と y の二つしかありませんが，変数がもっと多い場合でも，分散共分散行列を使うと，（共）分散を一つの記号で表せて便利です．

例 7.3　データ x, y に対する分散共分散行列を求めて，(7.2) を得ます．

Python
```
np.cov(x, y, ddof=1)
```

R
```
cov(data.frame(x, y))
```

Mathematica
```
Covariance[Transpose[{x, y}]]
```

7.2.1　定義にもとづく計算♠

　(7.1) の定義にもとづいて，x, y の共分散を計算し，345 を得ます．

Python
```
(x - x.mean()) @ (y - y.mean()) / (len(x) - 1)
```

R
```
sum((x - mean(x)) * (y - mean(y))) / (length(x) - 1)
```

Mathematica
```
(x - Mean[x]) . (y - Mean[y])/(Length[x] - 1)
```

　散布図上で，(x_i, y_i) が $(\bar{x}, \bar{y})$ の右上あるいは左下にあるとき，共分散の値は増加します．(x_i, y_i) が $(\bar{x}, \bar{y})$ の左上あるいは右下にあるとき，共分散の値は増加します．

7.2.2　相関係数

　共分散はデータの単位や原点によります．例えば，表 7.1 の年齢階級（x）の単位を［歳］ではなく［月］にしたり，血圧平均（y）の単位を［mmHg］ではなく［Pa］にしたりすると，本質的には何も変わっていないにもかかわらず，共分散の値は変わります．この問題を解決するために，相関係数を使います．

　2 次元データ $(x_1, y_1), \ldots, (x_n, y_n)$ の**相関係数**（correlation coefficient）r_{xy} を

$$r_{xy} := \frac{S_{xy}}{S_x S_y} \tag{7.3}$$

と定義します．ここで，S_x は x の標準偏差，S_y は y の標準偏差です[*2]．

　$r_{xy} > 0$ のときを**正の相関**，$r_{xy} \simeq 0$ のときを**無相関**，$r_{xy} < 0$ のときを**負の相関**といいます．

例 7.4　表 7.1 の x と y の相関係数を求めて，約 0.99 を得ます．

Wolfram|Alpha
```
correlation_{35,45,55,65,75},{114,124,143,158,166}
```

Python
```
x.corr(y), np.corrcoef(x, y)[0, 1] # 二つの方法
```

R
```
cor(x, y)
```

Mathematica
```
Correlation[x, y] // N
```

メモ 7.1（相関係数の性質）
$(x_1,y_1),\ldots,(x_n,y_n)$ の相関係数 r_{xy} には次の性質がある．

① $u_i := ax_i + b, v_i := cy_i + d$ $(a,b,c,d$ は定数で $ac > 0$. $i := 1,\ldots,n)$ のような変換を行っても，相関係数は変わらない $(r_{uv} = r_{xy})$[*3]．

② $-1 \le r_{xy} \le 1$[*4]．

③ $r_{xy} = 1$ のとき $(x_1,y_1),\ldots,(x_n,y_n)$ は散布図上で傾きが正の直線上にあり，$r_{xy} = -1$ のとき $(x_1,y_1),\ldots,(x_n,y_n)$ は散布図上で傾きが負の直線上にある．

[*2] (7.1) のように共分散を $n-1$ で割って定義する場合，S_x と S_y は $\sqrt{不偏分散}$ です．共分散を n で割って定義する場合，S_x と S_y は $\sqrt{標本分散}$ です．どちらを使っても，相関係数の値は同じになります．

$$r_{xy} = \frac{1}{n-1} \sum_{i=1}^{n} \frac{x_i - \bar{x}}{S_x} \frac{y_i - \bar{y}}{S_y}$$

なので，相関係数は標準化変量（メモ 6.1）の共分散です（共分散を n で割って定義する場合はここでも n で割ります）．本文で述べたような単位の変更は標準化変量に影響しないので，相関係数にも影響しません．*3, *4 は次ページに掲載．

■ 7.3　回帰分析

2 次元データ $(x_1, y_1), \ldots, (x_n, y_n)$ の間に，$y_i = ax_i + b \ (i := 1, \ldots, n)$ の関係があると考えます．式 $y = ax + b$ を**回帰式**，この回帰式のパラメータ a, b を**回帰係数**といいます．回帰式 $y = ax + b$ を直線の式とみなして，これを**回帰直線**，a を係数（傾き），b を切片ということがあります．

データにもとづいて回帰式のパラメータ a, b を推定することを**回帰分析**（regression analysis）といいます[*5]．ここで扱う回帰式は a, b の**線形**（linear）の式（それぞれに数を掛けた結果の和）なので，**線形回帰分析**ともいいます．

例えば，表 7.1 のデータに対する回帰式があると，x から y を予測したり，y を x で説明したりできそうです．

回帰分析を理解することは本書の大きな目標です．次のようにレベル分けして，目標達成を目指します．

レベル 1　回帰係数の推定値を求める．

   (a)　回帰分析のためのライブラリを使う．（本節，11.1.1 項）
   (b)　回帰分析の公式（2 変数）を使う．（本節）
   (c)　関数の最小値を求めるためのライブラリを使う．（11.1.2 項）
   (d)　回帰分析の公式（多変数）を使う．（11.1.3 項）

レベル 2　回帰式のデータへの当てはまりの良さを調べる．（11.2 節）
レベル 3　回帰分析に関する統計的推測を行う．（11.3 節）

本節ではレベル 1 の (a) と (b) だけを扱います．レベル 1 の (c) 以降は第 11 章で扱います．

[*3]　相関係数は標準化変量の共分散であることからわかります（脚註 *2 を参照）．

[*4]　x_i の標準化変量を u_i，y_i の標準化変量を v_i とします（$i := 1, \ldots, n$）．

$$r_{xy} = r_{uv} = \frac{S_{uv}}{S_u S_v} = \frac{\displaystyle\sum_{i=1}^{n} u_i v_i}{\sqrt{\displaystyle\sum_{i=1}^{n} u_i^2}\sqrt{\displaystyle\sum_{i=1}^{n} v_i^2}} \tag{7.4}$$

に，**シュワルツの不等式**

$$\left(\sum_{i=1}^{n} u_i v_i\right)^2 \leq \left(\sum_{i=1}^{n} u_i^2\right)\left(\sum_{i=1}^{n} v_i^2\right) \tag{7.5}$$

を使います．直観的には $r_{uv} = \dfrac{\boldsymbol{u} \cdot \boldsymbol{v}}{|\boldsymbol{u}||\boldsymbol{v}|}$ から明らかです（$\boldsymbol{u}, \boldsymbol{v}$ のなす角を θ とすると $r_{uv} = \cos\theta$）．

[*5]　本節では，回帰式のパラメータの本当の値とその推定値を同じ記号 a, b で表します．第 11 章では記号を使い分けます．

次のことを確認します.

① 表7.1 のデータによく合う直線は $y = 1.38x + 65.1$ であること
② 表7.1 にない x の値に対応する y の値を予測する方法

例7.5 表7.1 のデータに $y = ax + b$ を当てはめる回帰分析を行い, 回帰係数 a, b の推定値 1.38, 65.1 を得ます.

Wolfram|Alpha

```
linear_fit_{35,114},{45,124},{55,143},{65,158},{75,166}
```

Python

```
x = pd.Series([35, 45, 55, 65, 75])
y = pd.Series([114, 124, 143, 158, 166])
data = pd.DataFrame({'x': x, 'y': y})
model = smf.ols('y ~ x', data).fit()
model.params
```

R

```
x <- c(35, 45, 55, 65, 75); y <- c(114, 124, 143, 158, 166)
data <- data.frame(x, y)
(model <- lm(y ~ x, data))
```

Mathematica

```
x = {35, 45, 55, 65, 75}; y = {114, 124, 143, 158, 166};
data = Thread[{x, y}]; (* x, yを列とする行列 *)
model = LinearModelFit[data, X, X]
```

例7.6 表7.1 にない x の値に対応する y の値を予測する例として, $x := 40$ に対応する y の値を予測(predict)して, 120.3 を得ます.

これは, $y = 1.38x + 65.1$ の x に 40 を代入した結果です.

Python

```
model.predict({'x': 40})
```

R

```
predict(model, list(x = 40))
```

Mathematica

```
model[40]
```

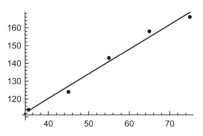

図 7.2　表 7.1 のデータに対する回帰分析の結果（直線は $y = 1.38x + 65.1$）

例 7.7　表 7.1 のデータの散布図と回帰分析で得た回帰直線のグラフ（直線）をまとめて描いて，図 7.2 を得ます[*6].

Python
```
sns.regplot(x=x, y=y, ci=None)
```

R
```
plot(data); abline(model)
```

Mathematica
```
Show[ListPlot[data], Plot[model[x], {x, 35, 75}]]
```

回帰係数の推定値を初等的に得る方法♠

図 7.2 の点 $(x_1, y_1), \ldots, (x_n, y_n)$ は，回帰直線上にあるわけではありません．x_i に対して回帰式から予測される y_i の値は $ax_i + b$ です．

y_i と $ax_i + b$ の差の 2 乗の和を

$$L := \sum_{i=1}^{n} (y_i - (ax_i + b))^2 \tag{7.6}$$

とします．

Python
```
var('a b'); L = sum((y - (a * x + b))**2); L
```

Mathematica
```
L = Total[(y - (a x + b))^2]
```

この L を最小にする a, b は，Mathematica で `Minimize[L, {a, b}]` として求められるのですが，ここではもっと初等的に解決します．

[*6]　Wolfram|Alpha での結果は例 7.5 のコードで得ます．

L は a, b の2次式なので，p, q, r, s, t, u を定数として，次のように変形できます[*7].

$$L = p(a - q)^2 + r(b - (sa + t))^2 + u. \tag{7.8}$$

定数 p, r が正なら，L が最小になるのは，$p(a - q)^2$ と $r(b - (sa + t))^2$ が0になるとき，つまり $a = q, b = sa + t = sq + t$ のときです．

(7.8) を恒等式にする定数 p, q, r, s, t, u を求めると

$$p = 1000, \qquad q = \frac{69}{50}, \qquad r = 5, \qquad s = -55, \qquad t = 141, \qquad u = \frac{158}{5} \tag{7.9}$$

です．この結果を使って，$a := q, b := sq + t$ を求めて，$a = \dfrac{69}{50} = 1.38, b = \dfrac{651}{10} = 65.1$ を得ます．

```Python
vars = var('p q r s t u')
sol = solve(Eq(L, p * (a - q)**2 + r * (b - (s* a + t))**2 + u), vars)
print(sol)
q.subs(sol), (s * q + t).subs(sol)
```

```Mathematica
sol = SolveAlways[L == p (a - q)^2 + r (b - (s a + t))^2 + u, {a, b}]
{q, s q + t} /. sol[[1]]
```

回帰係数の推定値を求める方法では，11.1.3 項で紹介する微分や線形代数を使うものが一般的で見通しも良いです．しかし，そういう知識がなくても，2変数の場合なら，(7.8) のような式変形だけで回帰係数の推定値を求められます．

メモ 7.2（回帰係数を求める公式（2変数の場合））

データ $(x_1, y_1), \ldots, (x_n, y_n)$ に回帰式 $y = ax + b$ を当てはめるときの回帰係数 a, b の推定値は

$$a = \frac{S_{xy}}{S_{xx}}, \qquad b = \bar{y} - a\bar{x} \tag{7.10}$$

である．ここで，S_{xy} は $(x_1, y_1), \ldots, (x_n, y_n)$ の共分散，$\bar{x}$ と S_{xx} は $x_1, \ldots, x_n$ の平均と分散，$\bar{y}$ は $y_1, \ldots, y_n$ の平均である．

例 7.8 表 7.1 のデータに対する回帰式 $y = ax + b$ を当てはめるときの回帰係数 a, b の推定値をメモ 7.2 の方法で求めて，$1.38, 65.1$ を得ます．

[*7]　$S_{xx}, S_{xy}, S_{yx}, S_{yy}$ を (7.2) のとおりとすると，次式は恒等式です[17].

$$L = (n-1)S_{xx}\left(a - \frac{S_{xy}}{S_{xx}}\right)^2 + n(b - (\bar{y} - a\bar{x}))^2 + (n-1)\left(S_{yy} - \frac{S_{xy}^2}{S_{xx}}\right). \tag{7.7}$$

```Python
a = x.cov(y, ddof=1) / x.var(ddof=1)
b = y.mean() - a * x.mean()
a, b
```

```R
a <- cov(x, y) / var(x); b <- mean(y) - a * mean(x)
c(a, b)
```

```Mathematica
a = Covariance[x, y]/Variance[x]; b = Mean[y] - a Mean[x];
{a, b} // N
```

7.4 相関係数・回帰式についての注意

相関係数や回帰式を解釈するときには，相関係数や回帰式が表すのは次のことでしかないことに，注意してください[8].

① 二つの変数の相関関係（因果関係ではない）
② 二つの変数の直線的な関係

7.4.1 二つの変数の相関関係

表 7.1 の年齢階級 x と血圧の平均 y に対して，相関係数を例 7.4 で求めて 0.99 を得て，回帰式を例 7.5 で求めて $y = 65.1 + 1.38x$ を得ました.

相関係数がほぼ 1 なので，x と y の間には強い正の相関があります．また，回帰式の傾きが 1.38 なので，年齢階級が 1 増えると，血圧の平均が 1.38 増える傾向があります．相関係数と回帰式から言えるのはここまでです．

ここで得た「年齢が上がること」と「血圧が上がること」の関係は，**相関関係**であって，**因果関係**（原因と結果の関係）ではありません[9].

7.4.2 二つの変数の直線的な関係

相関係数や回帰式からわかるのは，二つの変数の直線的な関係です．**アンスコムの例**を使って説明します[10].

---

[8]　ここでは $y = ax + b$ という形の回帰式だけを想定します.

[9]　「ここで得た結果からは，因果関係についてはほとんど何も言えない」ということであって，「因果関係がない」ということではありません．「年齢が上がること」と「血圧が上がること」が因果関係であることを（医学的にではなく）統計的に示すためには，別の議論が必要です．

[10]　アンスコムの例は，Python，R，Mathematica で簡単に使えるようになっていますが，Wolfram Data Repository (https://datarepository.wolframcloud.com) でも公開されています．有名なデータセットの多くがここで検索すると見つかります．

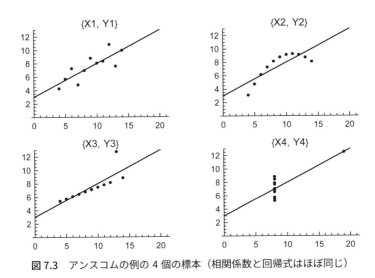

図 7.3 アンスコムの例の 4 個の標本（相関係数と回帰式はほぼ同じ）

　アンスコムの例は 2 次元データの標本 4 個からなるデータセットです．4 個の標本の相関係数は全て 0.816，回帰式は全て $y = 0.5x + 3$ です．ですから，相関係数と回帰式だけをみていると，4 個の標本は似ていると勘違いするかもしれません．

　しかし，4 個の標本が実際には似ていないことが，散布図を描くとわかります（図 7.3）．相関係数や回帰式にしてしまうと，直線的な関係についての情報だけが残り，それ以外のことがわからなくなってしまいます．2 次元データを扱う際には，まず散布図を描いてみることが大切です．

> **例 7.9**　アンスコムの例の 4 個のサンプルのうちの 1 個（図 7.3 の $\{X1, Y1\}$）の相関係数と回帰式を求めて，約 0.816 と $y = 0.5x + 3$ を得ます．さらに，そのサンプルの散布図と回帰直線を描いて，図 7.3 の左上を得ます．

```Python
anscombe = sns.load_dataset('anscombe')
data = anscombe[anscombe.dataset == 'I']
print(data.x.corr(data.y))
model = smf.ols('y ~ x', data).fit(); print(model.params)
sns.regplot(x=data.x, y=data.y, ci=None);
```

```R
print(cor(anscombe$x1, anscombe$y1))
print(model <- lm(y1 ~ x1, anscombe))
plot(anscombe$x1, anscombe$y1); abline(model)
```

```Mathematica
anscombe = ExampleData[{"Statistics", "AnscombeRegressionLines"}];
x1 = anscombe[[All, 1]]; y1 = anscombe[[All, 5]]; data = Thread[{x1, y1}];
Correlation[x1, y1]
model = LinearModelFit[data, X, X]
Show[ListPlot[data], Plot[model[x], {x, 0, 21}]]
```

第 8 章　確率変数と確率分布

■ 8.1 離散型の確率分布

サイコロを振ってその結果から $1, 2, 3, 4, 5, 6$ を正確に読み取れる場合を例に説明します.

読み取れる結果の集合は $\{1, 2, 3, 4, 5, 6\}$ です. このような, 起こりうること全ての集合を**標本空間**といい, Ω と表します[*1].

標本空間の部分集合を**事象**といいます. 例えば, 「3 以下の目が出る」という事象を A, 「偶数の目が出る」という事象を B, 「1 の目が出る」という事象を C とすると, $A = \{1, 2, 3\}$, $B = \{2, 4, 6\}$, $C = \{1\}$ です.

任意の事象 A, B に対して, A と B の両方が起こる事象を $A \cap B$, A と B の少なくとも一方が起こる事象を $A \cup B$ と表します. 前述の例なら, $A \cap B = \{2\}$, $A \cup B = \{1, 2, 3, 4, 6\}$ です.

$A \cap B = \emptyset$ (空集合) のとき, 「A と B は**排反**」といいます. 例えば, 前述の例の B と C は排反です.

任意の事象 A に対して, A の起こりやすさである**確率**$P(A)$ を定めます. 確率には次のような性質があります.

- 任意の事象 A に対して, $0 \leq P(A) \leq 1$.
- 任意の事象 A, B に対して, A と B が排反なら $P(A \cup B) = P(A) + P(B)$.
- $P(\emptyset) = 0$, $P(\Omega) = 1$.

例えば, サイコロの各目の出る事象は排反で, それらの確率は同じだとすると

$$1 = P(\Omega) = P(\{1\}) + \cdots + P(\{6\}) = 6P(\{1\}) \tag{8.1}$$

なので, $P(\{1\}) = \cdots = P(\{6\}) = 1/6$ です.

値が確率的に決まる変数を**確率変数**といいます. 例えば, サイコロの目 X は確率変数です. また, 偶数の目が出たら 0, 奇数の目が出たら 1 となる変数 Y も確率変数です. 確率変数はアルファベットの大文字で表すのが一般的です.

任意の確率変数 X に対して, 「X の条件」が成り立つ確率を $P(X$ の条件$)$ と表します[*2]. 例えば, 確率変数 X の値が 2 以上 5 以下になる確率を $P(2 \leq X \leq 5)$ と表します.

確率変数のとりうる全ての値に対して, その確率を定めたものを**確率分布**といいます. 例えば, サイコロの目 X の確率分布 D は

[*1]　標本空間は, 何に注目するかによって変わります. 例えば, 出る目が偶数か奇数かに注目するなら, 標本空間は { 偶数, 奇数 } です. *2 は次ページに掲載.

$$P(X = 1) = \cdots = P(X = 6) = \frac{1}{6} \tag{8.2}$$

です．この D を，X が**従う**確率分布といいます．また，「X は確率分布 D に従う」ともいいます．① 「確率変数 X が確率分布 D に従う」という主張や，② 「確率分布 D に従う確率変数 X」を，$X \sim D$ と表します．「$X \sim D$」が①と②のどちらのことなのかは文脈から判断します．

確率変数の値を確率に対応付ける関数を**確率関数（確率質量関数）**といいます．例えば，サイコロの目 X の確率関数を f とすると

$$f(x) := \frac{1}{6} \quad (x \in \{1, \ldots, 6\}) \tag{8.3}$$

です．

試行（実験や観察）によって得る確率変数の値を**実現値**といいます．例えば，サイコロの目を確率変数 X とするとき，サイコロを振るという試行の結果 $x := 2$ の目が出たら，その x は実現値です．実現値はアルファベットの小文字で表すのが一般的です．

本書では，コンピュータで生成した，確率分布に従う確率変数の実現値を，その確率分布に従う**乱数**といいます．

確率分布を指定して乱数をたくさん発生させた結果を集計すると，もとの確率分布に似たものになります．

統計学の入門書で紹介されるような，よく使われる確率分布は，ライブラリで用意されています．そのような確率分布で，本書で使うものを表 8.1 にまとめます．表 8.1 の最後の三つは，確率分布を独自に定義するためのものです．

🔲 8.1.1　離散一様分布

確率変数 X のとりうる値が等間隔の数の集合で，その確率関数が定数関数のとき，X が従う確率分布を**離散一様分布**（discrete uniform distribution）といいます．本書では，標本空間を $\{a, a + 1, \ldots, b\}$ とする離散一様分布を $\mathrm{Di}(a, b)$ と表します．例えば，1 から 6 が出るサイコロの目は $X \sim \mathrm{Di}(1, 6)$ だと考えられます．$\mathrm{Di}(1, 6)$ の確率分布は (8.2)，確率関数は (8.3) です．

> **例 8.1**　$X \sim \mathrm{Di}(1, 6)$ の値が 2 になる確率を求めて，$1/6 \simeq 0.167$ を得ます．（これは確率を計算する練習です．$1/6$ になるのは明らかです．）

★2　確率変数 X を関数 $X : \Omega \to \mathbb{R};\ \omega \mapsto X(\omega)$ とみなすと，「X の条件」が成り立つ確率は $P(\{\omega \in \Omega \mid X(\omega)\text{ の条件}\})$ と表せます．これを $P(X\text{ の条件})$ と略記します．このように，確率変数は実は関数なのですが，本書では，確率変数を関数として扱うことはほとんどありません．コードでも，確率変数を表すものが関数として扱えるようにはなっていません．

表8.1　本書で使う確率分布
（略称は本書でのもの．SciPy では前に「stats.」を付ける．例えば，正規分布は stats.norm となる．R では前に表 8.2 の 1 文字を付ける．例えば，正規分布の確率密度関数は dnorm となる．Mathematica では後に Distribution を付ける．例えば，正規分布は NormalDistribution となる．）

確率分布	略称	SymPy	SciPy	R	Mathematica
離散一様分布	Di	DiscreteUniform	randint		DiscreteUniform
ベルヌーイ分布	Be	Bernoulli	bernoulli	binom	Bernoulli
二項分布	Bi	Binomial	binom	binom	Binomial
連続一様分布	U	Uniform	uniform		Uniform
正規分布	N	Normal	norm	norm	Normal
多変量正規分布	N		multivariate_normal	mnorm	Multinormal
カイ2乗分布	χ^2		chi2	chisq	ChiSquare
t 分布	t		t	t	StudentT
F 分布	F		f	f	FRatio
離散型の確率分布		FiniteRV	rv_discrete		Probability
連続型の確率分布		ContinuousRV	rv_continuous		Probability
確率変数の変換		確率変数の式			Transformed

表8.2　確率変数 X に関して本書で使う機能
（R では後に表 8.1 の確率分布を付ける．例えば，二項分布に従う X についての $P(X = x)$ は dbinom となる．）

機能	SymPy	SciPy	R	Mathematica
$P(X = x)$（確率関数）	density	.pmf	d	PDF
$P(X = x)$（確率密度関数）	density	.pdf	d	PDF
$P(X \leq x)$（累積分布関数）	cdf	.cdf	p	CDF
$P(X \leq x) = s$ となる x（連続型）		.ppf	q	InverseCDF
$P(X$ の条件$)$	P			Probability
乱数生成	sample_iter	.rvs	r	RandomVariate
$E(X)$	E	.mean		Mean
$E(X$ の式$)$	E			Expectation
$V(X)$	variance	.var		Variance
$V(X$ の式$)$	variance			
X の標準偏差	std	.std		StandardDeviation

■方法1（確率関数 f を使う方法）

$f(2)$ を求めて，$1/6 \simeq 0.167$ を得ます[*3].

```
Python (SymPy)
X = DiscreteUniform('X', range(1, 7)) # X = Die('X', 6)でもよい.
density(X)(2)
```

```
Python (SciPy)
rv = stats.randint(1, 7)
rv.pmf(2)
```

```
Mathematica
dist = DiscreteUniformDistribution[{1, 6}];
PDF[dist][2]
```

■方法2（確率を直接計算する方法）♠

$P(X = 2)$，つまり $X = 2$ となる確率（probability）を求めて，$1/6 \simeq 0.167$ を得ます．

```
Wolfram|Alpha
P(X=2),discrete_uniform_distribution_min=1,max=6
```

```
Python (SymPy)
P(Eq(X, 2)) # P(X == 2)ではない.
```

```
Mathematica
Probability[X == 2, Distributed[X, dist]]
```

■離散一様分布に従う乱数

例8.2 $Di(1, 6)$ に従う乱数を 1000 個生成し，そのヒストグラムを描きます．

Python と Mathematica では，確率分布を指定して乱数を生成します．R では $1, 2, \ldots, 6$ からのランダムサンプリング（重複あり）の結果を乱数とします．

```
Python (SymPy)
data = list(sample_iter(X, numsamples=1000))
plt.hist(data); # 結果は割愛
```

[*3]   SymPy と Mathematica では，離散型の場合の確率質量関数（probability mass function; PMF）と連続型の場合の確率密度関数（probability density function; PDF）（8.2節）は区別されません．SymPy では，離散型の確率変数 X の確率質量関数と連続型の確率変数 X の確率密度関数は両方とも density(X) です．Mathematica では，離散型の確率分布 dist の確率質量関数と連続型の確率分布 dist の確率密度関数は両方とも PDF[dist] です．

```
Python (SciPy)
data = rv.rvs(size=1000)
plt.hist(data); # 結果は割愛
```

```
R
x <- 1:6
data <- sample(x, size = 1000, replace = TRUE)
hist(data) # 結果は割愛
```

```
Mathematica
data = RandomVariate[dist, 1000];
Histogram[data] (* 結果は割愛 *)
```

乱数のヒストグラムと確率関数のグラフ♠

　乱数のヒストグラムと $\text{Di}(1, 6)$ の確率関数のグラフをまとめて描いて，両者が似ていることを確認します（図 8.1）．ヒストグラムを描く際には，$1, 2, \ldots, 6$ を別々に数えるために，階級の境界を $0.5, 1.5, \ldots, 6.5$ とします．

　本書では，データのヒストグラムと確率（密度）関数のグラフをまとめて描くときには，ヒストグラムの縦軸を，頻度ではなく密度とし，ヒストグラムの全面積が 1 になるようにします．そうすることで，ヒストグラムと確率（密度）関数のグラフが比較しやすくなります．

```
Python (SymPy)
x = range(1, 7); y = [density(X)(x) for x in x]
_, ax = plt.subplots() # 結果のうち，使わない部分を_とする.
ax.hist(data, bins=np.arange(0.5, 7, 1), density=True, alpha=0.3)
ax.scatter(x, y);
```

```
Python (SciPy)
x = range(1, 7); y = rv.pmf(x)
_, ax = plt.subplots() # 結果のうち，使わない部分を_とする.
ax.hist(data, bins=np.arange(0.5, 7, 1), density=True, alpha=0.3)
ax.scatter(x, y);
```

```
R
y <- rep(1 / 6, 6) # 確率関数の値
hist(data, breaks = seq(0.5, 6.5), freq = FALSE)
points(x, y)
```

```
Mathematica
Show[Histogram[data, {0.5, 6.5, 1}, "PDF"],
 DiscretePlot[PDF[dist][x], {x, 1, 6}]]
```

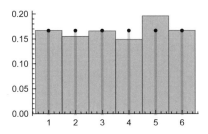

図 8.1 Di(1, 6) の確率関数とこれに従う 1000 個の乱数のヒストグラム

8.1.2 ベルヌーイ分布

確率 p で 1，確率 $1 - p$ で 0 になる確率変数 X が従う確率分布は

$$P(X = 1) := p, \qquad P(X = 0) := 1 - p \tag{8.4}$$

です．この確率分布を**ベルヌーイ分布**（Bernoulli distribution）といい，Be(p) と表します．また，X の値を決める試行を**ベルヌーイ試行**といいます．

Be(p) の p は確率分布を確定させる**パラメータ**（**母数**）です．この例のように，確率分布はその定義にパラメータを含むのが一般的です．

例えば，コインを 1 回投げた結果の表裏 X は，表を 1，裏を 0 ということにすれば，Be(1/2) に従うと考えられます．表を 0，裏を 1 ということにしてもかまいません．

> **例 8.3** Be(3/10) に従う乱数を 1000 個生成して集計し，約 30 ％ が 1 になることを確認します[4]．

```
                      Python (SymPy)
X = Bernoulli('X', p=sym.S(3) / 10)
data = list(sample_iter(X, numsamples=1000))
np.bincount(data), Counter(data) # 二つの方法
```

```
                      Python (SciPy)
rv = stats.bernoulli(3 / 10)
data = rv.rvs(1000)
np.bincount(data), Counter(data) # 二つの方法
```

```
                      R
data <- rbinom(1000, 1, 3 / 10)
table(data)
```

---

[4]　R では，Be(p) を Bi(1, p) で代用します（8.1.3 項を参照）．

```
                      Mathematica
dist = BernoulliDistribution[3/10];
data = RandomVariate[dist, 1000];
Counts[data]
```

8.1.3　二項分布

$X_i \sim \mathrm{Be}(p)$ $(i := 1, \ldots, n)$ としたとき，$X := X_1 + \cdots + X_n$ が従う確率分布を**二項分布**（binomial distribution）といいます．本書ではこれを $\mathrm{Bi}(n, p)$ と表します．$\mathrm{Be}(p)$ と $\mathrm{Bi}(1, p)$ は同じです．

例えば，コインを 10 回投げて表が出る回数は $X \sim \mathrm{Bi}(10, 1/2)$ と考えられます．

例 8.4　$X \sim \mathrm{Bi}(10, 3/10)$ の値が 3 になる確率を求めて，$\dfrac{66706983}{250000000} \simeq 0.267$ を得ます．

方法1　（**確率関数 f を使う方法**）　$f(3)$ を求めて，$\dfrac{66706983}{250000000} \simeq 0.267$ を得ます．

```
                   Python (SymPy)
X = Binomial('X', 10, sym.S(3) / 10)
density(X)(3)
```

```
                   Python (SciPy)
rv = stats.binom(10, 3 / 10)
rv.pmf(3)
```

```
                        R
dbinom(3, 10, 3 / 10)
```

```
                   Mathematica
dist = BinomialDistribution[10, 3/10];
PDF[dist][3]
```

方法2　（**確率を直接計算する方法**）♠　$P(X = 3)$ を求めて，$\dfrac{66706983}{250000000} \simeq 0.267$ を得ます．

```
                  Wolfram|Alpha
P(X=3),distributed␣binomial␣distribution␣n=10,p=3/10
```

```
                   Python (SymPy)
P(Eq(X, 3)) # P(X == 3)ではない.
```

```
                          Mathematica
Probability[X == 3, Distributed[X, dist]]
```

n 回のベルヌーイ試行（成功確率 p）で成功が x 回になる場合の数は $_n\mathrm{C}_x$，それぞれの発生確率は $p^x(1-p)^{n-x}$ です．ですから，$\mathrm{Bi}(n,p)$ の確率関数 f とすると

$$f(x) \coloneqq {}_n\mathrm{C}_x p^x (1-p)^{n-x} \quad (x \in \{0, 1, \ldots, n\}) \tag{8.5}$$

です[*5]．これを確認します[*6],[*7]．

```
                         Wolfram|Alpha
binomial␣distribution
```

```
                        Python (SymPy)
var('n p x')
X = Binomial('X', n, p)
density(X)(x)
```

```
                          Mathematica
dist = BinomialDistribution[n, p];
PDF[dist]
```

■二項分布に従う乱数

例 8.5　$\mathrm{Bi}(10, 3/10)$ に従う乱数を 1000 個生成し，そのヒストグラムを描きます．

表が出るのは $10 \times 3/10 = 3$ 回くらいになりそうで，後で提示する可視化結果はこの直観に合っています．

```
                        Python (SymPy)
n = 10; p = sym.S(3) / 10; X = Binomial('X', n, p)
data = list(sample_iter(X, numsamples=1000))
plt.hist(data); # 結果は割愛
```

```
                        Python (SciPy)
n = 10; p = 3 / 10; rv = stats.binom(n, p)
data = rv.rvs(1000)
plt.hist(data); # 結果は割愛
```

[*5]　$_n\mathrm{C}_x$ を $\binom{n}{x}$ と表すこともあります．

[*6]　SymPy での f は density(X) なのですが，これでは (8.5) を確認できないので，$f(x)$ を求めます．確率関数は density(X) なので，例えば $f(3)$ を求めたいときは，density(X)(x)(3) ではなく density(X)(3) とします．

[*7]　R の dbinom は実数の引数に対して確率を数値で返す関数なので，これから (8.5) を直接導くことはできません．

```R
n <- 10; p <- 3 / 10
data <- rbinom(1000, n, p)
hist(data) # 結果は割愛
```

```Mathematica
n = 10; p = 3/10; dist = BinomialDistribution[n, p];
data = RandomVariate[dist, 1000];
Histogram[data] (* 結果は割愛 *)
```

乱数のヒストグラムと確率関数のグラフ♠

乱数のヒストグラムと $\mathrm{Bi}(10, 3/10)$ の確率関数のグラフをまとめて描いて，両者が似ていることを確認します（図 8.2）．ヒストグラムを描く際には，$0, 1, 2, \ldots, 10$ を別々に数えるために，階級の境界を $-0.5, 0.5, \ldots, 10.5$ とします．

```Python (SymPy)
x = range(0, n + 1); y = [density(X)(x) for x in x]
_, ax = plt.subplots()
ax.hist(data, bins=np.arange(-0.5, n + 1, 1), density=True, alpha=0.5)
ax.scatter(x, y);
```

```Python (SciPy)
x = range(0, n + 1); y = rv.pmf(x)
_, ax = plt.subplots()
ax.hist(data, bins=np.arange(-0.5, n + 1, 1), density=True, alpha=0.5)
ax.scatter(x, y);
```

```R
x <- 0:n; y <- dbinom(x, n, p)
hist(data, breaks=seq(-0.5, n + 0.5), freq=FALSE)
points(x, y)
```

```Mathematica
Show[Histogram[data, {-0.5, n + 0.5, 1}, "PDF"],
 DiscretePlot[PDF[dist][x], {x, 0, n}]]
```

■累積分布関数

$x \mapsto P(X \le x)$ を**累積分布関数**（**分布関数**, cumulative distribution function; CDF）といいます．

例 8.6 $X \sim \mathrm{Bi}(10, 3/10)$ の値が 3 以下になる確率を求めて，$\dfrac{406006699}{625000000} \simeq 0.650$ を得ます．

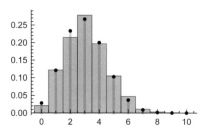

図 8.2 Bi(10, 3/10) の確率関数とこれに従う 1000 個の乱数のヒストグラム

方法1 （**累積分布関数 F を使う方法**） $F(3)$ を求めて，$\dfrac{406006699}{625000000} \simeq 0.650$ を得ます．

```
Python (SymPy)
```
```
X = Binomial('X', 10, S(3) / 10)
cdf(X)[3] # cdf(X)(x)ではない.
```

```
Python (SciPy)
```
```
rv = stats.binom(10, 3 / 10)
rv.cdf(3)
```

```
R
```
```
pbinom(3, 10, 3 / 10)
```

```
Mathematica
```
```
dist = BinomialDistribution[10, 3/10];
CDF[dist][3]
```

方法2 （**確率を直接計算する方法**）♠ $P(X \leq 3)$ を求めて，$\dfrac{406006699}{625000000} \simeq 0.650$ を得ます．

```
Wolfram|Alpha
```
```
P(X<=3),distributed_binomial_distribution_n=10,p=3/10
```

```
Python (SymPy)
```
```
P(X <= 3)
```

```
Mathematica
```
```
Probability[X <= 3, Distributed[X, dist]]
```

方法3 （**確率関数 f を使う方法**）♠ $\displaystyle\sum_{k=0}^{3} f(k)$ を求めて，$\dfrac{406006699}{625000000} \simeq 0.650$ を得ます．

```
Python (SymPy)
sum([density(X)(k) for k in range(4)])
```

```
Python (SciPy)
sum([rv.pmf(k) for k in range(4)])
```

```
R
sum(dbinom(0:3, 10, 3 / 10))
```

```
Mathematica
Sum[PDF[dist][k], {k, 0, 3}]
```

8.2 連続型の確率分布

前節では，確率変数が離散的な場合を扱いました．本節では確率変数が連続的な場合を扱います．

確率変数が離散的な場合には，確率変数 X が標本空間の要素 x と等しくなる確率を定め，それを確率分布としました．確率変数が連続的な場合には，確率変数 X が標本空間のある区間に属する確率を考えることになります．

12 時の位置から測った角度 X が $0°$ から $360°$ まで一様であるようなルーレットを例に説明します．このルーレットでは，$a \leq X \leq b$ $(0 \leq a \leq b \leq 360)$ となる確率は

$$P(a \leq X \leq b) = \frac{b - a}{360} \tag{8.6}$$

です．

ここで，関数 f を

$$f(x) := \frac{1}{360} \quad (0 \leq x \leq 360) \tag{8.7}$$

と定義します．

$P(a \leq X \leq b)$ は，$y = f(x)$，x 軸，$x = a$，$x = b$ で囲まれる領域の面積です（図 8.3(a) の色の濃い部分）．標本空間全体に対応する，図 8.3(a) の $y = f(x)$，x 軸，$x = 0$，$x = 360$ で囲まれる領域の面積は 1 です．この f のように，面積で確率を定める関数を**確率密度関数**（probability density function; PDF）といいます．

離散的な確率変数の場合と同様に，$x \mapsto P(X \leq x)$ を**累積分布関数**といいます．

(8.7) の確率密度関数に対応する累積分布関数 F は

$$F(x) := \int_0^x f(t)\,\mathrm{d}t = \frac{x}{360} \quad (0 \leq x \leq 360) \tag{8.8}$$

です（図 8.3(b)）．

8.2.1 確率密度関数の定義域♠

確率密度関数の定義域を $(-\infty, \infty)$，つまり $\mathbb{R}$（実数全体）とすることがあります．ここで

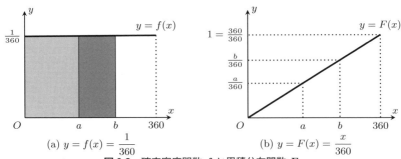

(a) $y = f(x) = \dfrac{1}{360}$　　　　　(b) $y = F(x) = \dfrac{x}{360}$

図 8.3 確率密度関数 f と累積分布関数 F

扱っている例では，確率密度関数 f を (8.7) の代わりに

$$f(x) := \begin{cases} \dfrac{1}{360} & (0 \le x \le 360), \\ 0 & (x < 0 \vee 360 < x) \end{cases} \tag{8.9}$$

と定義します.

こうすると，累積分布関数 F は (8.8) の代わりに

$$F(x) := \int_{-\infty}^{x} f(t)\,\mathrm{d}t = \begin{cases} 0 & (x < 0), \\ \dfrac{x}{360} & (0 \le x \le 360), \\ 1 & (360 < x) \end{cases} \tag{8.10}$$

となります.

実質的には，(8.7) と (8.9) は同じ確率密度関数，(8.8) と (8.10) は同じ累積分布関数です.

8.2.2　連続一様分布

確率密度関数が定数関数であるような確率分布を，**連続一様分布**あるいは**一様分布** (uniform distribution) といいます. 本書ではこれを $\mathrm{U}(a, b)$ と表します.

> **例 8.7**　$X \sim \mathrm{U}(0, 360)$ についての，次の確率を求めます.
>
> ① $X \le 200$ となる確率を求めて，$5/9 \simeq 0.556$ を得ます.
> ② $X \le 150$ となる確率を求めて，$5/12 \simeq 0.417$ を得ます.
> ③ $150 \le X \le 200$ となる確率を求めて，$5/36 \simeq 0.139$ を得ます.

方法 1（累積分布関数 F を使う方法）　①は $F(200)$，②は $F(150)$ です. 図 8.3(a) において，$x \le b$ の部分の面積から $x \le a$ の部分の面積を引くと $a \le x \le b$ の部分の面積になるので，③は $F(200) - F(150)$ です.

```
Python (SymPy)
X = Uniform('X', 0, 360)
cdf(X)(200), cdf(X)(150), cdf(X)(200) - cdf(X)(150)
```

```
Python (SciPy)
rv = stats.uniform(0, 360)
rv.cdf(200), rv.cdf(150), rv.cdf(200) - rv.cdf(150)
```

```
R
F <- function(x) { punif(x, 0, 360) }
c(F(200), F(150), F(200) - F(150))
```

```
Mathematica
dist = UniformDistribution[{0, 360}];
{CDF[dist][200], CDF[dist][150], CDF[dist][200] - CDF[dist][150]}
```

方法2（確率を直接計算する方法）♠ $P(150 \leq X \leq 200)$ を求めて，$5/36 \simeq 0.139$ を得ます．

```
Wolfram|Alpha
P(150<=X<=200),uniform_distribution_min=0,max=360
```

```
Python (SymPy)
# P(150 <= X <= 200)やP(150 <= X and X <= 200)ではない.
P(And(150 <= X, X <= 200))
```

```
Mathematica
Probability[150 <= X <= 200, Distributed[X, dist]]
```

連続型確率分布についての計算には，次のように微分積分を使います．

① 確率 $P(a \leq X \leq b)$ は，確率密度関数 f の定積分 $\displaystyle\int_a^b f(x)\,\mathrm{d}x$ である．

② 累積分布関数 F の値 $F(x) = P(-\infty \leq X \leq x)$ は，確率密度関数 f の不定積分 $\displaystyle\int_{-\infty}^x f(t)\,\mathrm{d}t$ である．

③ 確率密度関数 f の値 $f(x)$ は，累積分布関数 F の微分係数 $\dfrac{\mathrm{d}F(x)}{\mathrm{d}x}$ である．

方法3（確率密度関数 f を使う方法）♠ $f(x) := \dfrac{1}{360}$ に対して，$\displaystyle\int_{150}^{200} f(x)\,\mathrm{d}x$ を求めて，$5/36 \simeq 0.139$ を得ます．

```
Wolfram|Alpha
integral_1/360_150_to_200
```

```
                        Python (SymPy)
var('x'); integrate(density(X)(x), (x, 150, 200))
```

```
                        Python (SciPy)
quad(rv.pdf, 150, 200)
```

```
                              R
f <- function(x) { 1 / 360 }
integrate(Vectorize(f), 150, 200)
```

```
                        Mathematica
Integrate[PDF[dist][x], {x, 150, 200}]
```

$F(x) = \displaystyle\int_0^x f(t)\,\mathrm{d}t$ を求めて，$\dfrac{x}{360}$ を得ます．

```
                        Wolfram|Alpha
int_1/360_0_to_x
```

```
                        Python (SymPy)
var('t x'); integrate(density(X)(t), (t, 0, x))
```

```
                        Mathematica
Integrate[PDF[dist][t], {t, 0, x},
 Assumptions -> Element[x, Reals]] (* xは実数と仮定する. *)
```

$f(x) = F'(x)$ を求めて，$\dfrac{1}{360}$ を得ます．

```
                        Wolfram|Alpha
d/dx_x/360
```

```
                          Python
diff(x / 360, x)
```

```
                              R
D(expression(x / 360), "x")
```

```
                        Mathematica
D[x/360, x]
```

■連続一様分布に従う乱数

例 8.8　$U(0, 360)$ に従う乱数を 1000 個生成し，そのヒストグラムを描きます．

```
Python
data = list(sample_iter(X, numsamples=1000))
plt.hist(data); # 結果は割愛
```

```
Python (SciPy)
data = rv.rvs(1000)
plt.hist(data); # 結果は割愛
```

```
R
data <- runif(1000, 0, 360)
hist(data) # 結果は割愛
```

```
Mathematica
data = RandomVariate[dist, 1000];
Histogram[data] (* 結果は割愛 *)
```

乱数のヒストグラムと確率関数のグラフ♠

乱数のヒストグラムと$U(0, 360)$の確率密度関数のグラフをまとめて描いて，両者が似ていることを確認します（図8.4）．ここでは，階級数を**スタージェスの公式**で決めます．サンプルサイズnが1000なので，階級数は$1 + \log_2 n \simeq 11$です．

```
Python (SymPy)
x = np.linspace(0, 360, 100); y = [density(X)(x) for x in x]
_, ax = plt.subplots()
ax.hist(data, bins='sturges', density=True, alpha=0.5)
ax.plot(x, y);
```

```
Python (SciPy)
data = rv.rvs(1000)
x = np.linspace(0, 360, 100); y = rv.pdf(x)
_, ax = plt.subplots()
ax.hist(data, bins='sturges', density=True, alpha=0.5)
ax.plot(x, y);
```

```
R
data <- runif(1000, 0, 360)
hist(data, freq = FALSE)
curve(dunif(x, 0, 360), add = TRUE)
```

```
Mathematica
data = RandomVariate[dist, 1000];
Show[Histogram[data, {"Raw", "Sturges"}, "PDF"],
 Plot[PDF[dist][x], {x, 0, 360}]]
```

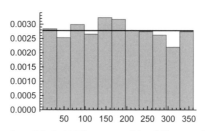

図 8.4　U(0, 360) の確率密度関数とこれに従う乱数 1000 個のヒストグラム

8.2.3　正規分布

正規分布（normal distribution）は二つのパラメータ μ, σ^2 $(\sigma \geq 0)$ で決まる確率分布です[*8]．本書ではこれを $N(\mu, \sigma^2)$ と表します．$N(0, 1)$ を**標準正規分布**といいます．

正規分布は統計で最もよく現れる確率分布と言えるのですが，それがわかるのは 9.4 節でのことです．ここでは，正規分布に従う確率変数についての確率を求める方法と，正規分布の確率密度関数のグラフの形を確認するに留めます．

> **例 8.9**　$X \sim N(6, 2^2)$ が $[\mu - 3\sigma, \mu + 3\sigma]$ に属する，つまり $(6 - 3 \times 2)$ 以上 $(6 + 3 \times 2)$ 以下になる確率を求めて，0.997 を得ます．

■方法 1（累積分布関数 F を使う方法）

例 8.7 の方法 1 と同じ考え方で，$F(6 + 3 \times 2) - F(6 - 3 \times 2)$ を求めて，0.997 を得ます．

数式は $N(\mu, \sigma^2)$ ですが，コードでは σ^2（ここでは 4）ではなく $\sqrt{\sigma^2}$（ここでは 2）を与えます．

```
Python (SymPy)
X = Normal('X', 6, 2)
N((cdf(X)(6 + 3 * 2) - cdf(X)(6 - 3 * 2)))
```

```
Python (SciPy)
rv = stats.norm(6, 2)
rv.cdf(6 + 3 * 2) - rv.cdf(6 - 3 * 2)
```

```
R
pnorm(6 + 3 * 2, 6, 2) - pnorm(6 - 3 * 2, 6, 2)
```

[*8]　正規分布は，(8.13) や (14.12) で定義されます．

```
Mathematica
dist = NormalDistribution[6, 2];
CDF[dist][6 + 3 2] - CDF[dist][6 - 3 2] // N
```

■方法2（確率を直接計算する方法）♠

$P(6 - 3 \times 2 \leq X \leq 6 + 3 \times 2)$ を求めて，0.997 を得ます．

```
Wolfram|Alpha
P(6-3*2<=X<=6+3*2),normal_distribution_mu=6,sigma=2
```

```
Python (SymPy)
#P(6 - 3 * 2 <= X <= 6 + 3 * 2)ではない.
#P(6 - 3 * 2 <= X and X <= 6 + 3 * 2)ではない.
N(P(And(6 - 3 * 2 <= X, X <= 6 + 3 * 2)))
```

```
Mathematica
Probability[6 - 3 2 <= X <= 6 + 3 2, Distributed[X, dist]] // N
```

■方法3（確率密度関数 f を使う方法）♠

$\int_{6-3\times2}^{6+3\times2} f(x)\,\mathrm{d}x$ を求めて，0.997 を得ます．

```
Python (SymPy)
var('x')
N(integrate(density(X)(x), (x, 6 - 3 * 2, 6 + 3 * 2)))
```

```
Python (SciPy)
quad(rv.pdf, 6 - 3 * 2, 6 + 3 * 2)
```

```
R
f <- function(x) { dnorm(x, 6, 2) }
integrate(Vectorize(f), 6 - 3 * 2, 6 + 3 * 2)
```

```
Mathematica
Integrate[PDF[dist][x], {x, 6 - 3 2, 6 + 3 2}] // N
```

　数式処理をするなら，μ, σ は記号のままでもかまいません．$X \sim N(\mu, \sigma^2)$ が $[\mu-3\sigma, \mu+3\sigma]$ に属する確率を求めて，0.997 を得ます．正規分布に従う確率変数の値が $[\mu - 3\sigma, \mu + 3\sigma]$ に属さない確率は約 $3/1000$ です（千三つと思うと覚えやすいでしょう）．

```
Wolfram|Alpha
P(mu-3sigma<=X<=mu+3sigma),normal_distribution
```

```
                        Python (SymPy)
var('mu sigma x'); X = Normal('X', mu, sigma)
a, b = mu - 3 * sigma, mu + 3 * sigma
(N((cdf(X)(b) - cdf(X)(a))),           # 方法1
 N(integrate(density(X)(x), (x, a, b))))) # 方法3
```

```
                         Mathematica
Clear[mu, sigma, x];
dist = NormalDistribution[mu, sigma];
{a, b} = {mu - 3 sigma, mu + 3 sigma};
CDF[dist][b] - CDF[dist][a] // N              (* 方法1 *)
Probability[a <= X <= b, Distributed[X, dist]] // N (* 方法2 *)
Integrate[PDF[dist][x], {x, a, b}] // N       (* 方法3 *)
```

確率分布を指定しなくても，次のメモ 8.1 で $k=3$ として

$$P(\mu - 3\sigma \leq X \leq \mu + 3\sigma) \geq 1 - \frac{1}{3^2} \simeq 0.889 \tag{8.11}$$

であることがわかります．確率分布を指定すれば，これより詳しいことがわかります（正規分布なら 0.997）．

メモ 8.1（チェビシェフの不等式）

$\mu = E(X),\ \sigma^2 = V(X),\ \sigma > 0$ とすると，任意の $k > 0$ に対して

$$P(|X - \mu| \geq k\sigma) = 1 - P(\mu - k\sigma \leq X \leq \mu + k\sigma) \leq \frac{1}{k^2} \tag{8.12}$$

が成り立つ（E, V については 8.4 節を参照）．

8.2.4　正規分布の確率密度関数

例 8.10　正規分布 $N(\mu, \sigma^2)$ の確率密度関数を f とします．$f(x)$ を求めて

$$\frac{1}{\sqrt{2\pi}\sigma} \exp\left(-\frac{(x-\mu)^2}{2\sigma^2}\right) \tag{8.13}$$

を得ます．

```
                        Wolfram|Alpha
normal_distribution
```

```
                        Python (SymPy)
var('mu sigma x')
X = Normal('X', mu, sigma)
density(X)(x)
```

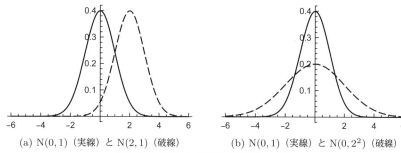

(a) N(0,1)（実線）と N(2,1)（破線） (b) N(0,1)（実線）と N(0,2²)（破線）

図 **8.5** 正規分布の確率密度関数のグラフ

```Mathematica
dist = NormalDistribution[mu, sigma];
PDF[dist][x]
```

正規分布の確率密度関数のグラフはいわゆる釣鐘型（ベルカーブ）です．釣鐘型といっても，日本の寺によくある鐘の ∩ のような形ではなく，裾の広がった形です．

正規分布のパラメータ μ は確率密度関数のグラフの釣鐘の「位置」を表していて，この値を大きく（小さく）すると，釣鐘が右（左）に動きます．例として，$X_1 \sim N(0,1)$ と $X_2 \sim N(2,1)$ の確率密度関数のグラフを描いて比べます（図8.5(a)）．

```Python (SymPy)
X1 = Normal('X1', 0, 1); X2 = Normal('X2', 2, 1); var('x')
plot(density(X1)(x), density(X2)(x), (x, -6, 6));
```

```Python (SciPy)
rv1 = stats.norm(0, 1); rv2 = stats.norm(2, 1); x = np.linspace(-6, 6, 100)
pd.DataFrame({'x': x, 'X1': rv1.pdf(x), 'X2': rv2.pdf(x)}).plot(x='x');
```

```R
curve(dnorm(x, 0, 1), -6, 6)
curve(dnorm(x, 2, 1), -6, 6, lty = 2, add = TRUE) # 破線
```

```Mathematica
Plot[{PDF[NormalDistribution[0, 1]][x],
      PDF[NormalDistribution[2, 1]][x]}, {x, -6, 6}]
```

正規分布のパラメータ σ は釣鐘の「幅」を表していて，この値を大きく（小さく）すると，釣鐘の幅が大きく（小さく）なります．例として，$X_1 \sim N(0,1)$ と $X_3 \sim N(0,2^2)$ の確率密度関数のグラフを描いて比べます（図8.5(b)）．

```
Python (SymPy)
X3 = Normal('X3', 0, 2); var('x')
plot(density(X1)(x), density(X3)(x), (x, -6, 6));
```

```
Python (SciPy)
rv3 = stats.norm(0, 2); x = np.linspace(-6, 6, 100)
pd.DataFrame({'x': x, 'X1': rv1.pdf(x), 'X3': rv3.pdf(x)}).plot(x='x');
```

```
R
curve(dnorm(x, 0, 1), -6, 6)
curve(dnorm(x, 0, 2), -6, 6, lty = 2, add = TRUE) # 破線
```

```
Mathematica
Plot[{PDF[NormalDistribution[0, 1]][x],
      PDF[NormalDistribution[0, 2]][x]}, {x, -6, 6}]
```

8.2.5　連続型の確率分布に関する計算のまとめ

確率分布に関してよく行われる計算を図 8.6 を使って説明し，計算のためのコードを表 8.3, 表 8.4 にまとめます.

- $x \mapsto f(x)$ が**確率密度関数**（probability density function; PDF）である.
- $x \mapsto (s := P(X \leq x))$ が**累積分布関数**（cumulative distribution function; CDF）である.
- $s \mapsto x$ が累積分布関数の逆関数（inverse of the cumulative distribution function, percent point function; PPF）である. この x を下側 $100s$％点という.
- $x \mapsto (t := P(x \leq X))$ が**生存関数**（survival function）である[*9]. $t = 1 - s$ だから，累積分布関数で代用できる.
- $t \mapsto x$ が生存関数の逆関数（inverse of the survival function）である. この x を上側 $100t$％点という. $s = 1 - t$ だから，累積分布関数の逆関数で代用できる. 確率分布の略号に添字を付けてこれを表すことがある（例：$N_t(\mu, \sigma^2)$）.

8.3　独自の確率分布

二項分布や正規分布など，よく使われる確率分布には名前が付いていて，簡単に使うためのライブラリも整っています. 本節では，独自の確率分布を定義して使う方法を説明します. システムに備えられた枠組みに合わせて確率分布を定義することには，表 8.2 の機能が使えるようになるという利点があります. その例として，本節では確率分布に従う乱数が簡単に生成できるようになることを示します[*10].

[*9]　対象が時刻 x までに故障する（死亡する）確率が累積分布関数で表される場合に，それが時刻 x を超えて故障しない（生存する）確率が生存関数で表されます.

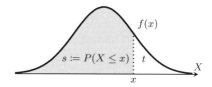

図 8.6　連続型の確率分布に関する計算（$s + t = 1$）

表 8.3　確率分布に関する計算 1
（生存関数に関する方法が複数ある場合，本書では下線を引いたほうを使う）

求めるもの	SymPy	SciPy
確率密度関数	density(X)(x)	rv.pdf(x)
累積分布関数	cdf(X)(x)	rv.cdf(x)
累積分布関数の逆関数	solve(Eq(cdf(X)(x), s), x)	rv.ppf(s)
生存関数		rv.sf(x)
生存関数の逆関数	1 - cdf(X)(x)	<u>1 - rv.cdf(x)</u>
	solve(Eq(cdf(X)(x), 1 - t), x)	rv.isf(t)
		rv.ppf(1 - t)

表 8.4　確率分布に関する計算 2
（生存関数に関する方法が複数ある場合，本書では下線を引いたほうを使う）

求めるもの	R	Mathematica
確率密度関数	dnorm(x)	PDF[dist][x]
累積分布関数	pnorm(x)	CDF[dist][x]
累積分布関数の逆関数	qnorm(s)	InverseCDF[dist, s]
生存関数	pnorm(x, lower.tail = FALSE)	SurvivalFunction[dist, x]
生存関数の逆関数	<u>1 - pnorm(x)</u>	<u>1 - CDF[dist][x]</u>
	qnorm(t, lower.tail = FALSE)	InverseSurvivalFunction[dist, t]
	qnorm(1 - t)	InverseCDF[dist, 1 - t]

　離散型の確率分布を定義する方法（8.3.1 項），連続型の確率分布を定義する方法（8.3.2 項），確率変数の変換によって確率分布を定義する方法（8.3.3 項）を説明します．

8.3.1　離散型の確率分布

　離散型の確率分布を定義する方法を説明します．例として，表 8.5 の宝くじの当選金の確率分布を定義します．これは，この宝くじを 1 枚購入したときの当選金 X が従う確率分布です[*11]．

[*10]　期待値が簡単に求められるようになることを 8.4 節で示します．

[*11]　当たりの枚数など，合計が 1 ではない（ただし当選確率に比例する）ものが与えられた場合に備えて，表 8.5 に対しては不要ですが，念のため，Python のコードには合計で割る処理を，Mathematica のコードには Method -> "Normalize"を記述します．R ではそのような備えは不要です．

例8.11　表 8.5 の宝くじの確率分布 A を定義し，A に従う乱数を 1000 個生成して集計します[*12],[*13]．（10000 円が当たるのは，$1000 \times 0.005 = 5$ 回くらいになりそうです．）

表 8.5　ある宝くじの当選金と当選確率 [17]

当選金（円）	0	100	1000	10000
当選確率	0.9	0.08	0.015	0.005

Python (SymPy)

```
Xs = [0, 100, 1000, 10000]; tmp = [0.9, 0.08, 0.015, 0.005]
Ps = np.array(tmp) / sum(tmp) # 念のため合計を1にする.
X = FiniteRV('X', dict(zip(Xs, Ps))) # 確率分布の定義
data = sample_iter(X, numsamples=1000)
Counter(data)
```

Python (SciPy)

```
Xs = [0, 100, 1000, 10000]; tmp = [0.9, 0.08, 0.015, 0.005]
Ps = np.array(tmp) / sum(tmp) # 念のため合計を1にする.
rv = stats.rv_discrete(values=(Xs, Ps)) # 確率分布の定義
data = rv.rvs(size=1000)
Counter(data)
```

R

```
Xs <- c(0, 100, 1000, 10000); Ps <- c(0.9, 0.08, 0.015, 0.005)
data <- sample(Xs, 1000, replace = TRUE, prob = Ps)
table(data)
```

Mathematica

```
Xs = {0, 100, 1000, 10000}; Ps = {0.9, 0.08, 0.015, 0.005};
tmp = Piecewise[Thread[{Ps, Thread[x == Xs]}]];
dist = ProbabilityDistribution[tmp, {x, 0, 10000, 1}, (* 確率分布の定義 *)
  Method -> "Normalize"]; (* 念のため合計を1にする. *)
data = RandomVariate[dist, 1000];
Counts[data]
```

[*12]　SymPy には標本空間が無限集合の場合にも対応する DiscreteRV もありますが，ここでは使い方が簡単な FiniteRV を採用しています．

[*13]　Mathematica のコードでは，Thread[{Ps, Thread[x == Xs]}] の代わりに
{{0.9, x == 0}, (省略), {0.005, x == 10000}}
のように具体的に記述してもかまいません．

8.3.2 連続型の確率分布

例8.12 確率密度関数 f が $f(x) := |x|$ $(-1 \le x \le 1)$ の確率分布 B に従う乱数を 1000 個生成し，そのヒストグラムを描いて，図8.7を得ます[*14].

```
                     Python (SymPy)
var('x')
f = Lambda(x, Abs(x)); a, b = -1, 1;
s = integrate(f(x), (x, a, b))  # "全確率"
X = ContinuousRV(x,             # 確率分布の定義
                 f(x) / s,      # 念のため"全確率"で割る.
                 set=Interval(a, b))
data = list(sample_iter(X, numsamples=1000))
plt.hist(data);
```

```
                     Python (SciPy)
f = lambda x: abs(x); a, b = -1, 1;
s = quad(f, a, b)[0]                     # "全確率"
class MyX(stats.rv_continuous):          # 確率分布の定義の準備
    def _pdf(self, x): return f(x) / s   # 念のため"全確率"で割る.
rv = MyX(a=a, b=b)                        # 確率分布の定義
data = rv.rvs(size=1000)
plt.hist(data);
```

```
                     Mathematica
dist = ProbabilityDistribution[Abs[x], {x, -2, 2}, (* 確率分布の定義 *)
    Method -> "Normalize"]; (* "全確率"が1にならない場合の備え *)
data = RandomVariate[dist, 1000];
Histogram[data]
```

■システムに備えられた枠組みに頼らない方法♠

システムに備えられた枠組みに合わせて確率分布を定義すると，確率分布の応用が簡単になります．そうせずに，確率分布の応用のためのコードを自分で書くのは大変です．例として，例8.12を解決するコードを自分で書く場合の手順を示します．

手順1: 確率密度関数 $f(x) := |x|$ を定義する．

手順2: 累積分布関数 $F(x) := \displaystyle\int_{-1}^{x} f(t)\,\mathrm{d}t$ を定義する．

[*14] f は確率密度関数なので，$X \sim B$ が a 以上 b 以下だとすると，$s := \displaystyle\int_{a}^{b} f(x)\,\mathrm{d}x$ は 1 でなければなりません．$f(x) := |x|$ $(-1 \le x \le 1)$ に対しては不要ですが，念のため，Python のコードには s で割る処理を，Mathematica のコードには Method -> "Normalize"を記述します．

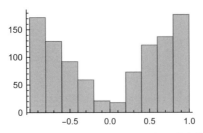

図8.7　確率密度関数 f が $f(x) := |x| \; (-1 \le x \le 1)$ の確率分布に従う乱数のヒストグラム

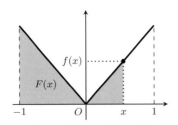

(a) 確率密度関数 f と累積分布関数 F

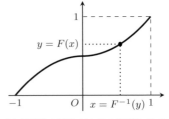

(b) 累積分布関数 F とその逆関数 F^{-1}

図8.8　確率密度関数が $f(x) := |x| \; (-1 \le x \le 1)$ の確率分布 B

手順3： $F(x) = y$ の**逆関数** $F^{-1}(y) := x$ を定義する．

手順4： y を0から1の乱数とし，$F^{-1}(y)$ を求めて実数を得る．これを1000回繰り返し，B に従う乱数1000個を得る．

手順5： ヒストグラムを描く．

　この手順のとおりにコードを書くと，次のようになります．（計算をうまく進めるために，実数専用の RealAbs を使います．）

```Mathematica
Clear[f, F, t, x];
f[x_] := RealAbs[x]                          (* 手順1 *)
F[x_] := Evaluate[Integrate[f[t], {t, -1, x}]] (* 手順2 *)
Finv = InverseFunction[F];                   (* 手順3 *)
data = Table[Finv[RandomReal[]], {1000}];    (* 手順4 *)
Histogram[data]                              (* 手順5 *)
```

　ここで示した手順について，図8.8を使って補足します．

（手順1） $y = f(x)$ のグラフを図8.8(a)に示します．

（手順2） F は関数 $[-1, 1] \to [0, 1]$ です．図8.8(a)の塗りつぶした部分の面積が $F(x)$ です．F[x] を評価すると，$F(x)$ が

$$F(x) = \begin{cases} \dfrac{1-x^2}{2} & (-1 \le x \le 0), \\[2mm] \dfrac{1+x^2}{2} & (0 < x \le 1) \end{cases} \tag{8.14}$$

であることがわかります.

（手順3） 図 8.8(b) に $y = F(x)$ のグラフを示します．これは $x = F^{-1}(y)$ のグラフでもあります．Reduce[y == F[x], x, Reals] として $y = F(x)$ を x について解くと，$F^{-1}(y)$ が

$$F^{-1}(y) = \begin{cases} -\sqrt{1-2y} & \left(y \le \dfrac{1}{2}\right), \\[2mm] \sqrt{-1+2y} & \left(y > \dfrac{1}{2}\right) \end{cases} \tag{8.15}$$

であることがわかります.

（手順4） $Y \sim U(0,1), X := F^{-1}(Y)$ とすると，$X \sim B$ です．X が従う確率分布の確率密度関数が B のそれと実質的には同じ $x \mapsto |x|$ $(-1 \le x \le 1)$ であることを，例 8.14 の方法で確認します．

```Mathematica
distY = UniformDistribution[{0, 1}];
distX = TransformedDistribution[
   Piecewise[{{-Sqrt[1 - 2 Y], Y <= 1/2}}, Sqrt[-1 + 2 Y]],
   Distributed[Y, distY]];
PDF[distX]
```

　0 から 1 の乱数を求める方法はたいていのシステムで用意されていますから，それを使って乱数 y を生成し，$x := F^{-1}(y)$ とします．これを 1000 回繰り返せば，確率分布 B に従う乱数が 1000 個生成されます．累積分布関数が狭義単調増加である連続型の確率分布に従う乱数は，この方法で生成できます．

（手順5） 得られた 1000 個の乱数のヒストグラムは，先に SymPy，SciPy，Mathematica で描いたのと似たものになります．

　(8.15) を使って，Rで例 8.12 を解決します．

```R
r <- function() {
  y <- runif(1)
  ifelse(y <= 1 / 2, -sqrt(1 - 2 * y), sqrt(-1 + 2 * y))
}
data <- replicate(1000, r())
hist(data)
```

8.3.3　確率変数の変換

　X を確率変数，X のとりうる値の集合を Ω，g を関数 $\Omega \to \mathbb{R}$ とします．$Y := g(X)$ は確率変数です[15]．この Y が従う確率分布を定義します．

---

[15]　$Y : \Omega \to \mathbb{R};\ x \mapsto g(x)$ を $Y := g(X)$ と略記しています．

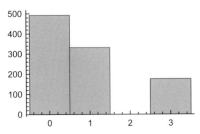

図 8.9 $Y := X^3 \mod 4$ $(X \sim \mathrm{Di}(1,6))$ の実現値 1000 個の乱数のヒストグラム

■離散型の確率変数

例 8.13 $X \sim \mathrm{Di}(1,6)$ とします．$Y := X^3 \mod 4$ $(X^3$ を 4 で割った余り) が従う確率分布に従う乱数を 1000 個生成し，そのヒストグラムを描いて，図 8.9 を得ます．

```
Python (SymPy)
X = DiscreteUniform('X', range(1, 7))
Y = X**3 % 4
data = list(sample_iter(Y, numsamples=1000))
plt.hist(data);
```

```
Mathematica
distX = DiscreteUniformDistribution[{1, 6}];
distY = TransformedDistribution[Mod[X^3, 4], Distributed[X, distX]];
data = RandomVariate[distY, 1000];
Histogram[data]
```

ヒストグラムを描くだけなら，X の実現値を 1000 個作って，それに対応する Y の実現値を 1000 個作ればよいのですが，Y が従う確率分布を定義することには，Y に関する情報を簡単に取得できるようになるという利点があります．例えば，Python で density(Y)，Mathematica で PDF[distY] とするだけで，Y が従う確率分布の確率関数 $0 \mapsto 1/2,\ 1 \mapsto 1/3,\ 2 \mapsto 0,\ 3 \mapsto 1/6$ が得られます[16]．

■連続型の確率変数

例 8.14 $X \sim \mathrm{U}(0,1)$ とします．$Y := X^2$ が従う確率分布に従う乱数を 1000 個生成し，ヒストグラムを描いて，図 8.10 を得ます．

---

[16] $P(X = x) = P(Y = x^3 \mod 4)$ ではありません．例えば

$$P(X = 2) = \frac{1}{6} \neq P(Y = 2^3 \mod 4) = P(Y = 0) = \frac{1}{2} \tag{8.16}$$

です．

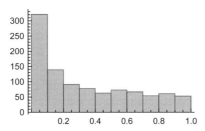

図 8.10　$Y := X^2$（$X \sim \mathrm{U}(0,1)$）の実現値 1000 個のヒストグラム

```
Python (SymPy)
X = Uniform('X', 0, 1)
Y = X**2
data = list(sample_iter(Y, numsamples=1000))
plt.hist(data);
```

```
Mathematica
distX = UniformDistribution[{0, 1}];
distY = TransformedDistribution[X^2, Distributed[X, distX]];
data = RandomVariate[distY, 1000];
Histogram[data]
```

■変換後の確率分布の確率密度関数♠

例 8.15　例 8.14 の Y が従う確率分布の確率密度関数を求めて，$y \mapsto \dfrac{1}{2\sqrt{y}}$（$0 \le y \le 1$）を
得ます.

```
Python (SymPy)
simplify(density(Y))
```

```
Mathematica
PDF[distY]
```

　この例のような比較的単純な確率変数の変換の結果は，置換積分（14.3 節）でも確認できます.
しかし，置換積分を試す前に，まずは本項の方法を試すとよいでしょう. 例として，例 8.12 で
定義した確率分布 B に従う確率変数を X として，$Y := X^2$ が従う確率分布の確率密度関数を
求めて，$y \mapsto 1$（$0 < y < 1$）を得ます.

```
Mathematica
distX = ProbabilityDistribution[Abs[x], {x, -1, 1}];
distY = TransformedDistribution[X^2, Distributed[X, distX]];
PDF[distY]
```

■確率変数の位置尺度変換

確率変数の変換では，次のメモ 8.2 とメモ 8.3 が重要です．

メモ 8.2（確率変数の位置尺度変換）

記述統計におけるデータの変換（メモ 6.1）と同様に，X を確率変数，Y を $Y := aX+b$（a, b は実数の定数）で定義される確率変数とすると，次が成り立つ．

$$E(Y) = aE(X) + b, \tag{8.17}$$

$$V(Y) = a^2 V(X). \tag{8.18}$$

特に，$a := \dfrac{1}{\sqrt{V(X)}}$, $b := -\dfrac{E(X)}{\sqrt{V(X)}}$ のとき，つまり $Y := \dfrac{X - E(X)}{\sqrt{V(X)}}$ のとき，$E(Y) = 0$, $V(Y) = 1$ である．

メモ 8.3（正規分布に従う確率変数の位置尺度変換）

a, b を実数の定数，$X \sim \mathrm{N}(\mu, \sigma^2)$ とすると，$Y := aX + b \sim \mathrm{N}(a\mu + b, a^2\sigma^2)$ である．

特に，$a := \dfrac{1}{\sigma}$, $b := -\dfrac{\mu}{\sigma}$ のとき，$Y := aX + b = \dfrac{X - \mu}{\sigma} \sim \mathrm{N}(0, 1)$ である．

$X \mapsto aX + b$ という変換をしても，従う分布が正規分布であることに変わりはなく，釣鐘の「位置」が μ から $a\mu + b$ に，「幅」（尺度）が σ^2 から $a^2\sigma^2$ に変わるだけだということです（8.2.4 項を参照）[17]．

例 8.16　$X \sim \mathrm{N}(\mu, \sigma^2)$ とします．$Y := aX + b$ が従う確率分布を求めて，$\mathrm{N}(a\mu + b, (a\sigma)^2)$ を得ます．

Python (SymPy)
```
var('a b mu sigma'); X = Normal('X', mu, sigma); Y = a * X + b
simplify(density(Y))
```

Mathematica
```
dist = NormalDistribution[mu, sigma]; Clear[a, b];
TransformedDistribution[a X + b, Distributed[X, dist]]
```

---

[17]　このようなことは一般には成り立ちません．例えば，$X \sim \mathrm{Bi}(n, p)$ のとき，$Y := aX + b$ が従う確率分布は二項分布ではありません．

8.4 期待値

8.4.1 確率変数の平均

$X \sim \mathrm{Bi}(n, p)$ は成功確率 p の試行 n 回の結果の成功回数なので，その実現値は平均的には np くらいになりそうです．また，$X \sim \mathrm{U}(a, b)$ は a 以上 b 以下の乱数なので，その実現値は平均的には $\frac{a+b}{2}$ くらいになりそうです．このように，確率変数 X の平均的な値が存在するとき，その値を「X の**平均**」あるいは「X の**期待値** (expectation)」といい，$E(X)$ と表します．また，確率分布 A に対して，$X \sim A$ の平均を「A の平均」といいます．これらは，記述統計における平均（6.3.1 項）の確率変数版と言えます[*18]

> **例 8.17** 例 8.11 の確率分布 A に従う確率変数 X の平均を求めて，73 を得ます．

■**方法1**

X の平均を求めて，73 を得ます．

```Python (SymPy)
Xs = [0, 100, 1000, 10000]; Ps = [0.9, 0.08, 0.015, 0.005]
X = FiniteRV('X', dict(zip(Xs, Ps)))
E(X)
```

```Mathematica
Xs = {0, 100, 1000, 10000}; Ps = {0.9, 0.08, 0.015, 0.005};
tmp = Piecewise[Thread[{Ps, Thread[x == Xs]}]];
dist = ProbabilityDistribution[tmp, {x, 0, 10000, 1}];
Expectation[X, Distributed[X, dist]]
```

■**方法2**

確率分布 A の平均を求めて，73 を得ます．

```Python (SciPy)
Xs = [0, 100, 1000, 10000]; Ps = [0.9, 0.08, 0.015, 0.005]
rv = stats.rv_discrete(values=(Xs, Ps))
rv.mean()
```

[*18] 期待値は平均的に「期待」できる値のはずですが，そうでない場合もあります．**サンクトペテルブルクのパラドックス（聖ペテルスブルグの逆説）**といわれる例が有名です．コインを繰り返し投げて，n 回目で初めて表が出たら $X := 2^n$ 円もらえる賭けを考えます．$P(X = 2^i) = 1/2^i$（i は正の整数）なので，X の期待値は

$$E(X) = \sum_{i=1}^{\infty} 2^i P(X = 2^i) = \sum_{i=1}^{\infty} 1 = \infty \tag{8.19}$$

ですが，それを期待することはできません．

```
                     Mathematica
Mean[dist]
```

　方法1や方法2のように平均を簡単に求められるのが，8.3節の方法で確率分布を定義することの利点の一つです.

■方法3（定義にもとづく方法）♠

　Xが従う確率分布の確率（密度）関数をf，Xのとりうる値の集合をΩとします.

　$g: \Omega \to \mathbb{R}$に対して，次のように定義される$E(g(X))$を「$g(X)$の期待値」といいます.

$$E(g(X)) \coloneqq \sum_{x \in \Omega} g(x)f(x), \qquad \text{（離散型確率分布の場合）} \tag{8.20}$$

$$E(g(X)) \coloneqq \int_{\Omega} g(x)f(x)\,\mathrm{d}x. \qquad \text{（連続型確率分布の場合）} \tag{8.21}$$

　(8.20)では，Ωの全ての要素についての和をとります.(8.21)の定積分は，Ω上で行います.「$g(X)$の期待値」で，$g(X) \coloneqq X$という特別な場合つまり「Xの期待値」が「Xの平均」です.

　(8.20)の定義にもとづいてXの期待値を求めて，73を得ます.

```
                  Python (SymPy)
sum(x * density(X)[x] for x in Xs)
```

```
                  Python (SciPy)
sum(x * rv.pmf(x) for x in Xs)
```

```
                    Mathematica
Sum[x PDF[dist][x], {x, Xs}]
```

　(8.20)を内積で計算して，73を得ます.

```
                       Python
np.dot(Xs, Ps)
```

```
                         R
Xs <- c(0, 100, 1000, 10000); Ps <- c(0.9, 0.08, 0.015, 0.005)
sum(Xs * Ps)
```

```
                    Mathematica
Xs . Ps
```

■方法4（シミュレーション）♠

　確率分布Aに従う乱数を50万個生成し，その平均を求めて，約73を得ます[*19].

[*19]　例8.19で確認するように，$X \sim A$の分散σ^2は約50万です.メモ10.1より，$X_1, \ldots, X_n$の平均$\bar{X}$の標準偏差$\sqrt{\sigma^2/n}$は，nを約50万にしてやっと1程度になります.

表8.6 本書で使う主な確率分布の平均と分散

確率分布	例	平均	分散
離散一様分布	$\mathrm{Di}(a,b)$	$\dfrac{a+b}{2}$	$\dfrac{(b-a+1)^2-1}{12}$
ベルヌーイ分布	$\mathrm{Be}(p)$	p	$p(1-p)$
二項分布	$\mathrm{Bi}(n,p)$	np	$np(1-p)$
連続一様分布	$\mathrm{U}(a,b)$	$\dfrac{a+b}{2}$	$\dfrac{(b-a)^2}{12}$
正規分布	$\mathrm{N}(\mu,\sigma^2)$	μ	σ^2
カイ2乗分布	$\chi^2(k)$	k	$2k$

Python (SymPy)
```
np.mean(list(sample_iter(X, numsamples=500000)))
```

Python (SciPy)
```
rv.rvs(size=500000).mean()
```

R
```
mean(sample(Xs, 500000, replace = TRUE, prob = Ps))
```

Mathematica
```
Mean[RandomVariate[dist, 500000]] // N
```

数式処理をするなら，確率分布のパラメータが記号のままでもその平均を求められます．例として，$X \sim \mathrm{Bi}(n,p)$の平均を求めて，npを得ます．

Mathematica
```
Clear[n, p];
dist = BinomialDistribution[n, p];
Expectation[X, Distributed[X, dist]]    (* 方法1 *)
Mean[dist]                              (* 方法2 *)
Sum[x PDF[dist][x], {x, 0, n}] // Simplify (* 方法3 *)
```

本書で使う主な確率分布の平均と分散（8.4.2項）をこの方法で求めた結果を表8.6にまとめます．

例8.18 例8.12の確率分布Bに従う確率変数Xの平均を求めて，0を得ます．

定義にもとづいて求める場合以外は，離散型の確率分布と同様です．(8.21)の定義にもとづいて$X \sim B$の平均を求めて，0を得ます．

```
                          Python (SymPy)
var('x')
X = ContinuousRV(x, Abs(x), set=Interval(-1, 1))
integrate(x * density(X)(x), (x, -1, 1))
```

```
                          Python (SciPy)
class MyX(stats.rv_continuous):
    def _pdf(self, x): return abs(x)
rv = MyX(a=-1, b=1)
quad(lambda x: x * rv.pdf(x), -1, 1)
```

```
                              R
f <- function(x) { abs(x) }
g <- function(x) { x * f(x) }
integrate(Vectorize(g), -1, 1)
```

```
                          Mathematica
dist = ProbabilityDistribution[Abs[x], {x, -1, 1}];
Integrate[x PDF[dist][x], {x, -1, 1}]
```

8.4.2　確率変数の分散と標準偏差

　確率変数の値がその平均の周りにどのくらい散らばるか，その指標の一つに**分散**（variance）があります．確率変数 X の分散を $V(X)$ と表します．分散の非負の平方根を**標準偏差**といいます．これらは，記述統計の分散と標準偏差（6.3.2 項）の確率変数版と言えます．確率分布 A に対して，$X \sim A$ の分散を「A の分散」，X の標準偏差を「A の標準偏差」ということがあります．

> **例 8.19**　例 8.11 の確率分布 A に従う確率変数 X の分散を求めて，510471 を得ます．

■方法1（専用の関数を使う方法）

　「X の分散」あるいは「A の分散」を求めて，510471 を得ます[20]．

```
                          Python (SymPy)
Xs = [0, 100, 1000, 10000]; Ps = [0.9, 0.08, 0.015, 0.005]
X = FiniteRV('X', dict(zip(Xs, Ps)))
variance(X)
```

---

[20]　標準偏差はこの非負の平方根です．SymPy の std，SciPy の .std，Mathematica の StandardDeviation でも求められます．

```
Python (SciPy)
Xs = [0, 100, 1000, 10000]; Ps = [0.9, 0.08, 0.015, 0.005]
rv = stats.rv_discrete(values=(Xs, Ps))
rv.var()
```

```
Mathematica
Xs = {0, 100, 1000, 10000}; Ps = {0.9, 0.08, 0.015, 0.005};
tmp = Piecewise[Thread[{Ps, Thread[x == Xs]}]];
dist = ProbabilityDistribution[tmp, {x, 0, 10000, 1}];
Variance[dist]
```

このように分散を簡単に求められるのは，8.3 節の方法で確率分布を定義する利点の一つです．

■方法2（汎用の関数を使う方法）♠

(8.20), (8.21) で $g(x) := (x - \mu)^2$ $(\mu := E(X))$ という特別な場合つまり「$(X - \mu)^2$ の期待値」が「X の分散」です．因みに，「X の期待値」が「X の平均」でした．

$E((X - \mu)^2)$ を求めて，510471 を得ます．

```
Python (SymPy)
E((X - E(X))**2)
```

```
Mathematica
Expectation[(X - Mean[dist])^2, Distributed[X, dist]]
```

■方法3（定義にもとづく方法）♠

(8.20) の定義にもとづいて $(X - \mu)^2$ の期待値を計算して，510471 を得ます．

```
Python (SymPy)
sum((x - E(X))**2 * density(X)[x] for x in Xs)
```

```
Python (SciPy)
sum((x - rv.mean())**2 * rv.pmf(x) for x in Xs)
```

```
Mathematica
Sum[(x - Mean[dist])^2 PDF[dist][x], {x, Xs}]
```

(8.20) を内積で計算して，510471 を得ます．

```
Python
np.dot((Xs - np.dot(Xs, Ps))**2, Ps)
```

```
R
sum((Xs - sum(Xs * Ps))^2 * Ps)
```

Mathematica

```
((Xs - Xs . Ps)^2) . Ps
```

数式処理をするなら，確率分布のパラメータが記号のままでもその分散を求められます．例として，$X \sim \mathrm{Bi}(n, p)$ の分散を求めて，$np(1 - p)$ を得ます．

Mathematica

```
Clear[n, p];
dist = BinomialDistribution[n, p];
Variance[dist]                                          (* 方法1 *)
Expectation[(X - Mean[dist])^2, Distributed[X, dist]]   (* 方法2 *)
Sum[(x - Mean[dist])^2 PDF[dist][x], {x, 0, n}] // Simplify (* 方法3 *)
```

本書で使う主な確率分布の分散をこの方法で求めた結果を表 8.6 にまとめます．

例 8.20 例 8.12 の確率分布 B に従う確率変数 X の分散を求めて，$1/2$ を得ます．

定義にもとづいて求める場合以外は，離散型の確率分布と同様です．(8.21) の定義にもとづいて $X \sim B$ の分散を求めて，$1/2 \simeq 0.5$ を得ます．

Python (SymPy)

```
var('x')
X = ContinuousRV(x, Abs(x), set=Interval(-1, 1))
integrate((x - E(X))**2 * density(X)(x), (x, -1, 1))
```

Python (SciPy)

```
class MyX(stats.rv_continuous):
    def _pdf(self, x): return abs(x)
rv = MyX(a=-1, b=1)
quad(lambda x: (x - rv.mean())**2 * rv.pdf(x), -1, 1)
```

R

```
f <- function(x) { abs(x) }
g <- function(x) { x * f(x) }
u <- integrate(Vectorize(g), -1, 1)$value # Xの平均
h <- function(x) { (x - u)^2 * f(x) }
integrate(Vectorize(h), -1, 1)
```

Mathematica

```
dist = ProbabilityDistribution[Abs[x], {x, -1, 1}];
Integrate[(x - Mean[dist])^2 PDF[dist][x], {x, -1, 1}]
```

多次元の確率分布

 n 個（n は 2 以上の整数の定数）の確率変数の組である n 次元確率変数が従う確率分布について説明します．全ての確率変数が離散的な場合と，全ての確率変数が連続的な場合を扱います．

■ 9.1 同時確率分布と周辺確率分布

 サイコロを 2 個投げて出る目を X_1, X_2 とします．X_1, X_2 の最大値を X，最小値を Y とします．$X := \max(X_1, X_2)$, $Y := \min(X_1, X_2)$ は確率変数です．

 (X, Y) のような二つの確率変数の組を 2 次元確率変数といいます．同様に，n 個の確率変数の組を n 次元確率変数といいます．

 $P(X = x, Y = y)$ を**同時確率分布**，$(x, y) \mapsto P(X = x, Y = y)$ を**同時確率関数**といいます．

 $P(X = x)$ と $P(Y = y)$ を**周辺確率分布**（marginal probability distribution），$x \mapsto P(X = x)$ と $y \mapsto P(Y = y)$ を**周辺確率関数**といいます．

 ここで扱っている例の同時確率分布と周辺確率分布は表 9.1 のとおりです．

 1 個の確率変数を対象にした機能（表 8.2）は n 次元確率変数でも使えます．

> **例 9.1** 2 個のサイコロの目 X_1, X_2 の最大値 X と最小値 Y の同時確率分布を定義し，それを使って $P(X = x, Y = y)$ を求めて，表 9.1 のとおりの結果を得ます．

 Python では，確率変数 X_1, X_2 を定義して，それらを使って X, Y を定義します．Mathematica では，X_1 と X_2 が従う確率分布 distX を定義して，それを使って (X, Y) が従う同時確率分布 dist を定義します[*1]．

```
                        Python (SymPy)
X1 = DiscreteUniform('X1', range(1, 7))
X2 = DiscreteUniform('X2', range(1, 7))
X, Y = Max(X1, X2), Min(X1, X2)
{(x, y): P(And(Eq(X, x), Eq(Y, y))) for x in range(1, 7) for y in range(1, 7)}
```

[*1]　Mathematica では，確率 prob を具体的に計算した後で，それを使って同時確率分布を作り直します．作り直すことには，確率を PDF[dist][{X, Y}] で計算できるようになる，Conditioned を使えるようになる，という利点があります．とはいえ，作り直すのは煩雑なので，次節以降では，この分布が必要な場合は別の方法で作ります．

表 9.1 2 個のサイコロの目の最大値 X と最小値 Y の同時確率分布と周辺確率分布 [29]

$y\backslash x$	1	2	3	4	5	6	$P(Y=y)$
1	1/36	2/36	2/36	2/36	2/36	2/36	11/36
2	0	1/36	2/36	2/36	2/36	2/36	9/36
3	0	0	1/36	2/36	2/36	2/36	7/36
4	0	0	0	1/36	2/36	2/36	5/36
5	0	0	0	0	1/36	2/36	3/36
6	0	0	0	0	0	1/36	1/36
$P(X=x)$	1/36	3/36	5/36	7/36	9/36	11/36	

```Mathematica
distX = DiscreteUniformDistribution[{1, 6}];
dist = TransformedDistribution[{Max[X1, X2], Min[X1, X2]},
  {Distributed[X1, distX], Distributed[X2, distX]}];
probs = Table[{
  Probability[{X, Y} == {x, y}, Distributed[{X, Y}, dist]], (* 確率 *)
  {X, Y} == {x, y}},                                        (* 条件 *)
  {x, 1, 6}, {y, 1, 6}]

dist = ProbabilityDistribution[Piecewise[Flatten[probs, 1]], (* 作り直し *)
  {X, 1, 6, 1}, {Y, 1, 6, 1}];
```

例 9.2 2 個のサイコロの目 X_1, X_2 の最大値 X と最小値 Y の同時確率分布の周辺確率分布を定義し，それを使って $P(X=x)$ と $P(Y=y)$ を求めて，表 9.1 のとおりの結果を得ます．

```Python (SymPy)
density(X), density(Y)
```

```Mathematica
PDF[MarginalDistribution[dist, 1]][x] // Simplify
PDF[MarginalDistribution[dist, 2]][y] // Simplify
```

2 次元確率分布の**累積分布関数** F を

$$F(x, y) := P(X \leq x, Y \leq y) \tag{9.1}$$

で定義します．

例 9.3 2 個のサイコロの目 X_1, X_2 の最大値 X と最小値 Y の同時確率分布の累積分布関数 F の値 $F(x, y)$ を求めます（結果は割愛）．

表 9.2　同時確率分布に従う (X, Y) の関数 g の値の期待値

$g(X, Y)$	名前	記号	表 9.1 の場合の値
X	X の平均	$E(X)$ あるいは μ_X	$161/36 \simeq 4.5$
Y	Y の平均	$E(Y)$ あるいは μ_Y	$91/36 \simeq 2.5$
$(X - \mu_X)^2$	X の分散	$V(X)$ あるいは σ_X^2	$2555/1296 \simeq 2.0$
$(Y - \mu_Y)^2$	Y の分散	$V(Y)$ あるいは σ_Y^2	$2555/1296 \simeq 2.0$
$(X - \mu_X)(Y - \mu_Y)$	X, Y の共分散	$\mathrm{Cov}(X, Y)$	$1225/1296 \simeq 0.95$
$\dfrac{X - \mu_X}{\sigma_X}\dfrac{Y - \mu_Y}{\sigma_Y}$	X, Y の相関係数	ρ_{XY}	$35/73 \simeq 0.48$

```
Python (SymPy)
{(x, y): P(And(Le(X, x), Le(Y, y))) for x in range(1, 7) for y in range(1, 7)}
```

```
Mathematica
Table[CDF[dist][{x, y}], {y, 1, 6}, {x, 1, 6}] // TableForm
```

9.2　n 次元確率変数に関する期待値

X を確率変数，f を関数とすると，$f(X)$ は確率変数で，その期待値は $E(f(X))$ です（8.4 節）．同様に，(X, Y) を 2 次元確率変数，g を関数とすると，$g(X, Y)$ は確率変数です．その期待値を $E(g(X, Y))$ と表します．具体例を表 9.2 にまとめます．

平均，分散，標準偏差は確率変数が 1 個のときと同様です（8.4 節を参照）．

共分散 $\mathrm{Cov}(X, Y)$ と**相関係数** ρ_{XY} は，確率変数が 1 個のときはありませんでしたが，その意味は記述統計の共分散と相関係数（7.2 節）から類推できます．

例 9.4　2 個のサイコロの目 X_1, X_2 の最大値 X と最小値 Y の同時確率分布について，表 9.2 に掲載した結果を再現します．

■方法 1（専用の関数を使う方法）

平均，分散，共分散，相関係数は，ライブラリを使って直接求められるようになっています[*2]．分散の非負の平方根である標準偏差は $E(g(X, Y))$ という形式では表せませんが，よく使うのでここで求めておきます．

[*2]　Mathematica の Covariance は**分散共分散行列**です．これは，記述統計の分散共分散行列（7.2 節）の確率変数版です．確率変数が 2 個の場合，分散共分散行列の $(1, 2)$ 成分や $(2, 1)$ 成分が共分散です．同様に，Correlation は相関係数行列で，その $(1, 2)$ 成分や $(2, 1)$ 成分が相関係数です．

```
                    Python (SymPy)
X1 = DiscreteUniform('X1', range(1, 7))
X2 = DiscreteUniform('X2', range(1, 7))
X, Y = Max(X1, X2), Min(X1, X2)

(E(X), E(Y),                 # 平均
 variance(X), variance(Y),   # 分散
 std(X), std(Y),             # 標準偏差
 covariance(X, Y),           # 共分散
 correlation(X, Y))          # 相関係数
```

```
                    Mathematica
c = Counts[Flatten[Table[{Max[x, y], Min[x, y]}, {x, 1, 6}, {y, 1, 6}], 1]]/36;
dist = ProbabilityDistribution[Piecewise[KeyValueMap[{#2, {X, Y} == #1} &, c]],
    {X, 1, 6, 1}, {Y, 1, 6, 1}];

Mean[dist]                   (* 平均 *)
Variance[dist]               (* 分散 *)
StandardDeviation[dist]      (* 標準偏差 *)
Covariance[dist][[1, 2]]     (* 共分散 *)
Correlation[dist][[1, 2]]    (* 相関係数 *)
```

■方法2（汎用の関数を使う方法）♠

期待値を求める一般的な記法を使います.

```
                    Python (SymPy)
uX, uY = E(X), E(Y); sX, sY = std(X), std(Y)
(E(X), E(Y),                      # 平均
 E((X - uX)**2), E((Y - uY)**2),  # 分散
 E((X - uX) * (Y - uY)),          # 共分散
 E((X - uX) * (Y - uY) / sX / sY)) # 相関係数
```

```
                    Mathematica
{uX, uY} = Mean[dist]; {sX, sY} = StandardDeviation[dist];
Expectation[{X, Y,            (* 平均 *)
    (X - uX)^2, (Y - uY)^2,   (* 分散 *)
    (X - uX) (Y - uY),        (* 共分散 *)
    (X - uX) (Y - uY)/sX/sY}, (* 相関係数 *)
  Distributed[{X, Y}, dist]]
```

■方法3（定義にもとづく方法）♠

(X, Y) が従う確率分布の確率（密度）関数を f, (X, Y) のとりうる値の集合を Ω とします. $E(g(X, Y))$ は

$$E(g(X, Y)) := \sum_{(x,y)\in\omega} g(x, y)f(x, y), \qquad \text{（離散型の確率分布の場合）} \qquad (9.2)$$

$$E(g(X, Y)) := \iint_\Omega g(x, y) f(x, y)\, \mathrm{d}x\, \mathrm{d}y \qquad \text{（連続型の確率分布の場合）} \tag{9.3}$$

と定義されます．(9.2) では，Ω の全ての要素についての和をとります．(9.3) の定積分は，Ω 上で行います．

(9.2) の定義にもとづいて，$E(X)$ と $\mathrm{Cov}(X, Y)$ を求めて，161/36 と 1225/1296 を得ます．表 9.2 に掲載したほかの期待値も同様に求められます．

```
                          Python (SymPy)
print(sum((x * P(Eq(X, x)) for x in range(1, 7))))        # 平均
print(sum((x - uX) * (y - uY) * P(And(Eq(X, x), Eq(Y, y))) # 共分散
          for x in range(1, 7) for y in range(1, 7)))
```

```
                          Mathematica
Sum[x Probability[X == x, Distributed[{X, Y}, dist]], {x, 1, 6}] (* 平均 *)
Sum[(x - uX) (y - uY) PDF[dist][{x, y}], {x, 1, 6}, {y, 1, 6}]   (* 共分散 *)
```

■ 9.3 条件付確率分布と独立な確率変数

9.3.1 条件付確率

事象 B が起こったときに事象 A が起こる確率を，事象 B が与えられたときの事象 A の**条件付確率**（conditional probability）といい

$$P(A \mid B) := \frac{P(A \cap B)}{P(B)} \tag{9.4}$$

と定義します．

> **例 9.5** サイコロを振って「3 以下の目が出る」という事象 $B := \{x \mid x \le 3\}$ が与えられたときの「2 の目が出る」という事象 $A := \{x \mid x = 2\}$ の条件付確率を求めて，1/3 を得ます．

```
                          Mathematica
dist = DiscreteUniformDistribution[{1, 6}];
Probability[Conditioned[X == 2, X <= 3], Distributed[X, dist]]
```

注目する事象を A，その前提となりうる事象を B として，B に関する試行結果を前提としない確率 $P(A)$ を**事前確率**，B が起こったことを前提とする確率 $P(A \mid B)$ を**事後確率**といいます．

> **例 9.6** 2 個のサイコロの目 X_1, X_2 の最大値 X と最小値 Y の同時確率分布について，$Y = 3$ という条件のもとで X が従う確率分布の確率関数 f の値を求めて，$f(1) = f(2) = 0$, $f(3) = 1/7$, $f(4) = f(5) = f(6) = 2/7$ を得ます．さらに，この X の期待値（**条件付期待値**）を求めて，33/7 を得ます．

```
Mathematica
c = Counts[Flatten[Table[{Max[x, y], Min[x, y]}, {x, 1, 6}, {y, 1, 6}], 1]]/36;
dist = ProbabilityDistribution[Piecewise[KeyValueMap[{#2, {X, Y} == #1} &, c]],
    {X, 1, 6, 1}, {Y, 1, 6, 1}];
rule = Distributed[{X, Y}, dist];

Table[Probability[Conditioned[X == x, Y == 3], rule], {x, 1, 6}]
```

条件付確率の定義 (9.4) にもとづいて計算して，同じ結果を得ます．

```
Mathematica
Table[
 Probability[And[X == x, Y == 3], rule]/Probability[Y == 3, rule], {x, 1, 6}]
```

X の条件付期待値を求めて，33/7 を得ます．

```
Mathematica
Expectation[Conditioned[X, Y == 3], rule]
```

期待値の定義 (8.20) にもとづいて計算して，同じ結果（33/7）を得ます．

```
Mathematica
Sum[x Probability[Conditioned[X == x, Y == 3], rule], {x, 1, 6}]
```

9.3.2　独立な確率変数

確率変数 X, Y の同時確率分布の累積分布関数の値が

$$P(X \leq x,\, Y \leq y) = P(X \leq x)\, P(Y \leq y) \tag{9.5}$$

と書けるとき，「X, Y は互いに**独立**」といいます．

離散型の確率変数の場合，(9.5) は

$$P(X = x,\, Y = y) = P(X = x)\, P(Y = y) \tag{9.6}$$

と同値です．これと，$P(X = x) \neq 0, P(Y = x) \neq 0$ のときの

$$P(X = x,\, Y = y) = P(X = x \mid Y = y)\, P(Y = y) \tag{9.7}$$

$$= P(Y = y \mid X = x)\, P(X = x) \tag{9.8}$$

を比べると，X, Y が独立になるのは

$$P(X = x \mid Y = y) = P(X = x), \tag{9.9}$$

$$P(Y = y \mid X = x) = P(Y = y) \tag{9.10}$$

が成り立つときということになります．つまり，X, Y が独立というのは，X の確率分布が Y によらず，Y の確率分布も X によらないということです．

例 9.7 2 個のサイコロの目 X_1, X_2 の最大値 X と最小値 Y の同時確率分布について，X, Y の独立性，つまり，(9.5) の真偽を求めて，偽（独立でない）を得ます．

Python (SymPy)

```
[P(And(X <= x, Y <= y)) for x in range(1, 7) for y in range(1, 7)] == \
[P(X <= x) * P(Y <= y) for x in range(1, 7) for y in range(1, 7)]
```

Mathematica

```
Table[Probability[And[X <= x, Y <= y], rule], {x, 1, 6}, {y, 1, 6}] ==
  Table[Probability[X <= x, rule] Probability[Y <= y, rule],
  {x, 1, 6}, {y, 1, 6}]
```

9.3.3 無相関と独立♠

2 次元確率分布に従う (X, Y) の X, Y が独立な例を示します．

サイコロを振って出た目を U として，U を 2 で割った余りを X，U を 3 で割った余りを Y とします．つまり

$$U \sim \mathrm{Di}(1, 6), \qquad X := U \mod 2, \qquad Y := U \mod 3 \tag{9.11}$$

とします．

この X と Y の独立性，つまり，(9.5) の真偽を求めて，真（独立）を得ます．

Python (SymPy)

```
U = DiscreteUniform('X', range(1, 7)); X = U % 2; Y = U % 3
[P(And(X <= x, Y <= y)) for x in range(2) for y in range(3)] == \
[P(X <= x) * P(Y <= y) for x in range(2) for y in range(3)]
```

Mathematica

```
distU = DiscreteUniformDistribution[{1, 6}];
distXY = TransformedDistribution[{Mod[U, 2], Mod[U, 3]},
   Distributed[U, distU]];
rule = Distributed[{X, Y}, distXY];
Table[Probability[And[X <= x, Y <= y], rule], {x, 0, 1}, {y, 0, 2}] ==
 Table[Probability[X <= x, rule] Probability[Y <= y, rule],
  {x, 0, 1}, {y, 0, 2}]
```

X, Y が独立なら，X, Y は無相関（$\mathrm{Cov}(X, Y) = 0$）です[*3].

しかし，X, Y が無相関だからといって，X, Y が独立とは限りません[*4]. 例を挙げます.

二つのつぼ A, B に 3 個のボールを投げ入れたときの，A に入るボールの数を X，ボールの入るつぼの数を Y とします（文献 [29] の練習問題 7.3）. つまり

$$X \sim \mathrm{Bi}\,(3, 1/2)\,, \tag{9.15}$$

$$Y := \begin{cases} 1 & (X = 0 \vee X = 3), \\ 2 & (X = 1 \vee X = 2) \end{cases} \tag{9.16}$$

です.

このとき，X, Y は無相関です. 実際，$\mathrm{Cov}(X, Y)$ を求めて，0 を得ます.

```Python (SymPy)
X = Binomial('X', 3, sym.S(1) / 2)
Y = Piecewise((1, Or(Eq(X, 0), Eq(X, 3))), (2, True))
covariance(X, Y)
```

```Mathematica
distX = BinomialDistribution[3, 1/2];
distXY = TransformedDistribution[
  {X, Piecewise[{{1, Or[X == 0, X == 3]}}, 2]}, Distributed[X, distX]];
Covariance[distXY][[1, 2]]
```

しかし，X, Y は独立ではありません. 実際，(9.5) の真偽を求めて，偽（独立でない）を得ます.

```Python (SymPy)
[P(And(X <= x, Y <= y)) for x in range(4) for y in (1, 2)] == \
[P(X <= x) * P(Y <= y) for x in range(4) for y in (1, 2)]
```

```Mathematica
rule = Distributed[{X, Y}, distXY];
Table[Probability[And[X <= x, Y <= y], rule], {x, 0, 3}, {y, 1, 2}] ==
 Table[Probability[X <= x, rule] Probability[Y <= y, rule],
  {x, 0, 3}, {y, 1, 2}]
```

[*3]　(9.6) を使って，離散型の場合を示します（連続型の場合も同様）.

$$\mathrm{Cov}(X, Y) = E((X - \mu_X)(Y - \mu_Y)) \tag{9.12}$$

$$= \sum_x \sum_y (x - \mu_X)(y - \mu_Y)\, P(X = x,\, Y = y) \tag{9.13}$$

$$= \sum_x (x - \mu_x)\, P(X = x) \sum_y (y - \mu_Y)\, P(Y = y) = 0. \tag{9.14}$$

[*4]　(X, Y) が 2 次元正規分布に従う場合は例外です（メモ 9.3）.

9.4 独立な確率変数の和

> **メモ 9.1（確率変数の和の平均と分散）**
>
> 確率変数 X, Y について，次が成り立つ[*5]．
>
> $$E(X + Y) = E(X) + E(Y), \tag{9.17}$$
>
> $$V(X + Y) = V(X) + V(Y) + 2\operatorname{Cov}(X, Y). \tag{9.18}$$
>
> X, Y が独立なら $\operatorname{Cov}(X, Y) = 0$ だから，$V(X + Y) = V(X) + V(Y)$ である．

例 9.8 2 個のサイコロの目 X_1, X_2 の最大値 X と最小値 Y の同時確率分布について，$E(X + Y)$ と $V(X + Y)$ を求めて，7 と 35/6 を得ます．

(9.17) と (9.18) の両辺を計算して，同じ結果になることを確認します．

```
                        Python (SymPy)
X1 = DiscreteUniform('X1', range(1, 7))
X2 = DiscreteUniform('X2', range(1, 7))
X, Y = Max(X1, X2), Min(X1, X2)

(E(X + Y), E(X) + E(Y),                                    # 平均
 variance(X + Y), variance(X) + variance(Y) + 2 * covariance(X, Y)) # 分散
```

```
                        Mathematica
c = Counts[Flatten[Table[{Max[x, y], Min[x, y]}, {x, 1, 6}, {y, 1, 6}], 1]]/36;
dist = ProbabilityDistribution[Piecewise[KeyValueMap[{#2, {X, Y} == #1} &, c]],
   {X, 1, 6, 1}, {Y, 1, 6, 1}];
rule = Distributed[{X, Y}, dist];

{Expectation[X + Y, rule],
 Expectation[X, rule] + Expectation[Y, rule]} (* 平均1 *)

{distX, distY} = Table[MarginalDistribution[dist, i], {i, 2}];
distXplusY = TransformedDistribution[X + Y, rule];
```

[*5] $\mu_X := E(X), \mu_Y := E(Y)$ として，(9.18) を示します．

$$V(X + Y) := E(((X + Y) - E(X + Y))^2) \tag{9.19}$$

$$= E(((X - \mu_X) + (Y - \mu_Y))^2) \tag{9.20}$$

$$= E((X - \mu_X)^2 + 2(X - \mu_X)(Y - \mu_Y) + (Y - \mu_Y)^2) \tag{9.21}$$

$$= V(X) + 2\operatorname{Cov}(X, Y) + V(Y). \tag{9.22}$$

```
{Mean[distXplusY], Mean[distX] + Mean[distY]} (* 平均2 *)
{Variance[distXplusY],
 Variance[distX] + Variance[distY] + 2 Covariance[dist][[1, 2]]} (* 分散 *)
```

確率変数 $X_1, \ldots, X_n$ がそれぞれ独立に同じ確率分布 A に従うとき,「$X_1, \ldots, X_n$ は**独立同一分布**に従う」といい, 本書では「$X_1, \ldots, X_n \overset{\text{i.i.d.}}{\sim} A$」と表します. **i.i.d.**は "independently and identically distributed" の略です.

メモ 9.2（標本平均の平均と分散・中心極限定理）

A を確率分布, $U \sim A$ の平均を μ, 分散を σ^2 とする.
$X_1, \ldots, X_n \overset{\text{i.i.d.}}{\sim} A$ の平均 $\bar{X} := \dfrac{1}{n} \sum_{i=1}^{n} X_i$ について, 次が成り立つ.

$$E(\bar{X}) = \mu, \qquad V(\bar{X}) = \frac{\sigma^2}{n}. \tag{9.23}$$

また, $\bar{X}$ が従う確率分布は, n を大きくすると $\mathrm{N}\left(\mu, \dfrac{\sigma^2}{n}\right)$ に近づく（**中心極限定理**）.

標本平均の散らばりが母集団の散らばりに比べて小さいというのは, 日常的に体験していることです. それを定量化する (9.23) は, "統計学の基本定理とでも言うべき"[17] 重要な定理です[*6].

中心極限定理を確認する例を二つ挙げます.

■正規分布による二項分布の近似

例 9.9　二項分布 $\mathrm{Bi}(n, p)$ の確率関数と正規分布 $\mathrm{N}(np, np(1-p))$ の確率密度関数のグラフを描いて（図 9.1）, n が大きいときは $\mathrm{Bi}(n, p)$ は $\mathrm{N}(np, np(1-p))$ で近似できることを確認します[*7].

[*6]　(9.23) を, メモ 8.2 とメモ 9.1 を使って示します.

$$E(\bar{X}) = E\left(\frac{1}{n} \sum_{i=1}^{n} X_i\right) = \frac{1}{n} n E(X_1) = \mu, \tag{9.24}$$

$$V(\bar{X}) = V\left(\frac{1}{n} \sum_{i=1}^{n} X_i\right) = \frac{1}{n^2} n V(X_1) = \frac{\sigma^2}{n}. \tag{9.25}$$

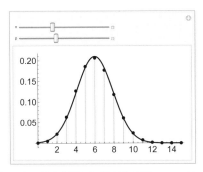

図 9.1 二項分布 $\mathrm{Bi}(n, p)$ の確率関数と正規分布 $\mathrm{N}(np, np(1 - p))$ の確率密度関数

Python (SymPy)
```
n = 15; p = sym.S(4) / 10; Y = Binomial('Y', n, p)
mu = E(Y); sigma = std(Y); Z = Normal('Z', mu, sigma)
x1 = range(0, n + 1); y1 = [density(Y)(x) for x in x1]
x2 = np.linspace(0, n, 101); y2 = [density(Z)(t) for t in x2]
_, ax = plt.subplots(); ax.scatter(x1, y1); ax.plot(x2, y2);
```

Python (SciPy)
```
n = 15; p = 4 / 10; Y = stats.binom(n, p)
mu = Y.mean(); sigma = Y.std(); Z = stats.norm(mu, sigma)
x1 = range(0, n + 1); y1 = Y.pmf(x1)
x2 = np.linspace(0, n, 101); y2 = Z.pdf(x2)
_, ax = plt.subplots(); ax.scatter(x1, y1); ax.plot(x2, y2);
```

R
```
n <- 15; p <- 4 / 10; mu <- n * p; sigma <- sqrt(n * p * (1 - p))
plot(0:n, dbinom(0:n, n, p))
curve(dnorm(x, mu, sigma), add = TRUE)
```

★7 $X_1, \ldots, X_n \overset{\text{i.i.d.}}{\sim} \mathrm{Be}(p)$, $\bar{X} := \dfrac{1}{n} \sum_{i=1}^{n} X_i$ とします．同一のベルヌーイ分布に従う独立
な確率変数の和が従う確率分布は二項分布です．つまり，$Y := X_1 + \cdots + X_n = n\bar{X}$
とすると，$Y \sim \mathrm{Bi}(n, p)$ です．$\mathrm{Be}(p)$ の平均は p，分散は $p(1 - p)$ です（表 8.6）．
(9.23) より $E(\bar{X}) = p$, $V(\bar{X}) = p(1 - p)/n$ です（メモ 8.2 より $E(Y) = np$,
$V(Y) = np(1 - p)$）．中心極限定理より，$\bar{X}$ が従う確率分布は，n を大きくすると
$\mathrm{N}(p, p(1 - p)/n)$ に近づきます．$Y := n\bar{X}$ が従う確率分布は，メモ 8.3 で $a = n$,
$b = 0$ として，$\mathrm{N}(np, np(1 - p))$ で近似できることになります．

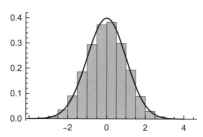

図9.2　$Y := \sum_{i=1}^{12} X_i - 6 \ (X_i \sim U(0,1))$ の実現値 1 万個のヒストグラムと $N(0,1)$ の確率密度関数

```
Mathematica
Manipulate[
 distY = BinomialDistribution[n, p];
 mu = Mean[distY]; sigma = StandardDeviation[distY];
 distZ = NormalDistribution[mu, sigma];
 Show[DiscretePlot[PDF[distY][x], {x, 0, n}], Plot[PDF[distZ][x], {x, 0, n}]],
 {{n, 15}, 1, 40, 1}, {{p, 4/10}, 0, 1}]
```

■連続一様分布による正規分布の近似

例 9.10　$X_1, \ldots, X_{12} \overset{\text{i.i.d.}}{\sim} U(0,1)$ とします．$Y := \sum_{i=1}^{12} X_i - 6$ の実現値を 1 万個生成し，そのヒストグラムと $N(0,1)$ の確率密度関数のグラフをまとめて描いて（図 9.2），両者が似ていることを確かめます[*8].

```
Python (SymPy)
X = Uniform('X', 0, 1); Z = Normal('Z', 0, 1)
data = [sum(sample_iter(X, numsamples=12)) - 6 for _ in range(10000)]
x = np.linspace(-4, 4, 101); y = [density(Z)(t) for t in x]
_, ax = plt.subplots(); ax.hist(data, density=True, alpha=0.5); ax.plot(x, y);
```

[*8]　$U(0,1)$ の平均は $1/2$，分散は $1/12$ です（表 8.6）．(9.23) より，$\bar{X} := \dfrac{1}{12} \sum_{i=1}^{12} X_i$ の平均は $1/2$，分散は $1/12^2$ です．中心極限定理を使って，$\bar{X}$ が従う確率分布を $N(1/2, 1/12^2)$ で近似します．$Y := 12\bar{X} - 6$ が従う確率分布は，メモ 8.3 で $a = 12$，$b = -6$ として，$N(0,1)$ で近似できることになります．0 から 1 の乱数 12 個の和から 6 を引くことで，標準正規分布に近似的に従う乱数を生成できるということです．因みに，離散一様分布に従う確率変数 $X, Y \overset{\text{i.i.d.}}{\sim} U(0,1)$ に対して

$$Z_1 := \sqrt{-2\log X} \cos(2\pi Y), \qquad Z_2 := \sqrt{-2\log X} \sin(2\pi Y) \tag{9.26}$$

とすると，Z_1, Z_2 は独立に標準正規分布に従います（**ボックス・ミュラー法**[27]）．

```
                         Python (SciPy)
X = stats.uniform(); Z = stats.norm()
data = [sum(X.rvs(12)) - 6 for _ in range(10000)]
x = np.linspace(-4, 4, 101); y = Z.pdf(x)
_, ax = plt.subplots(); ax.hist(data, density=True, alpha=0.5); ax.plot(x, y);
```

```
                              R
data <- replicate(10000, sum(runif(12)) - 6)
hist(data, freq = FALSE)
curve(dnorm(x), add = TRUE)
```

```
                         Mathematica
distX = UniformDistribution[]; distZ = NormalDistribution[];
data = Table[Total[RandomVariate[distX, 12]] - 6, {10000}];
Show[Histogram[data, Automatic, "PDF"], Plot[PDF[distZ][x], {x, -4, 4}]]
```

■ 9.5 多次元正規分布

本節では行列を使うので，行列について知らない場合は，先に第17章を読んでください．

$X_1 \sim \mathrm{N}(0, 2^2)$, $X_2 \sim \mathrm{N}(1, 1)$ とします．確率変数 Y_1, Y_2 を

$$
\begin{cases}
Y_1 := X_1 + X_2 + 2, \\
Y_2 := X_1 + 3X_2 + 3
\end{cases}
\tag{9.27}
$$

と定義します．

> **例 9.11** (9.27) の Y_1 と Y_2 の組 (Y_1, Y_2) が従う確率分布を求めて，**多次元正規分布**（**多変量正規分布**, multivariate normal distribution）$\mathrm{N}(\boldsymbol{\mu}, \Sigma)$ を得ます．ここで，
> $\boldsymbol{\mu} = \begin{pmatrix} 3, 6 \end{pmatrix}$, $\Sigma = \begin{bmatrix} 5 & 7 \\ 7 & 13 \end{bmatrix}$ です．（ここでの Σ は和を表す記号ではありません．）

変数が二つなので，これは 2 次元正規分布（2 変量正規分布）です（$\boldsymbol{\mu}$ や Σ の決め方は後述）．

```
                         Mathematica
dist1 = NormalDistribution[0, 2]; dist2 = NormalDistribution[1, 1];
TransformedDistribution[{X1 + X2 + 2, X1 + 3 X2 + 3},
 {Distributed[X1, dist1], Distributed[X2, dist2]}]
```

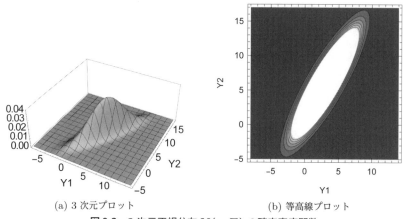

(a) 3 次元プロット   (b) 等高線プロット

図 9.3　2 次元正規分布 $N(\mu, \Sigma)$ の確率密度関数

例 9.12　$N(\mu, \Sigma)$ の確率密度関数の 3 次元プロットと等高線プロットを描きます.

3 次元プロットを描きます（図 9.3(a)）.

```python
Python (SciPy)
mu = [3, 6]; Sigma = [[5, 7], [7, 13]];
rv = stats.multivariate_normal(mu, Sigma)
Y1, Y2 = np.mgrid[-8:14:0.1, -5:17:0.1]
grid = np.dstack((Y1, Y2))
z = rv.pdf(grid)
fig = plt.figure()
ax = fig.add_subplot(111, projection='3d')
ax.plot_surface(Y1, Y2, z, cmap='viridis')
ax.set_xlabel('Y1'); ax.set_ylabel('Y2');
```

```r
R
mu = c(3, 6); Sigma = rbind(c(5, 7), c(7, 13))
Y1 <- seq(-8, 14, by = 0.1); Y2 <- seq(-5, 17, by = 0.1)
data <- expand.grid(Y1 = Y1, Y2 = Y2)
data$z = mnormt::dmnorm(data, mu, Sigma)
lattice::wireframe(z ~ Y1 + Y2, data)
```

```mathematica
Mathematica
mu = {3, 6}; Sigma = {{5, 7}, {7, 13}};
dist = MultinormalDistribution[mu, Sigma];
Plot3D[PDF[dist]{Y1, Y2}], {Y1, -8, 14}, {Y2, -5, 17},
 PlotPoints -> 100, PlotRange -> All, AxesLabel -> Automatic]
```

等高線プロットを描きます（図 9.3(b)）.

Python (SciPy)

```
plt.contourf(Y1, Y2, z, cmap='viridis'); plt.xlabel('Y1'); plt.ylabel('Y2');
```

R

```
contour(Y1, Y2, matrix(data$z, nrow = length(Y1)), xlab = 'Y1', ylab = 'Y2')
```

Mathematica

```
ContourPlot[PDF[dist][{Y1, Y2}], {Y1, -8, 14}, {Y2, -5, 17},
 PlotPoints -> 50, FrameLabel -> Automatic]
```

9.5.1　μ と Σ の決め方♠

Mathematica で PDF[dist][{y1, y2}] として，この2次元正規分布の確率密度関数 f の値 $f(Y_1, Y_2)$ を得ます.

その結果は，積分変数の変換（14.3項）によっても得られます. まず，(9.27) を X_1, X_2 について解いて

$$
\begin{cases}
X_1 = \dfrac{1}{2}(3Y_1 - Y_2 - 3), \\[2mm]
X_2 = \dfrac{1}{2}(-Y_1 + Y_2 - 1)
\end{cases}
\tag{9.28}
$$

を得ます.

Mathematica

```
sol = Solve[{Y1 == X1 + X2 + 2, Y2 == X1 + 3 X2 + 3}, {X1, X2}][[1]]
```

次に，$(Y_1, Y_2) \mapsto (X_1, X_2)$ の**ヤコビ行列式**（15.3.2項）の絶対値を求めて，$1/2$ を得ます.

Mathematica

```
J = D[{X1, X2} /. sol, {{Y1, Y2}}];
absj = Abs[Det[J]]
```

$N(0, 2^2)$ と $N(1, 1)$ の確率密度関数を f_1, f_2 とします. $f_1(X_1)f_2(X_2)$ の X_1, X_2 を (9.28) で置換し，ヤコビ行列式の絶対値を掛けると，$f(Y_1, Y_2)$ になります. これが，前述の PDF[dist][{y1, y2}] と等しいかどうかを求めて，真（等しい）を得ます.

Mathematica

```
f1 = PDF[dist1]; f2 = PDF[dist2];
PDF[dist][{Y1, Y2}] == f1[X1] f2[X2] absj /. sol // Simplify
```

1変数の正規分布が平均 μ と分散 σ^2 を指定すると決まったのと同様に，多次元正規分布は μ と Σ を指定すると決まります. μ は分布の平均 $(E(Y_1), E(Y_2))$，Σ は Y_1, Y_2 の**分散共分散行列** $\begin{bmatrix} V(Y_1) & \mathrm{Cov}(Y_1, Y_2) \\ \mathrm{Cov}(Y_2, Y_1) & V(Y_2) \end{bmatrix}$ です.

多次元確率分布 dist の平均は Mean[dist]，分散共分散行列は Cov[dist] です（期待値の定

義は表 9.2 と (9.3) を参照).

9.5.2　多次元正規分布に従う確率変数の独立性♠

(Y_1, Y_2) が2次元正規分布に従うとき，Y_1, Y_2 の**周辺確率分布**は，どちらも正規分布です．ここで扱っている例の Y_1 と Y_2 の周辺確率分布を求めて，$\mathrm{N}(3, 5)$ と $\mathrm{N}(6, 13)$ を得ます．

Mathematica
```
{MarginalDistribution[dist, 1], MarginalDistribution[dist, 2]}
```

一般に，確率変数 X と Y が独立なら，X と Y は無相関（$\mathrm{Cov}(X, Y) = 0$）です．X と Y が無相関だからといって，X と Y が独立とは限りません（9.3節）．しかし，(X, Y) が2次元正規分布に従う場合は例外です．

メモ 9.3（多次元正規分布に従う確率変数の独立性）

$X_1, \ldots, X_n$ が多次元正規分布に従うとき，X_i と X_j が無相関なら，X_i と X_j は独立である．

(X, Y) が2次元正規分布に従い，X と Y が無相関，つまり X と Y の分散共分散行列が $\Sigma = \begin{bmatrix} V_1 & 0 \\ 0 & V_2 \end{bmatrix}$ という形で書けるとき

$$P(X \le x,\, Y \le y) = P(X \le x)\, P(Y \le y) \qquad \text{(独立の定義 (9.5))} \tag{9.29}$$

が成り立つかどうかを求めて，真（成り立つ）を得ます．

Mathematica
```
dist = MultinormalDistribution[{u1, u2}, {{v1, 0}, {0, v2}}];
d1 = MarginalDistribution[dist, 1]; d2 = MarginalDistribution[dist, 2];
Simplify[CDF[dist][{x1, x2}] == CDF[d1][x1] CDF[d2][x2],
 And[v1 >= 0, v2 >= 0]]
```

## 第 10 章

推測統計

■ 10.1 母集団と標本, 点推定

🔲 10.1.1 母集団と標本

　データ $x_1, \ldots, x_n$ を, **母集団**から無作為に**抽出**された**標本** $X_1, \ldots, X_n$ の**実現値**とします. その母集団は何らかの確率分布になっていると考え, その確率分布を母集団分布といいます. 母集団分布を A とすると, データ $x_1, \ldots, x_n$ は確率変数 $X_1, \ldots, X_n \overset{\text{i.i.d.}}{\sim} A$ の実現値です. ここで, n を**標本の大きさ（サンプルサイズ）**といいます[*1].

　f を関数とします. f による確率変数のベクトル $(X_1, \ldots, X_n)$ の像 $f(X_1, \ldots, X_n)$ を**統計量**といいます. 最もよく使われる統計量は, 次の**標本平均**と**不偏分散**（不偏標本分散）でしょう. その意味は, 記述統計の場合（6.3 節）と同様です.

$$\bar{X} := \frac{1}{n} \sum_{i=1}^{n} X_i, \qquad \text{（標本平均）} \tag{10.1}$$

$$s^2 := \frac{1}{n-1} \sum_{i=1}^{n} (X_i - \bar{X})^2. \qquad \text{（不偏分散）} \tag{10.2}$$

　データ $x_1, \ldots, x_n$ を使って母集団分布について推測することを**統計的推測**といいます.

　まずは, 母集団分布の平均（**母平均**）と分散（**母分散**）を推定します.

　母平均の推定には標本平均, 母分散の推定には不偏分散を使います. このように, 推定に使われる統計量を**推定量**, 推定量の実現値（標本平均の場合は $\frac{1}{n} \sum_{i=1}^{n} x_i$）を**推定値**といいます.

　推定量はハットを付けて表すのが一般的です. 例えば, 母平均 μ の推定量を $\hat{\mu}$, 母分散 σ^2 の推定量を $\hat{\sigma}^2$ と表します（$\hat{\sigma}^2$ で一つの記号です. $(\hat{\sigma})^2$ ではありません）.

🔲 10.1.2 点推定

　データに合う確率分布を見つけることを試みます. そのためにまず, 確率分布の候補を, 正規分布や二項分布などの確率分布のどれかに特定します. それを**統計的モデル**といいます.

　例として, 統計的モデルを正規分布とします. 二つの**パラメータ**（**母数**）つまり母平均 μ と母分散 σ^2 を決めると, 確率分布が決まります. このように, パラメータを求めて確率分布を決めることを**点推定**といいます.

[*1]　標本数, サンプル数, 母数は, 標本の大きさのことではありません.

> **メモ 10.1（標本平均の期待値と分散，不偏分散の期待値）**
> 確率分布 A の平均を μ，分散を σ^2 とする.
> $X_1, \ldots, X_n \overset{\text{i.i.d.}}{\sim} A$ の標本平均を $\bar{X}$，不偏分散を s^2 とすると
>
> $$E(\bar{X}) = \mu, \tag{10.3}$$
> $$V(\bar{X}) = \frac{\sigma^2}{n}, \tag{10.4}$$
> $$E(s^2) = \sigma^2 \tag{10.5}$$
>
> が成り立つ（$E(\bar{X}), V(\bar{X})$ についてはメモ 9.2 と同じ）^{★2}.

　期待値が母数 θ となるような推定量 $\hat{\theta}$，つまり $E(\hat{\theta}) = \theta$ となるような $\hat{\theta}$ を，θ の **不偏推定量**といいます．メモ 10.1 から，$\bar{X}$ は母平均 μ の，s^2 は母分散 σ^2 の不偏推定量です．ですから，データ $x_1, \ldots, x_n$ から正規分布のパラメータを推定するなら，$\bar{X}$ の実現値を μ の推定値，s^2 の実現値を σ^2 の推定値とするのが簡単です^{★3}.

■母平均の点推定

　詳細不明の母集団からの標本（大きさ n）を使って，母平均 μ を推定します．

　(10.3) より，標本平均 $\bar{X}$ の期待値は μ なので，$\bar{X}$ で μ を推定できそうです．もちろん，$\bar{X}$ の実現値がそのまま μ と等しくなるわけではありません．$\bar{X}$ は μ の周辺に散らばります．その散らばり具合は (10.4) によって，サンプルサイズ n に反比例します．ですから，n を大きくすれば，$\bar{X}$ の実現値は μ に近くなるでしょう．

　このことをシミュレーションで確認します．母集団分布を $N(2, 3^2)$ とします（$\mu := 2$，$\sigma^2 := 3^2$）．通常，母集団は未知なのですが，ここでは話がわかりやすくなるように，（実はわかっている）$\mu = 2$ を正しく推定できることを確認します．$n := 5$，$n := 50$ のそれぞれに対して，$N(2, 3^2)$ に従う n 個の乱数の平均 $\bar{X}$ を求めるという作業を 1 万回

★2　$Y_i := X_i - \mu$ とすると

$$E((n-1)s^2) = E\left(\sum_i (X_i - \bar{X})^2\right) = E\left(\sum (Y_i - \bar{Y})^2\right) \tag{10.6}$$

$$= E\left(\sum (Y_i^2 - 2\bar{Y}Y_i + \bar{Y}^2)\right) = E\left(\sum Y_i^2 - 2n\bar{Y}^2 + n\bar{Y}^2\right) \tag{10.7}$$

$$= E\left(\sum Y_i^2 - n\bar{Y}^2\right) = nE(Y_1^2) - nE(\bar{Y}^2) = n\sigma^2 - n\frac{\sigma^2}{n} \tag{10.8}$$

$$= (n-1)\sigma^2. \tag{10.9}$$

よって，(10.5) が成り立ちます．$V(s^2)$ が不明なことについては脚註 ★5 を参照.

★3　標本平均のほかにも母平均の不偏推定量はあります．例えば，標本の中央値は母平均の不偏推定量です．しかし，正規分布の母平均を推定するなら，標本平均のほうが標本の中央値より分散が小さいので，標本平均を使うとよいでしょう．正規分布の母平均の不偏推定量では，標本平均の分散が最小です [27].

行い，$\bar{X}$ の実現値を 1 万個得ます．その標本平均と分散を求めて，約 2 と約 1.8 ($n := 5$ の場合)，約 2 と約 0.18 ($n := 50$ の場合) を得ます．

```Python
mu = 2; sigma = 3; rv = stats.norm(mu, sigma)
data1 = [rv.rvs(5).mean() for _ in range(10000)]
data2 = [rv.rvs(50).mean() for _ in range(10000)]
((np.mean(data1), np.var(data1)), (np.mean(data2), np.var(data2)))
```

```R
mu <- 2; sigma <- 3;
data1 <- replicate(10000, mean(rnorm(5, mu, sigma)))
data2 <- replicate(10000, mean(rnorm(50, mu, sigma)))
rbind(c(mean(data1), var(data1)), c(mean(data2), var(data2)))
```

```Mathematica
dist = NormalDistribution[2, 3];
data1 = Table[Mean[RandomVariate[dist, 5]], 10000];
data2 = Table[Mean[RandomVariate[dist, 50]], 10000];
{{Mean[data1], Variance[data1]}, {Mean[data2], Variance[data2]}}
```

　現実には，実験は 1 回だけです．サイズ 5 あるいは 50 のサンプルを得て，その平均を求めて終了です．直観的には，サンプルサイズ 5 の結果より，サンプルサイズ 50 の結果のほうが正確になりそうです．ここでは，その正確さについて調べます．実験を何度もシミュレートすることで，① 平均的には母平均が得られること (10.3) と，② サンプルサイズを大きくすると結果の散らばりが小さくなること (10.4) を確認します．

　1 万回の標本平均の平均は，$n := 5$ と $n := 50$ のどちらの場合も約 2 で，$\mu = 2$ とほぼ等しくなります．これが (10.3) の意味です．

　1 万回の標本平均の分散は，$n := 5$ の場合は約 1.8，$n := 50$ の場合は約 0.18，後者は前者の 1/10 で，まとめるとおおよそ $\sigma^2/n = 3^2/n$ となります．これが (10.4) の意味です．標準偏差（分散の非負の平方根）の大小で散らばり具合を判断するなら，サンプルサイズを 100 倍にすると，散らばりが 1 桁改善して 1/10 になるということです．

　ヒストグラムを描くと図 10.1 のようになり，サンプルサイズ n が標本平均の散らばりに与える影響がよくわかります．

```Python
plt.hist(data1, density=True), plt.hist(data2, alpha=0.7, density=True);
```

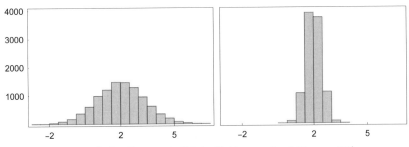

図 10.1　標本平均のヒストグラム（左は $n := 5$，右は $n := 50$）

```R
xlim <- c(min(c(data1, data2)), max(c(data1, data2))) # 横軸を合わせる.
par(mfrow = c(1, 2))
hist(data1, xlim = xlim); hist(data2, xlim = xlim)
par(mfrow = c(1, 1))
```

```Mathematica
Histogram[{data1, data2}, ChartLayout -> "Row"]
```

　n が大きくなると，$\bar{X}$ の実現値の散らばりは小さくなり，データが平均（$\mu = 2$）の周りに集中します．ですから，n を大きくしたほうが，μ に近い $\bar{X}$ の実現値を得る可能性は高くなります．

■母分散の点推定

　詳細不明の母集団からの標本（大きさ n）を使って，母分散 σ^2 を推定します[*4]．

　(10.5) より，不偏分散 s^2 の期待値は σ^2 なので，s^2 で σ^2 を推定できそうです．もちろん，s^2 の実現値がそのまま σ^2 と等しいわけではありません．s^2 は σ^2 の周辺に散らばります．(10.4) のような一般的な表式はありませんが，その散らばり具合は $\bar{X}$ と同様，n が大きくなると小さくなります[*5]．

[*4]　母分散は，母平均を推定したときに得た $V(\bar{X})$ の値と (10.4) から，$\sigma^2 = nV(\bar{X})$ として推定できそうにみえます．しかし，この $V(\bar{X})$ の値は 1 万回のシミュレーションによって得たものなので，それを使って母分散を推定するのは現実的ではありません．ここでは，サイズ 5 あるいは 50 のサンプルを得るという 1 回の実験で母分散を推定する場合の結果の正確さを調べようとしています．

[*5]　母集団分布を特定すれば分散 $V(s^2)$ がわかることもあります．例として，母集団分布が $N(\mu, \sigma^2)$ の場合を示します．$a := (n-1)/\sigma^2$，$Y := as^2$ とすると，メモ 8.2 より $V(Y) = a^2 V(s^2)$ です．メモ 10.2 より $Y \sim \chi^2(n-1)$，8.4.1 項の表 8.6 より $V(Y) = 2(n-1)$ なので，$a^2 V(s^2) = 2(n-1)$ となって，$V(s^2) = 2\sigma^4/(n-1)$ を得ます．ここでは $\sigma^2 = 3^2$ なので，$V(s^2) = 162/(n-1)$ です（$n := 5$ なら 40.5，$n := 50$ なら約 3.31）．

このことをシミュレーションで確認します．$n := 5,\ n := 50$ のそれぞれに対して，$\mathrm{N}(2, 3^2)$ に従う n 個の乱数の不偏分散 s^2 を求めるという作業を 1 万回行い，s^2 の実現値を 1 万個得ます．その標本平均と分散を求めて，約 3^2 と約 41（$n := 5$ の場合），約 3^2 と約 3.3（$n := 50$ の場合）を得ます．

```Python
mu = 2; sigma = 3; rv = stats.norm(mu, sigma)
data1 = [rv.rvs(5).var(ddof=1) for _ in range(10000)]
data2 = [rv.rvs(50).var(ddof=1) for _ in range(10000)]
((np.mean(data1), np.var(data1)), (np.mean(data2), np.var(data2)))
```

```R
mu <- 2; sigma <- 3;
data1 <- replicate(10000, var(rnorm(5, mu, sigma)))
data2 <- replicate(10000, var(rnorm(50, mu, sigma)))
rbind(c(mean(data1), var(data1)), c(mean(data2), var(data2)))
```

```Mathematica
dist = NormalDistribution[2, 3];
data1 = Table[Variance[RandomVariate[dist, 5]], 10000];
data2 = Table[Variance[RandomVariate[dist, 50]], 10000];
{{Mean[data1], Variance[data1]}, {Mean[data2], Variance[data2]}}
```

1 万個の不偏分散の平均は，$n := 5$ と $n := 50$ のどちらの場合も約 3^2 で，$\sigma^2 = 3^2$ とほぼ等しくなります．これが (10.5) の意味です．特に n が小さいときは，s^2 が標本分散ではなく不偏分散であることが重要です．

1 万個の不偏分散の分散は，$n := 5$ の場合は約 41，$n := 50$ の場合は約 3.3 で，サンプルサイズが大きいほうが，散らばりが小さくなっています．

ヒストグラムを描くと図 10.2 のようになり，サンプルサイズ n が不偏分散の散らばりに与える影響がよくわかります．

```Python
plt.hist(data1, density=True), plt.hist(data2, alpha=0.7, density=True);
```

```R
xlim <- c(min(c(data1, data2)), max(c(data1, data2))) # 横軸を合わせる.
par(mfrow = c(1, 2))
hist(data1, xlim = xlim); hist(data2, xlim = xlim)
par(mfrow = c(1, 1))
```

```Mathematica
Histogram[{data1, data2}, ChartLayout -> "Row"]
```

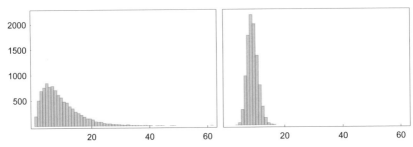

図 10.2　標本の不偏分散のヒストグラム（左は $n := 5$，右は $n := 50$）

　n が大きくなると，s^2 の実現値の散らばりは小さくなり，データが母分散（$\sigma^2 = 3^2$）の周りに集中します．ですから，n を大きくしたほうが，σ^2 に近い s^2 の実現値を得る可能性は高くなります．

10.2　正規分布から派生する確率分布

　統計量が従う確率分布を**標本分布**といいます．本節では，標本分布や統計量に関する確率分布である，カイ 2 乗分布（10.2.1 項），t 分布（10.2.2 項），F 分布（10.2.3 項）を紹介します．この段階では，これらが何の役に立つのかわからないままでかまいません．10.3 節で仮説検定について説明してから，これらの応用例を，10.4 節で紹介します．

10.2.1　カイ 2 乗分布

　$Z_1, \ldots, Z_k \overset{\text{i.i.d.}}{\sim} \mathrm{N}(0, 1)$ とします．このとき，$Y := \sum_{i=1}^{k} Z_i{}^2$ が従う確率分布を，自由度 k の**カイ 2 乗分布**（chi-squared distribution）といい，$\chi^2(k)$ と表します．

メモ 10.2（正規母集団からの標本の分散）

$X_1, \ldots, X_n \overset{\text{i.i.d.}}{\sim} \mathrm{N}(\mu, \sigma^2)$ の不偏分散を s^2 とすると，s^2 と $\bar{X}$ は独立で，

$$Y := \frac{(n-1)s^2}{\sigma^2} \tag{10.10}$$

は $\chi^2(n-1)$ に従う．

例 10.1　$n := 4, \mu := 5, \sigma^2 := 7^2$ とします．「$\mathrm{N}(\mu, \sigma^2)$ に従う乱数を n 個生成し，$Y := \dfrac{(n-1)s^2}{\sigma^2}$ の実現値を求める」というシミュレーションを 1 万回行い[*6]，得られた 1 万個の実現値のヒストグラムと $\chi^2(n-1)$ の確率密度関数のグラフをまとめて描いて（図 10.3），両者が似ていることを確認します．

```Python
n = 4; mu = 5; sigma = 7; rv = stats.norm(mu, sigma)
f = lambda x: (n - 1) * x.var(ddof=1) / sigma**2
data = [f(rv.rvs(n)) for _ in range(10000)]
x = np.linspace(0, 20, 101); y = stats.chi2(n - 1).pdf(x)
_, ax = plt.subplots()
ax.hist(data, bins='sturges', density=True, alpha=0.5)
ax.plot(x, y);
```

```R
n <- 4; mu <- 5; sigma <- 7
f <- function(x) { (n - 1) * var(x) / sigma^2 }
data <- replicate(10000, f(rnorm(n, mu, sigma)))
hist(data, freq = FALSE)
curve(dchisq(x, n - 1), add = TRUE)
```

```Mathematica
n = 4; mu = 5; sigma = 7; dist := NormalDistribution[mu, sigma];
f[x_] := (n - 1) Variance[x]/sigma^2
data = Table[f[RandomVariate[dist, n]], 10000];
Show[Histogram[data, Automatic, "PDF"],
 Plot[PDF[ChiSquareDistribution[n - 1]][x], {x, 0, Max[data]}]]
```

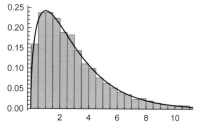

図 10.3　Y の実現値 1 万個のヒストグラムと $\chi^2(n-1)$ の確率密度関数

[*6]　現実には σ^2 は未知なので，Y の実現値を求めるときには，σ^2 の値を適当に仮定します．

10.2.2　t分布

$Y \sim \chi^2(k)$, $Z \sim N(0,1)$ は独立とします．このとき，$T := \dfrac{Z}{\sqrt{Y/k}}$ が従う分布を自由度 k の **t分布**（**ステューデントのt分布**）といい，$t(k)$ と表します．

メモ 10.3（t比）

$X_1, \ldots, X_n \overset{\text{i.i.d.}}{\sim} N(\mu, \sigma^2)$ の平均を $\bar{X}$，不偏分散を s^2 とする．Y, Z, T を

$$Y := \frac{(n-1)s^2}{\sigma^2}, \qquad Z := \frac{\bar{X} - \mu}{\sqrt{\sigma^2/n}}, \qquad T := \frac{Z}{\sqrt{Y/(n-1)}} = \frac{\bar{X} - \mu}{\sqrt{s^2/n}}$$

$$\text{(10.11)}$$

と定義する．このとき，Y と Z は独立で，$Y \sim \chi^2(n-1)$，$Z \sim N(0,1)$ である（メモ8.3，メモ10.1，メモ10.2）．また，$T \sim t(n-1)$ である．T を **t比**（**スチューデント比**）という（μ という母数を含んでいるため，統計量ではない）．

例 10.2　$n := 4, \mu := 5, \sigma^2 := 7^2$ とします．「$N(\mu, \sigma^2)$ に従う乱数を n 個生成し，$T := \dfrac{\bar{X} - \mu}{\sqrt{s^2/n}}$ の実現値を求める」というシミュレーションを 1 万回行い[7]，得られた 1 万個の実現値のヒストグラムと $t(n-1)$ の確率密度関数のグラフをまとめて描いて（図10.4），両者が似ていることを確認します．

```Python
n = 4; mu = 5; sigma = 7; rv = stats.norm(mu, sigma)
t = lambda x: (x.mean() - mu) / np.sqrt(x.var(ddof=1) / n)
data = [t(rv.rvs(n)) for _ in range(10000)]
x = np.linspace(-5, 5, 101); y = stats.t(n - 1).pdf(x)
_, ax = plt.subplots()
ax.hist(data, density=True, bins=np.arange(-5, 5, 0.5), alpha=0.5)
ax.plot(x, y);
```

```R
n <- 4; mu <- 5; sigma <- 7
t <- function(x) { (mean(x) - mu) / sqrt(var(x) / n) }
data <- replicate(10000, t(rnorm(n, mu, sigma)))
hist(data, freq = FALSE, xlim = c(-4, 4),
     breaks = seq(1.1 * min(data), 1.1 * max(data), 0.5))
curve(dt(x, n - 1), add = TRUE)
```

---

[7]　現実には μ は未知なので，T の実現値を求めるときには，μ の値を適当に仮定します．

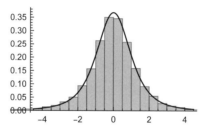

図 10.4 T の実現値 1 万個のヒストグラムと $t(n-1)$ の確率密度関数

```
                        Mathematica
n = 4; mu = 5; sigma = 7; ndist = NormalDistribution[mu, sigma];
t = Function[{x}, (Mean[x] - mu)/Sqrt[Variance[x]/n]];
data = Table[t[RandomVariate[ndist, n]], 10000];
Show[Histogram[data, Automatic, "PDF"],
 Plot[PDF[StudentTDistribution[n - 1]][x], {x, -4.5, 4.5}]]
```

10.2.3　F分布

$Y_1 \sim \chi^2(k_1)$ と $Y_2 \sim \chi^2(k_2)$ は独立とします．このとき，$Z := \dfrac{Y_1/k_1}{Y_2/k_2}$ が従う分布を自由度 (k_1, k_2) の **F 分布**といい，$\mathrm{F}(k_1, k_2)$ と表します．

メモ 10.4（不偏分散の比）

$X_1, \ldots, X_m \overset{\text{i.i.d.}}{\sim} \mathrm{N}(\mu_X, \sigma_X^2)$ の不偏分散を s_X^2，$Y_1, \ldots, Y_n \overset{\text{i.i.d.}}{\sim} \mathrm{N}(\mu_Y, \sigma_Y^2)$ の不偏分散を s_Y^2 とすると，メモ 10.2 と F 分布の定義から，次が成り立つ．

$$\frac{s_X^2/\sigma_X^2}{s_Y^2/\sigma_Y^2} = \frac{\dfrac{(m-1)s_X^2}{\sigma_X^2}/(m-1)}{\dfrac{(n-1)s_Y^2}{\sigma_Y^2}/(n-1)} \sim \mathrm{F}(m-1, n-1). \tag{10.12}$$

例 10.3 $m := 5,\ \mu_X := 2,\ \sigma_X^2 := 3^2,\ n := 7,\ \mu_Y := 3,\ \sigma_Y^2 := 2^2$ とします。「$\mathrm{N}(\mu_X, \sigma_X^2)$ に従う m 個の乱数の不偏分散を s_X^2，$\mathrm{N}(\mu_Y, \sigma_Y^2)$ に従う n 個の乱数の不偏分散を s_Y^2 として，$\dfrac{s_X^2/\sigma_X^2}{s_Y^2/\sigma_Y^2}$ の実現値を求める」というシミュレーションを 1 万回行い[*8]，得られた 1 万個の実現値のヒストグラムと $\mathrm{F}(m-1, n-1)$ の確率密度関数のグラフをまとめて描いて（図 10.5），両者が似ていることを確認します。

Python

```python
m = 5; muX = 2; sigmaX = 3; rvX = stats.norm(muX, sigmaX)
n = 7; muY = 3; sigmaY = 2; rvY = stats.norm(muY, sigmaY)
f = lambda x, y: (x.var(ddof=1) / sigmaX**2) / (y.var(ddof=1) / sigmaY**2)
data = [f(rvX.rvs(m), rvY.rvs(n)) for _ in range(10000)]
x = np.linspace(0, 5, 101); y = stats.f(m - 1, n - 1).pdf(x)
_, ax = plt.subplots()
ax.hist(data, density=True, bins=np.arange(0, 5.2, 0.2), alpha=0.5)
ax.plot(x, y);
```

R

```r
m <- 5; muX <- 2; sigmaX <- 3; n <- 7; muY <- 3; sigmaY <- 2;
f <- function(x, y) { (var(x) / sigmaX^2) / (var(y) / sigmaY^2) }
data <- replicate(10000, f(rnorm(m, muX, sigmaX), rnorm(n, muX, sigmaY)))
hist(data, freq = FALSE, xlim = c(0, 5),
     breaks = seq(0, 1.2 * max(data), 0.2))
curve(df(x, m - 1, n - 1), add = TRUE)
```

Mathematica

```mathematica
m = 5; muX = 2; sigmaX = 3; distX = NormalDistribution[muX, sigmaX];
n = 7; muY = 3; sigmaY = 2; distY = NormalDistribution[muY, sigmaY];
f[x_, y_] := (Variance[x]/sigmaX^2)/(Variance[y]/sigmaY^2)
data = Table[f[RandomVariate[distX, m], RandomVariate[distY, n]], {10000}];
Show[Histogram[data, Automatic, "PDF"],
 Plot[PDF[FRatioDistribution[m - 1, n - 1]][x], {x, 0, 7}]]
```

[*8]   現実には σ_X^2 と σ_Y^2 は未知なので，$\dfrac{s_X^2/\sigma_X^2}{s_Y^2/\sigma_Y^2}$ の実現値を求めるときには，σ_X^2 と σ_Y^2 の値を適当に仮定します。

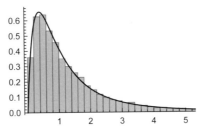

図 10.5　$\dfrac{s_X^2/\sigma_X^2}{s_Y^2/\sigma_Y^2}$ の実現値 1 万個のヒストグラムと $\mathrm{F}(m-1, n-1)$ の確率密度関数

メモ 10.5（t 分布と F 分布）

$Y \sim \chi^2(k), Z \sim \mathrm{N}(0,1)$ のとき

$$T := \frac{Z}{\sqrt{Y/k}} \sim \mathrm{t}(k), \qquad \text{（t 分布の定義より）} \qquad (10.13)$$

$$Z^2 \sim \chi^2(1), \qquad \text{（カイ 2 乗分布の定義より）} \qquad (10.14)$$

$$T^2 = \frac{Z^2}{Y/k} = \frac{Z^2/1}{Y/k} \sim \mathrm{F}(1,k) \qquad \text{（F 分布の定義より）} \qquad (10.15)$$

が成り立つ．つまり，$T \sim \mathrm{t}(k)$ とすると，$T^2 \sim \mathrm{F}(1,k)$ である．

例 10.4　$T \sim \mathrm{t}(k)$ とします．T^2 が従う確率分布を求めて，$\mathrm{F}(1,k)$ を得ます．

```
                              Mathematica
Clear[k, T];
TransformedDistribution[T^2, Distributed[T, StudentTDistribution[k]]]
```

■ 10.3　仮説検定

10.3.1　仮説検定の考え方

　仮説検定の枠組みを，「当たる確率 p が $p = p_0 := 4/10$ だというくじを $n := 15$ 回引いたら当たりが 2 回だった」という事例を使って説明します．

　当たる回数の期待値は $np_0 = 6$ なので（表 8.6），当たりが 2 回というのは少ない気がするかもしれません．とはいえ，$X \sim \mathrm{Bi}(n, p_0)$ とすると，当たりが 2 回になる確率は $P(X=2) \simeq 0.02$ で，0 ではありません．当たりが 0 回や 1 回になるのは，当たりが 2 回になるよりもさらに起こりにくいことですが，その確率もやはり 0 ではありません．

　そこで，実際に起こったこと（当たりが 2 回）と同じ，またはそれより起こりにくいことの全体を考えます．そのいずれかが起こる確率を **P 値**（p-value）といいます．

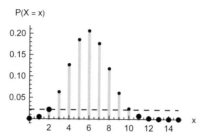

図 10.6　大きい点は，確率が $P(X = 2)$ 以下のもの．その確率の和が P 値である．

$X \sim \mathrm{Bi}(n, p_0)$ の実現値としてありうるのは $0, \ldots, n$，それぞれの発生確率は $P(X = 0), \ldots, P(X = n)$ です．その中で，実際に起きたことの確率，つまり $P(X = 2)$ 以下のものの和が P 値です（図 10.6）[*9]．

P 値がとても小さい場合に「稀なことが起こった」と考えることにします．ここでは，稀の基準を「発生確率が $\alpha := 5\%$ 未満」ということにします．このような α を**有意水準**（significance level）といいます．有意水準は 5％ や 1％ にするのが慣例ですが，ほかの値を使ってもかまいません．

稀なことが起こっていたら，$p = p_0$ という仮説を疑い，$p \neq p_0$ だと考えます．「$p = p_0$」を**帰無仮説**，「$p \neq p_0$」を**対立仮説**といいます．

本書では，これらを次のように表します．

$$H_0 : p = p_0, \qquad H_1 : p \neq p_0. \tag{10.16}$$

P 値が有意水準より小さければ，H_0 を棄却します．これを「帰無仮説は有意である」ということもあります．P 値が有意水準より大きければ，H_0 を採択します．「採択する」というのは，正しいとみなすということではなく，「棄却はできない」ということです．

P 値を次のように解釈するのは誤りです．

- （誤）帰無仮説（$H_0 : p = p_0$）が正しい確率が P 値である．
- （誤）実現値（当たりが 2 回）を得る確率が P 値である．

以上のように，帰無仮説と対立仮説について統計的な議論を行い，帰無仮説の棄却・採択を行う試みを**仮説検定**といいます．

[*9]　二項分布における P 値の定義はほかにもあります．R の exactci::binom.exact を使ってオプション tsmethod で切り替えながら試すのが手軽です．本文の定義はこの値を minlike としたものです．値を central とすると，$P(X \leq 2)$ の 2 倍が P 値になります．値を blaker とすると，$P(X \leq 2) + P(x \leq X)$ の最大値が P 値になります（ここで x は整数で $P(x \leq X) \leq P(X \leq 2)$ です）．

例 10.5 検定 ($H_0 : p = p_0$, $H_1 : p \neq p_0$) の P 値を求めて，約 0.036 を得ます．このP値は有意水準（5％）未満なので，稀なことが起きたとみなして，H_0 を棄却します．

```Python
n = 15; p0 = 4 / 10; binom_test(2, 15, 4 / 10)
```

```R
n <- 15; p0 <- 4 / 10; exactci::binom.exact(2, n, p0, tsmethod = "minlike")
# p-valueのところにP値が表示される.
```

■確率関数や累積分布関数を使う方法♠

前述の説明どおりの方法でP値を求めて，同じ結果（約0.036）を得ます．

```Mathematica
n = 15; p0 = 4/10; dist = BinomialDistribution[n, p0];
tmp = Table[PDF[dist][x], {x, 0, n}];
Total[Cases[tmp, p_ /; p <= PDF[dist][2]]] // N
```

例 10.6（後述）の左片側検定のP値を求めて，約0.027を得ます．

```Mathematica
CDF[dist][2] // N
```

■片側検定

「当たる確率は$4/10$ではない」ではなく「当たる確率は$4/10$より小さい」と思って，次のような検定を行うこともあります．

$$H_0 : p = p_0, \qquad H_1 : p < p_0. \tag{10.17}$$

帰無仮説 H_0 は先と同じですが，対立仮説 H_1 が違います．この場合は，当たりが少ない場合を稀だとみなし，その確率を P 値とします（図 10.7）．

このように，確率分布の左側で考える検定を**左片側検定**といいます．同様に，確率分布の右側で考える検定を**右片側検定**といいます．左片側検定と右片側検定を区別せずに**片側検定**ということもあります．(10.16) のように，確率分布の両側で考える検定を**両側検定**といいます．

例 10.6 左片側検定（$H_0 : p = p_0$, $H_1 : p < p_0$）の P 値を求めて，約 0.027 を得ます．このP値は有意水準（5％）未満なので，H_0 を棄却します（片側検定を行う方法は表 10.7 を参照）．

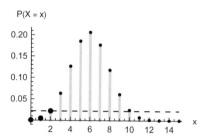

図 10.7　検定「$H_0: p = p_0, H_1: p < p_0$」の P 値（大きい点の確率の和）

```
Wolfram|Alpha
test_for_binomial_parameter_p0=4/10,p-hat=2/15,n=15
```

```
Python
binom_test(2, n, p0, alternative="smaller")
```

```
R
exactci::binom.exact(2, n, p0, tsmethod = "minlike", alternative = "less")
```

10.3.2　連続型の母集団分布

　前項で扱った二項分布は離散型の確率分布なので，扱いにくいところがあります．そこで，二項分布を連続型の確率分布である正規分布で近似することにします．そのような近似が可能であることは，二項分布 $\mathrm{Bi}(n, p_0)$（$n := 15$, $p_0 := 4/10$）の確率関数のグラフと，正規分布 $\mathrm{N}(\mu_0, \sigma_0^2)$（$\mu_0 := np_0 = 6$, $\sigma_0^2 := np_0(1 - p_0) = 18/5$）の確率密度関数のグラフをまとめて描くとわかります（例 9.9 を参照）．

　仮説検定の考え方を三つ紹介します．それらの概要と本項の例での結論（H_0 を棄却）の理由を表 10.1 にまとめます．

■考え方 1（P 値）

　実際に起きたこと（$X = 2$）と同じか，それ以上に起こりにくいことが起こる確率が P 値です．正規分布の確率密度関数は左右対称なので，$P(X \leq 2)$ の 2 倍を P 値とすればよいでしょう[*10]．そうすると，図 10.8(a) の塗りつぶした部分の面積が P 値になります．P 値が有意水準未満のときは H_0 を棄却し，P 値が有意水準以上のときは H_0 を採択します．

[*10]　正確には，$P(X \leq 2)$ と $P(2 \leq X)$ の最小値の 2 倍を P 値とします．$p_0 < 2$ のときは，確率分布の端に相当するのが $X \leq 2$ ではなく $2 \leq X$ になるからです．

表 10.1 仮説検定の考え方と本項の例での結論（H_0 を棄却）の理由

	考え方	H_0 棄却の理由
1	P 値が有意水準未満なら H_0 を棄却する.	P 値 $= 0.035 <$ 有意水準 α
2	実現値が採択域に属していなければ H_0 を棄却する.	$2 \notin$ 採択域 $[2.3, 9.7]$
3	p_0 が信頼区間に属していなければ H_0 を棄却する.	$p_0 := 4/10 \notin$ 信頼区間 $[0.037, 0.38]$

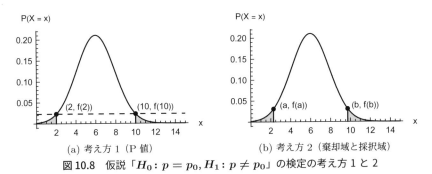

(a) 考え方 1（P 値）　　　　(b) 考え方 2（棄却域と採択域）

図 10.8　仮説「$H_0: p = p_0, H_1: p \neq p_0$」の検定の考え方 1 と 2

例 10.7　$X \sim \mathrm{N}(\mu_0, \sigma_0^2)$ として，$2P(X \leq 2)$ を求めて，約 0.035 を得ます．これは，例 10.5 で二項分布で計算した P 値（約 0.036）とほぼ同じです．この P 値は有意水準未満なので，H_0 を棄却します．

Wolfram|Alpha
```
X~normal_distribution(15*4/10,sqrt(15*4/10(1-4/10))),P(X<=2)*2
```

Python
```
n = 15; p0 = 4 / 10; mu0 = n * p0; sigma0 = np.sqrt((n * p0 * (1 - p0)))
2 * stats.norm.cdf(2, mu0, sigma0)
```

R
```
n <- 15; p0 <- 4 / 10; mu0 <- n * p0; sigma0 <- sqrt(n * p0 * (1 - p0))
2 * pnorm(2, mu0, sigma0)
```

Mathematica
```
n = 15; p0 = 4/10; dist = NormalDistribution[n p, Sqrt[n p (1 - p)]];
2 CDF[dist /. p -> p0][2] // N
```

■考え方 2（棄却域と採択域）

確率密度関数のグラフの両端で，確率に相当する面積が $\alpha/2$ になる区間をとります（図 10.8(b)）．面積の合計は有意水準 α です．区間 $(-\infty, a)$ と (b, ∞) を**棄却域**，$[a, b]$

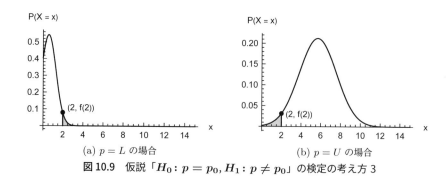

(a) $p = L$ の場合   (b) $p = U$ の場合

図 10.9 仮説「$H_0: p = p_0, H_1: p \neq p_0$」の検定の考え方 3

を**採択域**といいます．実現値が棄却域に属していれば，P 値（実現値より外側の部分の面積の 2 倍）は有意水準より小さくなるので，H_0 を棄却します．実現値が採択域に属していれば，H_0 を採択します．

例 10.8 $X \sim N(\mu_0, \sigma_0^2)$ として，採択域を求めて，$[2.28, 9.72]$ を得ます．実現値 $X = 2$ はこの採択域に属していないので，H_0 を棄却します．

Python
```
alpha = 5 / 100; stats.norm.ppf((alpha/2, 1 - alpha/2), mu0, sigma0)
```

R
```
alpha <- 5 / 100; qnorm(c(alpha / 2, 1 - alpha / 2), mu0, sigma0)
```

Mathematica
```
alpha = 5/100; InverseCDF[dist /. {p -> p0}, {alpha/2, 1 - alpha/2}] // N
```

■考え方3（信頼区間）

p の値のありうる区間について考えます．

図 10.9(a) は p が小さい場合の $N(np, np(1 - p))$ の確率密度関数のグラフです．面積が $P(X \geq 2)$ に相当する部分を塗りつぶしています．この部分の面積が $\alpha/2$ になるときの p を L とします．実現値 2 が採択域（塗りつぶしていない部分）の上限になっているということです．p が L より小さくなると，グラフが左に移動して，実現値 2 が採択域に属さなくなります．ですから，検定で棄却されないような p の下限が L です．

図 10.9(b) は p が大きい場合の $N(np, np(1 - p))$ の確率密度関数のグラフです．面積が $P(X \leq 2)$ に相当する部分を塗りつぶしています．この部分の面積が $\alpha/2$ になるときの P を U とします．$p = L$ の場合と同様の議論によって，検定で棄却されないような p の上限が U です．

p_0 が区間 $[L, U]$ に属しているなら，実現値 2 は採択域に入るので，仮説「$H_0: p = p_0$,

$H_1 : p \neq p_0$」の H_0 は棄却されません.

このように,有意水準 α の仮説検定で棄却されないような,母集団分布のパラメータの区間 $[L, U]$ を,**信頼係数**(confidence coefficient)$1 - \alpha$ の**信頼区間**(confidence interval)といいます.信頼区間の下限 L を**信頼下限**(**下側信頼限界**),上限 U を**信頼上限**(**上側信頼限界**)といいます.

母集団分布のパラメータの値を推定することを点推定というのに対して,パラメータの信頼区間を推定することを**区間推定**といいます.仮説検定と区間推定は表裏一体で,仮説検定の有意水準と区間推定の信頼係数の和は 1 です.

信頼区間は,実現値が採択域に属しているという条件を母集団分布のパラメータについて解くことで得ます.

> **例 10.9** p の信頼係数 $1 - \alpha$ の信頼区間を求めて,$[0.037, 0.38]$ を得ます.

実現値 $X = 2$ が採択域に属しているという条件を p について解いて,$0.037 \leq p \leq 0.38$ を得ます.

```Mathematica
N[Reduce[InverseCDF[dist, alpha/2] <= 2 <= InverseCDF[dist, 1 - alpha/2], p]]
```

■P値と採択域の関係の可視化♠

$n := 15$,$X \sim \mathrm{N}(np, np(1-p))$ として,$P(X \leq 2)$ と $P(2 \leq X)$ の最小値の 2 倍を P 値とします.

パラメータ p と P 値の関係を可視化したのが図 10.10(a) の実線です.破線は有意水準 $\alpha := 5\%$ を表します.P 値が有意水準以上のときは H_0 を採択するので,図 10.10(a) において,破線よりも実線が上にある区間 $[L, U]$ が p の信頼区間になります.

パラメータ p と採択域の関係を可視化したのが図 10.10(b) です.実線の曲線と破線の曲線の間が採択域です.$p = L$ の場合の採択域と $p = U$ の場合の採択域を縦軸に平行な直線で表しています.点線の水平線は実現値($X = 2$)です.実現値が採択域に入る場合に H_0 を採択するので,図 10.10(b) の塗りつぶした領域に対応する区間 $[L, U]$ が p の信頼区間になります.

図 10.10(a) と図 10.10(b) の主要部を描くコードを示します.

```Mathematica
pvalue[p0_] := With[{c = CDF[dist][2] /. p -> p0}, 2 Min[c, 1 - c]]
Plot[pvalue[p0], {p0, 0, 1}]

Plot[{InverseCDF[dist, alpha/2], InverseCDF[dist, 1 - alpha/2], 2},
 {p, 0, 1}, PlotStyle -> {Dashed, Thick, Dotted}]
```

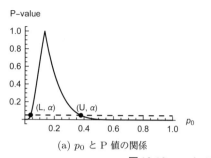

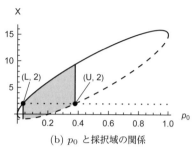

(a) p_0 と P 値の関係 　　　　　　　　(b) p_0 と採択域の関係

図 10.10　p_0 と P 値，採択域の関係

表 10.3　母平均が μ_0 だという仮説 (10.18) の検定結果

考え方	H_0 採択の理由
1	P 値 $0.458 >$ 有意水準 α
2	t 値 $0.793 \in$ 採択域 $[-2.45, 2.45]$
3	$\mu_0 := 25 \in$ 信頼区間 $[24.6, 25.9]$

■ 10.4　仮説検定の典型例

10.4.1　$\mu = \mu_0$ の検定（μ_0 は指定した値）

例 10.10　設定温度が 25 ℃のエアコンが正常に機能しているかどうかを調べるために，室内温度を 1 日 1 回，7 日間測定して，表 10.2 の結果を得たとします．このデータを正規分布からの標本とみなし，仮説

$$H_0: \mu = \mu_0 := 25, \qquad H_1: \mu \neq \mu_0. \tag{10.18}$$

を t 分布（10.2.2 項）を使って有意水準 5 ％で検定し，表 10.3 の結果を得ます．このような検定を **t 検定**（t-test）といいます．

表 10.2　室内温度の測定結果 [29]

室内温度（母平均 μ）	24.2	25.3	26.2	25.7	24.4	25.1	25.6

■考え方 1（P 値）

P 値を求めて，約 $0.458 (> \alpha)$ を得て，H_0 を採択します[*11].

[*11]　Wolfram|Alpha を使う場合は，標本平均（25.21429）と $\sqrt{\text{不偏分散}}$（0.7151423）は別に計算しておきます．片側検定の結果を得るので，「両側検定（Two-tailed test）」をクリックして，両側検定の結果を得ます．

Wolfram|Alpha

```
t-test_mu0=25,xbar=25.21429,s=0.7151423,n=7
```

Python

```
x = [24.2, 25.3, 26.2, 25.7, 24.4, 25.1, 25.6]; d = DescrStatsW(x); mu0 = 25
d.ttest_mean(mu0)
```

R

```
x <- c(24.2, 25.3, 26.2, 25.7, 24.4, 25.1, 25.6); mu0 <- 25
t.test(x, mu = mu0)
```

Mathematica

```
x = {24.2, 25.3, 26.2, 25.7, 24.4, 25.1, 25.6}; mu0 = 25;
TTest[x, mu0]
```

---

t統計量とt値♠

H_0 のもとでは，**t統計量** $T := \dfrac{\bar{X} - \mu_0}{\sqrt{s^2/n}}$ は t$(n-1)$ に従います（メモ 10.3）．t統計量の実現

値 $t := \dfrac{m - \mu_0}{\sqrt{s^2/n}}$ を**t値**といいます（m は $\bar{X}$ の実現値）．ここでは t値は 0.793 です．$P(T \leq t)$ と $P(t \leq T)$ の最小値の 2 倍が P値です．P値を求めて，0.458 を得ます．

Python

```
m = np.mean(x); s2 = np.var(x, ddof=1); n = len(x);
t = (m - mu0) / np.sqrt(s2 / n); c = stats.t.cdf(t, n - 1)
2 * min(c, 1 - c)
```

R

```
m <- mean(x); s2 <- var(x); n <- length(x)
t <- (m - mu0) / sqrt(s2 / n); c <- pt(t, n - 1)
2 * min(c, 1 - c)
```

Mathematica

```
m = Mean[x]; s2 = Variance[x]; n = Length[x];
t := (m - mu0)/Sqrt[s2/n];
dist = StudentTDistribution[n - 1]; c = CDF[dist][t];
2 Min[c, 1 - c]
```

■考え方 2（棄却域と採択域）

t 統計量 $\sim$ t$(n-1)$ の採択域を求めて，$[-2.45, 2.45]$ を得ます．t 値（0.793）はこの採択域に属しているので，H_0 を採択します．

```
Python
alpha = 5 / 100
stats.t.ppf((alpha / 2, 1 - alpha / 2), n - 1)
```

```
R
alpha <- 5 / 100
qt(c(alpha / 2, 1 - alpha / 2), n - 1)
```

```
Mathematica
alpha = 5/100;
{a, b} = InverseCDF[dist, {alpha/2, 1 - alpha/2}] // N
```

■考え方3（信頼区間）

μ の信頼区間（信頼係数は $1 - \alpha$）を求めて，$[24.6, 25.9]$ を得ます．$\mu_0 = 25$ はこの区間に属しているので，H_0 を採択します．

```
Wolfram|Alpha
t-interval␣xbar=25.21429,s=0.7151423,n=7
```

```
Python
d.tconfint_mean()
```

```
R
t.test(x)
```

```
Mathematica
Needs["HypothesisTesting`"] (* 「`」はシングルクォートではなくバッククォート *)
MeanCI[x]
```

有意水準 α は 5%，信頼係数 $1 - \alpha$ は 95% とするのが慣例です．ライブラリでもこれがデフォルトになっています．別の値を使いたい場合は，表 10.4 のようにオプションで指定します．

定義にもとづく計算♠

t値が採択域に属しているという条件を μ_0 について解いて，信頼区間 $[24.6, 25.9]$ を得ます．

```
Mathematica
Clear[mu0]; Reduce[a <= t <= b, mu0]
```

$\bar{X}$ の実現値を m とします．t値 $\dfrac{m - \mu_0}{\sqrt{s^2/n}}$（t統計量の実現値）が採択域に属しているということは

$$t_{1-\alpha/2}(n-1) \leq \frac{m - \mu_0}{\sqrt{s^2/n}} \leq t_{\alpha/2}(n-1) \tag{10.19}$$

表 10.4 有意水準や信頼係数を変更するオプション（数値はデフォルトのもの）

システム	有意水準	信頼係数
Python	alpha=0.05	
R		conf.level = 0.95
Mathematica	SignificanceLevel -> 0.05	ConfidenceLevel -> 0.95

が成り立つということです．ここで，$t_{\alpha/2}(n-1)$ は $t(n-1)$ の上側 $100\alpha/2$％点，つまり $X \sim t(n-1), P(x \le X) = \alpha/2$ となる x の値です（累積分布関数の逆関数を使って求めます）．$t_{1-\alpha/2}(n-1)$ は $t(n-1)$ の下側 $100\alpha/2$％点で，$t_{1-\alpha/2}(n-1) = -t_{\alpha/2}(n-1)$ です．

不等式 (10.19) を μ_0 について解いて，$24.6 \le \mu_0 \le 25.9$ を得ます．

```Mathematica
dist = StudentTDistribution[n - 1];
Reduce[InverseCDF[dist, alpha/2] <= t <= InverseCDF[dist, 1 - alpha/2]]
```

統計の伝統的な教科書にはさまざまな n と α に対する $t_\alpha(n)$ の値をまとめた t 分布表が掲載されています．それを使えば，紙とペンでもここで求めた信頼区間を得られます．

10.4.2 $\mu_X = \mu_Y$ の検定

例 10.11 表 10.5 は，ある化学物質の濃度を二つの方法で測定した結果です（サンプルサイズは $m := 4, n := 8$）．これらを正規母集団（母平均は μ_X, μ_Y，母分散は σ_X^2, σ_Y^2）から抽出した標本とみなします[*12]．表 10.5 の簡便法が濃度を過小評価していることを疑い，仮説

$$H_0 : \mu_X - \mu_Y = 0, \qquad H_1 : \mu_X - \mu_Y > 0 \tag{10.20}$$

を有意水準 5 ％で検定し，表 10.6 の結果を得ます．

表 10.5 ある化学物質の濃度の測定結果（文献 [29] の練習問題 11.6)

標準法 (X)	25	24	25	26				
簡便法 (Y)	23	18	22	28	17	25	19	16

対立仮説が $\mu_X - \mu_Y > 0$ なので，X が Y より大きいことを稀とみなす，右片側検定です．

母平均が等しいという仮説の検定方法は，等分散（母分散が等しいこと）を仮定するかどうかで変わります．ライブラリを使う場合は，等分散を仮定するかどうかをオ

★12 ここで扱うのは，データが対標本ではない場合です．**対標本**（ついひょうほん）というのは，特別な練習の前後での試験の結果（10 人分）のように，対になったデータのことです．この場合には，2 回の試験の点数の差（10 個の数値）の母平均が 0 だという仮説を 10.4.1 項の方法で検定することで，練習の効果の有無を調べます．

表 10.6　母平均が等しいという仮説 (10.20) の検定結果

	等分散を仮定する	等分散を仮定しない
t 値	$1.84\,(\notin$ 採択域$)$	$2.59\,(\notin$ 採択域$)$
P 値	$0.048\,(<\alpha)$	$0.016\,(<\alpha)$
採択域	$(-\infty, 1.81]$	$(-\infty, 1.86]$
$u_X - u_Y$ の信頼区間	$[0.06, \infty)\,(\not\ni 0)$	$[1.13, \infty)\,(\not\ni 0)$
結論	H_0 を棄却	H_0 を棄却

表 10.7　両側検定・片側検定を指定するオプション

システム	オプション（デフォルトは両側検定）	左片側検定	右片側検定
Python	alternative='two-sided'	'smaller'	'larger'
R	alternative = "two.sided"	"less"	"greater"
Mathematica	AlternativeHypothesis -> "Unequal"	"Less"	"Greater"

表 10.8　等分散の仮定の指定方法（下線はデフォルト）

	等分散を仮定する	等分散を仮定しない
Python	usevar='pooled'	usevar='unequal'
R	var.equal = TRUE	var.equal = FALSE
Mathematica	"EqualVariance" -> True	"EqualVariance" -> False

プションで切り替えます（表 10.7）．表 10.5 をみると分散は等しくなさそうですが，表 10.6 には両方の結果を掲載します[13]．

■考え方1（P値）

等分散を仮定しない場合の P 値を求めて，約 0.016 を得て，H_0 を棄却します．

```Python
x = [25, 24, 25, 26]; y = [23, 18, 22, 28, 17, 25, 19, 16]
ttest_ind(x, y, alternative="larger", usevar='unequal')
```

```R
x <- c(25, 24, 25, 26); y <- c(23, 18, 22, 28, 17, 25, 19, 16)
t.test(x, y, alternative = "greater", var.equal = FALSE)
```

```Mathematica
x = {25, 24, 25, 26}; y = {23, 18, 22, 28, 17, 25, 19, 16};
TTest[{x, y}, 0, AlternativeHypothesis -> "Greater",
 VerifyTestAssumptions -> "EqualVariance" -> False]
```

---

[13]　10.4.3 項の方法で等分散だという仮説を検定してそれが採択されたとしても，仮説を棄却できないというだけのことで，等分散だというわけではありません．ですから，等分散だと言える特別な理由がない場合は，それを仮定する必要はないでしょう．

■考え方3（信頼区間）

等分散を仮定しない場合の $\mu_X - \mu_Y$ の信頼区間（信頼係数は $1-\alpha$）を求めて，$[1.13, \infty)$ を得ます．この区間に 0（μ_X と μ_Y が等しい）は属していないので，H_0 を棄却します．（R の結果は先のコードで得ます．）

```Python
tmp = CompareMeans(DescrStatsW(x), DescrStatsW(y))
tmp.tconfint_diff(alternative="larger", usevar='unequal')
```

■統計量とその実現値からP値を求める方法♠

$X_1, \ldots, X_m \overset{\text{i.i.d.}}{\sim} N(\mu_X, \sigma_X^2)$ の平均を $\bar{X}$，不偏分散を s_X^2，$Y_1, \ldots, Y_n \overset{\text{i.i.d.}}{\sim} N(\mu_Y, \sigma_Y^2)$ の平均を $\bar{Y}$，不偏分散を s_Y^2 とします．

> **メモ10.6（等分散を仮定する場合の平均の差に関する統計量）**
> **プールされた分散s^2と2標本t統計量Tを**
>
> $$s^2 := \frac{1}{m+n-2}\big((m-1)s_X^2 + (n-1)s_Y^2\big), \tag{10.21}$$
>
> $$T := \frac{(\bar{X}-\bar{Y})-(\mu_X-\mu_Y)}{\sqrt{s^2\,(1/m+1/n)}} \tag{10.22}$$
>
> と定義する．このとき，$T \sim t(m+n-2)$ である．

> **例 10.12** メモ10.6を使って，等分散を仮定する場合のt値，P値，採択域の上限，信頼区間を求めて，表10.6のとおりの結果を得ます．

```Mathematica
alpha = 5/100;
m = Length[x]; n = Length[y]; sx2 = Variance[x]; sy2 = Variance[y];
s2 = ((m - 1) sx2 + (n - 1) sy2)/(m + n - 2);
T = (Mean[x] - Mean[y] - d)/Sqrt[s2 (1/m + 1/n)]; (* t統計量 *)
t := T /. d -> 0                              (* t値 *)
df = m + n - 2;                               (* 自由度 *)
dist := StudentTDistribution[df];             (* t分布 *)
P := 1 - CDF[dist][t];                        (* P値 *)
a := InverseCDF[dist, 1 - alpha];             (* 採択域の上限 *)
interval := Reduce[T <= a, d]                 (* 信頼区間 *)
{t, P, a, interval} // N
```

コードのTは(10.22)の T の $\bar{X}, \bar{Y}$ を実現値で置き換えたもの，dは $u_X - u_Y$ のことです（後のコードも同様）．

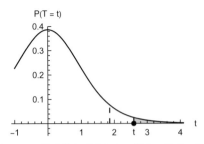

図 10.11　等分散を仮定しない場合の検定の様子

メモ 10.7（等分散を仮定しない場合の平均の差に関する統計量）

T, ν を

$$T := \frac{(\bar{X} - \bar{Y}) - (\mu_X - \mu_Y)}{\sqrt{s_X^2/m + s_Y^2/n}}, \tag{10.23}$$

$$\nu := \frac{\left(s_X^2/m + s_Y^2/n\right)^2}{\left(s_X^2/m\right)^2/(m-1) + \left(s_Y^2/n\right)^2/(n-1)} \tag{10.24}$$

と定義する．このとき，T は近似的に $t(\nu)$ に従う（**ウェルチの近似法**）．

例 10.13　メモ 10.7 を使って，等分散を仮定しない場合の t 値，P 値，採択域の上限，信頼区間を求めて，表 10.6 のとおりの結果を得ます．

Mathematica
```
T = (Mean[x] - Mean[y] - d)/Sqrt[sx2/m + sy2/n];
df = (sx2/m + sy2/n)^2/((sx2/m)^2/(m - 1) + (sy2/n)^2/(n - 1)) // N;
{t, P, a, interval} // N
```

　等分散を仮定しない場合の検定（メモ 10.7）の様子を図 10.11 に示します．
　曲線は t(ν) の確率密度関数のグラフです（メモ 10.7 より $\nu = 7.99$）．
　t 値（T 統計量の実現値，ここでは 2.59）の右側を塗りつぶしています．両側検定の場合と異なり，稀とみなす領域は右側だけにとります．塗りつぶした部分の面積が P 値（0.016）です．P 値が有意水準 α 未満なので，H_0 を棄却します（考え方 1）．
　破線（$t = 1.86$）の左側が採択域，右側が棄却域（面積は α）です．t 値が棄却域に属しているので，やはり H_0 を棄却します（考え方 2）．

表 10.9 母分散が等しいという仮説 (10.25) の検定結果

考え方	H_0 棄却の理由
1	P 値 $0.021 <$ 有意水準α
2	F 値 $0.038 \notin$ 採択域 $[0.068, 5.89]$
3	$1 \notin$ 信頼区間 $[0.0064, 0.55]$

10.4.3 $\sigma_X^2 = \sigma_Y^2$ の検定

例 10.14 表 10.5 のデータに対して，仮説

$$H_0 : \frac{\sigma_X^2}{\sigma_Y^2} = 1, \qquad H_1 : \frac{\sigma_X^2}{\sigma_Y^2} \neq 1 \tag{10.25}$$

を有意水準 5% で検定し，母分散が等しいという仮説 H_0 を棄却します（表 10.9）.

■**考え方 1（P 値）**

P 値を求めて，約 0.021 を得て，H_0 を棄却します.

```R
x <- c(25, 24, 25, 26); y <- c(23, 18, 22, 28, 17, 25, 19, 16)
var.test(x, y)
```

```Mathematica
x = {25, 24, 25, 26}; y = {23, 18, 22, 28, 17, 25, 19, 16};
VarianceTest[{x, y}, 1, "HypothesisTestData"]["TestDataTable"]
```

統計量とその実現値からP値を求める方法♠

$r := \dfrac{\sigma_X^2}{\sigma_Y^2}$ とします．H_0 のもとでは$r = 1$なので，メモ 10.4 の $\dfrac{s_X^2/\sigma_X^2}{s_Y^2/\sigma_Y^2} = \dfrac{s_X^2}{s_Y^2}\dfrac{1}{r}$ は $F := \dfrac{s_X^2}{s_Y^2}$ となります．この F を **F 統計量**，その実現値fを **F 値**といいます．

$F \sim \mathrm{F}(m-1, n-1)$ です（メモ 10.4）．$P(F \leq f)$ と $P(F \geq f)$ の最小値の 2 倍がP値です．F値fとP値を求めて，約 0.038 と約 0.021 を得ます．

```Python
x = [25, 24, 25, 26]; y = [23, 18, 22, 28, 17, 25, 19, 16]
f = np.var(x, ddof=1) / np.var(y, ddof=1); m = len(x); n = len(y);
c = stats.f.cdf(f, m - 1, n - 1)
f, 2 * min(c, 1 - c)
```

```R
f <- var(x) / var(y); m <- length(x); n <- length(y);
c <- pf(f, m - 1, n - 1)
c(f, 2 * min(c, 1 - c))
```

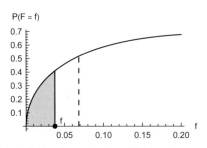

図 10.12　等分散という仮説の検定の様子

Mathematica

```
m = Length[x]; n = Length[y]; dist = FRatioDistribution[m - 1, n - 1];
F = Variance[x]/Variance[y]/r; f = F /. r -> 1;
c = CDF[dist][f];
{f, 2 Min[c, 1 - c]} // N
```

■考え方2（棄却域・採択域）

$F \sim \mathrm{F}(m-1, n-1)$ の採択域を求めて，$[0.068, 5.89]$ を得ます．F 値（$f = 0.038$）はこの採択域に属していないので，H_0 を棄却します．

Python

```
alpha = 0.05
stats.f.ppf((alpha / 2, 1 - alpha / 2), m - 1, n - 1)
```

R

```
alpha = 0.05
c(qf(c(alpha / 2, 1 - alpha / 2), m - 1, n - 1))
```

Mathematica

```
alpha = 5/100;
{a, b} = InverseCDF[dist, {alpha/2, 1 - alpha/2}] // N
```

検定の要素の可視化♠

検定の様子を図 10.12 に示します．

曲線は $\mathrm{F}(3, 7)$ の確率密度関数のグラフです．

F 値（F 統計量の実現値 f，ここでは 0.038）の左側を塗りつぶしています．この部分の面積の 2 倍が P 値（0.021）です．P 値が有意水準（$\alpha = 0.05$）未満なので，H_0 を棄却します（考え方1）．

破線（$f = 0.068$）の右側（5.89 まで）が採択域，左側が棄却域（面積は $\alpha/2$）です[14]．F 値（0.038）が棄却域に属しているので，やはり H_0 を棄却します（考え方2）．

---

[14]　図に描かれていない $f > 5.89$ も棄却域で，その面積も $\alpha/2$ です．

■考え方 3（信頼区間）

$r := \dfrac{\sigma_X^2}{\sigma_Y^2}$ の信頼区間（信頼係数は $1 - \alpha$）を求めて，$[0.0064, 0.55]$ を得ます．$r = 1$ はこの信頼区間に属していないので，H_0 を棄却します．（R の結果は「考え方 1（P値）」のコードで得ます．）

Mathematica

```
Needs["HypothesisTesting`"] (* 「`」はシングルクォートではなくバッククォート *)
VarianceRatioCI[x, y]
```

定義にもとづく計算♠

実現値が採択域に属するという条件を母数について解いた結果が信頼区間です．F 統計量 $\dfrac{s_X^2}{s_Y^2}\dfrac{1}{r}$ の s_X^2, s_Y^2 をそれぞれ実現値で置き換えたもの（F値の r を記号のままにしたもの）が採択域に属するという条件を r について解いて，$0.0064 \leq r \leq 0.55$ を得ます．

Mathematica

```
Reduce[a <= F <= b, r]
```

## 第 11 章

線形回帰分析

　主に表11.1のデータを使って，線形回帰分析について説明します．これ以降，n は
サンプルサイズ（表11.1では4），i は1から n までの整数です．データ（変数の値）
を x_{ij}, y_i などと表します．例えば，表11.1(b)では，$x_{32} = 5, y_2 = 6$ です．

　変数 $x_{i1}, \ldots, x_{ip'}$ と y_i の間に

$$y_i = f(x_{i1}, \ldots, x_{ip'}) \tag{11.1}$$

と表されるような関係があると仮定します（表11.1(a)では $p' := 1$，表11.1(b)では
$p' := 2$）．データにもとづいてこの f の性質を調べることを**回帰分析**といいます．

　(11.1)の y_i を**出力変数**，$x_{i1}, \ldots, x_{ip'}$ を**入力変数**といいます．出力変数と入力変数
は，応答変数と予測変数，従属変数と独立変数，目的変数と説明変数ともいいます．

　回帰分析の対象である f を1変数関数とする場合を**単回帰分析**，多変数関数とする
場合を**重回帰分析**といいます．

　例えば，表11.1(a)のデータについての回帰分析は，入力変数が1個（x_1）なので単
回帰分析です．本書では，$f(x_1) := \beta_0 + \beta_1 x_1$ の場合を扱います．β_0 と β_1 は未知の
パラメータで，**回帰係数**といいます．回帰係数の推定値を $\hat{\beta}_0, \hat{\beta}_1$ と表します．入力変
数 x_1 に対する $\hat{y} := \hat{\beta}_0 + \hat{\beta}_1 x_1$ を**予測値**といいます．$\hat{y} = \hat{\beta}_0 + \hat{\beta}_1 x_1$ は直線の式とみ
なせるので，これを**回帰直線**といいます．

　表11.1(b)のデータについての回帰分析は，入力変数が2個（x_1, x_2）なので重回帰
分析です．本書では，$f(x_1, x_2) := \beta_0 + \beta_1 x_1 + \beta_2 x_2$ の場合を扱います．$\beta_0, \beta_1, \beta_2$
は回帰係数です．$\hat{y} = \hat{\beta}_0 + \hat{\beta}_1 x_1 + \hat{\beta}_2 x_2$ は平面の式とみなせるので，これを**回帰平面**
といいます．回帰直線と回帰平面を区別せずに**回帰式**というのが簡明です．

　上記の二つの例（$\beta_0 + \beta_1 x_1$ と $\beta_0 + \beta_1 x_1 + \beta_2 x_2$）のような，パラメータ $\beta_0, \ldots, \beta_k$
の**線形の式**（それぞれに数を掛けた結果の和）を使う回帰分析を**線形回帰分析**といいま
す．変数の数で呼び分けるなら，表11.1(a)の場合が**線形単回帰分析**，表11.1(b)の場
合が**線形重回帰分析**です．

表11.1　線形回帰分析の説明に使うデータ（i は通し番号）

(a) 単回帰分析用のデータ

i	x_1	y
1	1	7
2	3	1
3	6	6
4	10	14

(b) 重回帰分析用のデータ

i	x_1	x_2	y
1	1	2	3
2	1	3	6
3	2	5	3
4	3	7	6

11.1 回帰係数の推定

11.1.1 ライブラリの使用

ライブラリを使って線形単回帰分析を行う方法を 7.3 節で紹介しました．重回帰分析の方法も同じです．

> **例 11.1** 表 11.1(b) について線形回帰分析を行い，回帰式 $y = 3 - 4x_1 + 2x_2$ を得ます[*1]．

Python と R では詳しいレポートを出力できるので，その結果も合わせて掲載します．Python の結果の Coef., R の結果の Estimate のところに表示されているのが回帰係数の推定値です[*2]．

Wolfram|Alpha

```
linear_fit_{1,2,3},{1,3,6},{2,5,3},{3,7,6}
```

Python

```
data = pd.DataFrame({
    'x1': [1, 1, 2, 3], 'x2': [2, 3, 5, 7], 'y': [3, 6, 3, 6]})
model = smf.ols('y ~ x1 + x2', data).fit()
print(model.summary2(alpha=0.05))
#                 Results: Ordinary least squares
# =================================================================
# Model:              OLS              Adj. R-squared:     -1.000
# Dependent Variable: y                AIC:                18.9734
# Date:               2023-01-01 00:00 BIC:                17.1323
# No. Observations:   4                Log-Likelihood:     -6.4867
# Df Model:           2                F-statistic:        0.2500
# Df Residuals:       1                Prob (F-statistic): 0.816
# R-squared:          0.333            Scale:              6.0000
# -----------------------------------------------------------------
#              Coef.    Std.Err.    t      P>|t|    [0.025    0.975]
# -----------------------------------------------------------------
# const        3.0000   3.0000    1.0000  0.5000  -35.1186  41.1186
# x1          -4.0000   7.6811   -0.5208  0.6943 -101.5982  93.5982
# x2           2.0000   3.3166    0.6030  0.6545  -40.1417  44.1417
# -----------------------------------------------------------------
# Omnibus:                  nan          Durbin-Watson:       3.167
```

[*1] Mathematica の LinearModelFit には記号を与えなければならないのですが，（小文字の）x1 等はデータを表すために使いたいので，代わりに（大文字の）X1 等を使います．後で使う DesignMatrix も同様です．

[*2] 回帰係数の推定値だけを求めるなら，Python では model.params，R では model$coefficients です．

```
# Prob(Omnibus):        nan          Jarque-Bera (JB):     0.611
# Skew:               -0.816         Prob(JB):             0.737
# Kurtosis:            2.000         Condition No.:        35
# ================================================================
```

R
```
data <- data.frame(
  x1 = c(1, 1, 2, 3), x2 = c(2, 3, 5, 7), y = c(3, 6, 3, 6))
model <- lm(y ~ x1 + x2, data)
summary(model)
# Call:
# lm(formula = y ~ x1 + x2, data = data.frame(x1, x2, y))
#
# Residuals:
#        1          2          3          4
#  2.776e-16  1.000e+00 -2.000e+00  1.000e+00
#
# Coefficients:
#             Estimate Std. Error t value Pr(>|t|)
# (Intercept)    3.000      3.000   1.000    0.500
# x1            -4.000      7.681  -0.521    0.694
# x2             2.000      3.317   0.603    0.655
#
# Residual standard error: 2.449 on 1 degrees of freedom
# Multiple R-squared:  0.3333, Adjusted R-squared:     -1
# F-statistic:  0.25 on 2 and 1 DF,  p-value: 0.8165
```

Mathematica
```
data = {{1, 2, 3}, {1, 3, 6}, {2, 5, 3}, {3, 7, 6}};
model = LinearModelFit[data, {X1, X2}, {X1, X2}]
model["BestFitParameters"]
```

　予測値を得る例として，$x_1 := 1.5$，$x_2 := 4$ に対する $\hat{y}$ を求めて，5 を得ます．

Python
```
model.predict({'x1': 1.5, 'x2': 4})
```

R
```
predict(model, list(x1 = 1.5, x2 = 4))
```

Mathematica
```
model[1.5, 4]
```

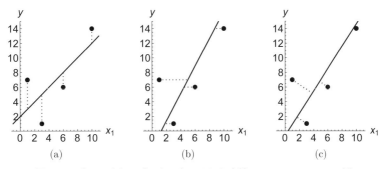

図 11.1　表 11.1(a) のデータに合いそうな直線 $y = b_0 + b_1 x_1$ の例

🔲 11.1.2　最小 2 乗推定値

　線形単回帰分析では，データに合う直線を求めます．この「データに合う」というのがどういうことなのかを説明します．

　表 11.1(a) のデータに合いそうな直線 $y = b_0 + b_1 x_1$ としてすぐに思い付くものを図 11.1 に掲載します．図 11.1 の (a)，(b)，(c) の各点線は，次のものを表しています．

(a)　x_{i1} に対応する $y_i' = b_0 + b_1 x_{i1}$ と y_i の差

(b)　y_i に対応する $x_{i1}' = \dfrac{1}{b_1}(y_i - b_0)$ と x_{i1} の差

(c)　直線 $y = b_0 + b_1 x_1$ と (x_i, y_i) の距離

■データに合うさまざまな直線♠

　単回帰分析では，y_i を x_{i1} で説明できるようにしたいので，図 11.1 の (a) の点線が，データと直線とのずれを表していると考えます．そして，点線の長さの 2 乗の和を最小にするような b_0，b_1 を β_0，β_1 の推定値とし，$\hat{\beta}_0$，$\hat{\beta}_1$ と表します．

　このように，ずれの 2 乗和を最小にする方法を**最小 2 乗法**，最小 2 乗法で求めた β_0，β_1 の推定値 $\hat{\beta}_0$，$\hat{\beta}_1$ を**最小 2 乗推定値**といいます．

　表 11.1(a) のようなデータに対する回帰直線 $y = \hat{\beta}_0 + \hat{\beta}_1 x_1$ を求めることを，「直線を当てはめる」，「直線をフィットする」，「y を x に**回帰**する」などといいます．

　図 11.1 の (a) の点線の，「長さの和」ではなく，「長さの 2 乗の和」を最小化するのは，計算しやすいからだとここでは考えてください（脚註 ⋆11 を参照）．ただし，「長さの 2 乗の和」なら計算しやすいというのは，(b) と (c) についても言えることです．(b) は (a) で x_i と y_i の役割を交換したものですし，(c) にも効率のよい方法があるからです（19.3.2 項を参照）．また，「長さの和」の最小化は紙とペンでは面倒ですが，数値計算なら簡単です．その具体的な方法を学んだ後の練習用に，計算結果を表 11.2 にまとめておきます．

表 11.2   表 11.1(a) のデータに合う直線を数値的に求めた結果

最小化の対象	結果
① 図 11.1(a) の点線の長さの 2 乗の和	$y = 2 + 1x_1$
② 図 11.1(a) の点線の長さの和	$y = \text{-}4.57 + 1.86x_1$
③ 図 11.1(b) の点線の長さの 2 乗の和	$y = \text{-}2.35 + 1.87x_1$
④ 図 11.1(b) の点線の長さの和	$y = \text{-}4.57 + 1.86x_1$
⑤ 図 11.1(c) の点線の長さの 2 乗の和	$y = \text{-}0.63 + 1.53x_1$
⑥ 図 11.1(c) の点線の長さの和	$y = \text{-}4.57 + 1.86x_1$

図 11.1(a) の点線の長さの 2 乗の和は

$$L := \sum_{i=1}^{n} e_i^2 = \boldsymbol{e} \cdot \boldsymbol{e} \tag{11.2}$$

です．ここで，$e_i := y_i - \hat{y}_i = y_i - (b_0 + b_1 x_{1i})$, $\boldsymbol{e} := (e_1, \ldots, e_n)$ です．また，$\boldsymbol{e} \cdot \boldsymbol{e}$ は内積です．

この L を最小にする b_0, b_1 を $\hat{\beta}_0, \hat{\beta}_1$ とします．図 11.1 の直線と点線の交点を $(x_{i1}, \hat{y}_i)$ とすると，$\hat{y}_i = \hat{\beta}_0 + \hat{\beta}_1 x_{i1}$ です．

L の最小化には，微分や線形代数の知識を使う，よい方法があります（11.1.3 項を参照）．しかしここでは，最小 2 乗法に限らず，一般的な場合に試せる最小化手法を使います．よい方法を知らなくても，コンピュータがあれば力ずくで何とかなるというわけです．

> **例 11.2**   表 11.1(a) のデータについての L を最小にする b_0, b_1 を，一般的な最小化手法で求めて，$b_0 = 2, b_1 = 1$ を得ます．変数の初期値は何でもかまいませんが，ここでは $b_0 = 0$, $b_1 = 0$ とします．

```Python
x1 = np.array([1, 3, 6, 10]); y = np.array([7, 1, 6, 14])
def L(b):
    e = y - (b[0] + b[1] * x1)
    return e @ e # 内積
minimize(L, x0=[0, 0])
```

```R
x1 <- c(1, 3, 6, 10); y <- c(7, 1, 6, 14)
L <- function(b) {
  e <- y - (b[1] + b[2] * x1)
  sum(e * e) # 内積
}
optim(c(0, 0), L)
```

```
                        Mathematica
x1 = {1, 3, 6, 10}; y = {7, 1, 6, 14};
e = y - (b0 + b1 x1);
L = e . e; (* 内積 *)
FindMinimum[L, {{b0, 0}, {b1, 0}}]
```

この手法は重回帰分析にも適用できます．表 11.1(b) のデータについての L を最小にする b_0, b_1, b_2 をこの手法で求めて，$b_0 = 3$，$b_1 = -4$，$b_2 = 2$ を得ます（$e_i = y_i - (b_0 + b_1 x_1 + b_2 x_2)$ です．確認のためのコードは割愛）．

数値的な最小化には，極小値（13.2.3 項）におちいる危険があります．実は L の極小値は最小値なので心配は無用なのですが，本項の方法ではそのことを確認できません．

それでも心配な場合は，L は b_0, b_1 の多項式なので，多項式の大域的な最小値を求められる Mathematica の `Minimize` を使うとよいでしょう．`Minimize` には，データが厳密値の場合は解析的な結果（厳密な結果）が得られるという利点もあります．

```
                        Mathematica
Minimize[L, {b0, b1}] (* 解析的な結果 *)
```

数値的な最小化は一般的な方法なので，11.1.3 項で紹介するような，よい方法がわからない場合でも使えます．例として，表 11.2 の②，③，⑤について調べます．

例 11.3 表 11.2 の②の最小化を実行して，表のとおりの結果を得ます．

```
                        Mathematica
L = Total[Abs[e]]; (* 差の絶対値の和 *)
Minimize[L, {b0, b1}] // N
```

例 11.4 表 11.2 の③の最小化を実行して，表のとおりの結果を得ます．

```
                        Mathematica
e = x1 - (y - b0)/b1;
L = e . e;
Minimize[L, {b0, b1}] // N
```

例 11.5 表 11.2 の⑤の最小化を実行して，表のとおりの結果を得ます．（これは 19.3.2 項で紹介する主成分分析です．）

```
                        Mathematica
line = Module[{x1, y}, ImplicitRegion[y == b0 + b1 x1, {x1, y}]];
L = Sum[RegionDistance[line, p]^2, {p, Thread[{x1, y}]}];
Minimize[L, {b0, b1}] // Simplify // N
```

11.1.3　線形回帰分析の公式

本項ではベクトルと行列を使うので，それらについて知らない場合は，先に第 16 章と第 17 章を読んでください.

線形回帰分析の回帰係数の推定値を求める公式を作ります. その準備として，線形回帰分析をベクトルと行列で記述します.

値が全て 1 の変数 x_0 を表 11.1 に追加した表 11.3 を作ります.

表 11.3(b) のデータに対する線形回帰分析のために，次の変数を定義します[*3].

$$
\boldsymbol{y} := \begin{pmatrix} 3 \\ 6 \\ 3 \\ 6 \end{pmatrix}, \quad n := 4, \quad \hat{\boldsymbol{\beta}} := \begin{pmatrix} \hat{\beta}_0 \\ \hat{\beta}_1 \\ \hat{\beta}_2 \end{pmatrix}, \quad p := 3, \quad p' := p-1, \quad X := \begin{bmatrix} 1 & 1 & 2 \\ 1 & 1 & 3 \\ 1 & 2 & 5 \\ 1 & 3 & 7 \end{bmatrix}.
\tag{11.3}
$$

ここで，$\boldsymbol{y}$ は出力変数の値のベクトル，n は $\boldsymbol{y}$ の要素数（サンプルサイズ），$\hat{\boldsymbol{\beta}}$ は回帰係数の最小 2 乗推定値のベクトル，p は $\hat{\boldsymbol{\beta}}$ の要素数，X は入力変数 $(x_0, \ldots, x_{p'})$ の値を成分とする $n \times p$ 行列です. X を**計画行列**（design matrix）といいます.

入力変数 $\boldsymbol{x} := (x_0, \ldots, x_{p'})$ に対する予測値 $\hat{y}$ は

$$
\hat{y} = \hat{\beta}_0 x_0 + \cdots + \hat{\beta}_{p'} x_{p'} = \boldsymbol{x} \cdot \hat{\boldsymbol{\beta}}
\tag{11.4}
$$

のようにベクトルの内積で表せます. また，X の各行に対する予測値をまとめて $\hat{\boldsymbol{y}} = X\hat{\boldsymbol{\beta}}$ と表せます.

以上の準備をして，回帰係数の最小 2 乗推定値 $\hat{\boldsymbol{\beta}}$ を計画行列 X と出力変数 $\boldsymbol{y}$ で表します.

メモ 11.1（回帰係数の最小 2 乗推定値）

回帰係数の最小 2 乗推定値 $\hat{\boldsymbol{\beta}}$ は

$$
\hat{\boldsymbol{\beta}} = (X^\top X)^{-1} X^\top \boldsymbol{y}
\tag{11.5}
$$

である（$X^\top$ は X の転置行列. $(X^\top X)^{-1}$ は $X^\top X$ の逆行列）.

例 11.6　表 11.3(b) のデータに対する回帰係数の最小 2 乗推定値を，メモ 11.1 の方法で求めて，$\hat{\boldsymbol{\beta}} = (3, -4, 2)$ を得ます.

[*3]　(11.3) の p ではなく p' を主に使う文献もあります. そういう文献では，(11.3) の p' を p と表すので，登場する数式が本書のものとは違ってみえます. 例えば，本書では $\mathrm{RSS}/(n-p)$ としているメモ 11.3 の s^2 は，$\mathrm{RSS}/(n-p-1)$ になります.

表 11.3 表 11.1 に値が全て 1 の変数 x_0 を追加したデータ

(a) 単回帰分析用のデータ

i	x_0	x_1	y
1	1	1	7
2	1	3	1
3	1	6	6
4	1	10	14

(b) 重回帰分析用のデータ

i	x_0	x_1	x_2	y
1	1	1	2	3
2	1	1	3	6
3	1	2	5	3
4	1	3	7	6

```Python
data = pd.DataFrame({
    'x1': [1, 1, 2, 3], 'x2': [2, 3, 5, 7], 'y': [3, 6, 3, 6]})
y, X = dmatrices('y ~ x1 + x2', data)
linalg.inv(X.T @ X) @ X.T @ y
```

```R
data <- data.frame(
  x1 = c(1, 1, 2, 3), x2 = c(2, 3, 5, 7), y = c(3, 6, 3, 6))
X <- model.matrix(y ~ ., data); y <- data$y
solve(t(X) %*% X) %*% t(X) %*% y
```

```Mathematica
data = {{1, 2, 3}, {1, 3, 6}, {2, 5, 3}, {3, 7, 6}};
X = DesignMatrix[data, {X1, X2}, {X1, X2}];
y = data[[All, -1]];
Inverse[Transpose[X] . X] . Transpose[X] . y
```

擬似逆行列（メモ 11.2）を使うと，回帰係数の最小 2 乗推定値の表現は最も簡潔なものになります．

メモ 11.2（擬似逆行列で表す回帰係数の最小 2 乗推定値）

回帰係数の最小 2 乗推定値 $\hat{\beta}$ は

$$\hat{\beta} = X^+ y \tag{11.6}$$

である．ここで X^+ は X の擬似逆行列である．

例 11.7 表 11.1(b) のデータに対する回帰係数の最小 2 乗推定値を，メモ 11.2 の方法で求めて，$\hat{\beta} = (3, -4, 2)$ を得ます[*4]．

[*4] 回帰係数の最小 2 乗推定値は，メモ 11.1 とメモ 11.2 のどちらで求めてもかまいません．本書では，コードが簡潔になるという理由で，説明ではメモ 11.1 の表現を使いながら，コードではメモ 11.2 を使うことがあります．

Wolfram|Alpha

```
PseudoInverse[{{1,1,2},{1,1,3},{1,2,5},{1,3,7}}].{3,6,3,6}
```

Python

```
linalg.pinv(X) @ y
```

R

```
MASS::ginv(X) %*% y
```

Mathematica

```
PseudoInverse[X] . y
```

■(11.5)の導出♠

　メモ 11.1 の公式を，2 通りの方法（微分を使う方法と線形代数を使う方法）で導きます．いずれの場合も，計画行列 X はフルランク（列ベクトルが線形独立）だと仮定します（11.3.1 項の仮定 3）．この仮定のもとでは，メモ 19.3 より $X^\top X$ は正則で，メモ 11.1 の $\hat{\boldsymbol{\beta}}$ とメモ 11.2 の $\hat{\boldsymbol{\beta}}$ は同じです．X がフルランクでない場合は，メモ 11.1 の方法では $\hat{\boldsymbol{\beta}}$ を求められません．

方法1（微分を使う方法）

　ここでは多変数関数の微分を使うので，それについて知らない場合は，先に 15.2 節を読んでください．

　$X = [x_{ij}]$ の行ベクトルを $\tilde{\boldsymbol{x}}_1, \ldots, \tilde{\boldsymbol{x}}_n$ とします．

　$\boldsymbol{b} := (b_0, \ldots, b_{p'})$ とすると，(11.2) の L は

$$L := \sum_{i=1}^{n} (y_i - (b_0 x_{i0} + \cdots + b'_p x_{ip'}))^2 = \sum_{i=1}^{n} (y_i - \tilde{\boldsymbol{x}}_i \cdot \boldsymbol{b})^2 \tag{11.7}$$

$$= \left| \begin{pmatrix} y_1 \\ \vdots \\ y_n \end{pmatrix} - \begin{pmatrix} \tilde{\boldsymbol{x}}_1 \cdot \boldsymbol{b} \\ \vdots \\ \tilde{\boldsymbol{x}}_n \cdot \boldsymbol{b} \end{pmatrix} \right|^2 = \left| \boldsymbol{y} - \begin{bmatrix} \tilde{\boldsymbol{x}}_1 \\ \vdots \\ \tilde{\boldsymbol{x}}_n \end{bmatrix} \boldsymbol{b} \right|^2 = |\boldsymbol{y} - X\boldsymbol{b}|^2 \tag{11.8}$$

となります．

　この L を最小化するために，$\dfrac{\partial L}{\partial \boldsymbol{b}} = \boldsymbol{0}$ となる条件を求めて，$b_0 = 3, b_1 = -4, b_2 = 2$ を得ます．

Mathematica

```
b = {b0, b1, b2};
L = (y - X . b) . (y - X . b);
Reduce[{D[L, {b}] == 0 b}]
```

　メモ 11.1 の (11.5) を得るためには

$$L = |\boldsymbol{y} - X\boldsymbol{b}|^2 = (\boldsymbol{y} - X\boldsymbol{b}) \cdot (\boldsymbol{y} - X\boldsymbol{b}) = \boldsymbol{y} \cdot \boldsymbol{y} - 2\boldsymbol{y} \cdot X\boldsymbol{b} + X\boldsymbol{b} \cdot X\boldsymbol{b} \tag{11.9}$$

$$= \boldsymbol{y} \cdot \boldsymbol{y} - 2X^\top \boldsymbol{y} \cdot \boldsymbol{b} + X\boldsymbol{b} \cdot X\boldsymbol{b} \tag{11.10}$$

と変形してから，表 17.4 を使って

$$\frac{\partial L}{\partial \boldsymbol{b}} = \frac{\partial}{\partial \boldsymbol{b}} \left(\boldsymbol{y} \cdot \boldsymbol{y} - 2X^\top \boldsymbol{y} \cdot \boldsymbol{b} + X\boldsymbol{b} \cdot X\boldsymbol{b} \right) = \boldsymbol{0} - 2X^\top \boldsymbol{y} + 2X^\top X\boldsymbol{b} \tag{11.11}$$

とします.

$X^\top X$ は正則なので，$\dfrac{\partial L}{\partial \boldsymbol{b}} = \boldsymbol{0}$ は $\boldsymbol{b}$ について解けて，$\boldsymbol{b} = (X^\top X)^{-1} X^\top \boldsymbol{y} =: \hat{\boldsymbol{\beta}}$ となります. 念のため，(11.11) の式変形が正しいことを確認します（結果は True）.

Mathematica

```
D[L, {b}] == -2 Transpose[X] . y + 2 Transpose[X] . X . b // Simplify
```

$\dfrac{\partial L}{\partial \boldsymbol{b}}\bigg|_{\boldsymbol{b}=\hat{\boldsymbol{\beta}}} = \boldsymbol{0}$ というだけでは L が $\hat{\boldsymbol{\beta}}$ で最小になるとは言えません．L が $\hat{\boldsymbol{\beta}}$ で最小になることは，テイラーの定理 (15.21) からわかります．(15.21) の f が L（を関数とみなしたもの），$\boldsymbol{x}$ が $\boldsymbol{b}$，$\boldsymbol{a}$ が $\hat{\boldsymbol{\beta}}$ とすると

$$L(\boldsymbol{b}) = L(\hat{\boldsymbol{\beta}}) + \frac{\partial L}{\partial \boldsymbol{b}}\bigg|_{\boldsymbol{b}=\hat{\boldsymbol{\beta}}} \cdot (\boldsymbol{b} - \hat{\boldsymbol{\beta}}) + \frac{1}{2}(\boldsymbol{b} - \hat{\boldsymbol{\beta}}) \cdot H \bigg|_{\boldsymbol{b}=\hat{\boldsymbol{\beta}}+\theta(\boldsymbol{b}-\hat{\boldsymbol{\beta}})} (\boldsymbol{b} - \hat{\boldsymbol{\beta}}) \quad (0 < \theta < 1) \tag{11.12}$$

となります．(11.11) より，$H := \dfrac{\partial}{\partial \boldsymbol{b}}\left(\dfrac{\partial L}{\partial \boldsymbol{b}}\right) = 2X^\top X$ は成分が定数の行列，メモ 19.3 より H は正定値行列です．よって

$$L(\boldsymbol{b}) - L(\hat{\boldsymbol{\beta}}) = \frac{1}{2}(\boldsymbol{b} - \hat{\boldsymbol{\beta}}) \cdot H(\boldsymbol{b} - \hat{\boldsymbol{\beta}}) \geq 0 \tag{11.13}$$

つまり $L(\hat{\boldsymbol{\beta}})$ は L の最小値です[*5].

方法 2（線形代数を使う方法）

X の第 $j+1$ 列ベクトルを $\boldsymbol{x}_j$ とします（$j = 0, \ldots, p'$）.

(11.8) の L は

$$L = |\boldsymbol{y} - X\boldsymbol{b}|^2 = \left| \boldsymbol{y} - \begin{bmatrix} \boldsymbol{x}_0 & \cdots & \boldsymbol{x}_{p'} \end{bmatrix} \boldsymbol{b} \right|^2 \tag{11.14}$$

$$= |\boldsymbol{y} - (b_0 \boldsymbol{x}_0 + \cdots + b_{p'} \boldsymbol{x}_{p'})|^2 \tag{11.15}$$

$$= |\boldsymbol{y} - \boldsymbol{y}'|^2 \tag{11.16}$$

となります．ここで，$\boldsymbol{y}' := b_0 \boldsymbol{x}_0 + \cdots + b_{p'} \boldsymbol{x}_{p'}$ です.

L を最小化するために，$\boldsymbol{y}'$ を $\boldsymbol{y}$ に近づけます．$\boldsymbol{y}'$ が $\boldsymbol{y}$ に最も近くなるのは，$\boldsymbol{y}'$ が図 11.2(a) の $\hat{\boldsymbol{y}}$ と等しくなるときです．図 11.2(a) の $\hat{\boldsymbol{y}}$ は，$\boldsymbol{x}_0, \ldots, \boldsymbol{x}_{p'}$ の張る空間 $S = \langle \boldsymbol{x}_0, \ldots, \boldsymbol{x}_{p'} \rangle$ への $\boldsymbol{y}$ の**正射影** $\hat{\boldsymbol{y}}$ です．つまり，$\hat{\boldsymbol{e}} := \boldsymbol{y} - \hat{\boldsymbol{y}}$ は $\boldsymbol{x}_0, \ldots, \boldsymbol{x}_{p'}$ と直交します[*6].

$\hat{\boldsymbol{e}}$ が $\boldsymbol{x}_0, \ldots, \boldsymbol{x}_{p'}$ と直交するので

[*5] H は正定値行列なので，メモ 15.1 より L は $\hat{\boldsymbol{\beta}}$ で極小となりますが，ここで見つけたいのは極小値ではなく最小値を与える $\boldsymbol{b}$ です．また，極小値が 1 個だからといって，それが最小値とは限りません．図 13.5 が反例です.

[*6] 図 11.2(a) では直線で描いていますが，S は空間です．$S := \langle \boldsymbol{x}_0, \boldsymbol{x}_1 \rangle$ の場合を図 11.2(b) に示します.

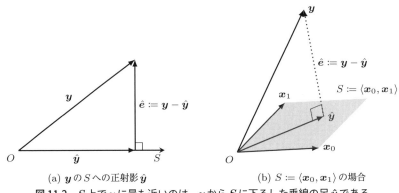

(a) $\bm{y}$ の S への正射影 $\hat{\bm{y}}$ 　　　(b) $S := \langle \bm{x}_0, \bm{x}_1 \rangle$ の場合

図 11.2　S 上で $\bm{y}$ に最も近いのは，$\bm{y}$ から S に下ろした垂線の足 $\hat{\bm{y}}$ である.

$$0 = \bm{x}_0 \cdot \hat{\bm{e}} = \cdots = \bm{x}_{p'} \cdot \hat{\bm{e}} \tag{11.17}$$

です．これを行列で書くと

$$\bm{0} = \begin{bmatrix} \bm{x}_0 & \cdots & \bm{x}_{p'} \end{bmatrix}^{\top} \hat{\bm{e}} \tag{11.18}$$

$$= X^{\top} \hat{\bm{e}} = X^{\top}(\bm{y} - \hat{\bm{y}}) = X^{\top}(\bm{y} - X\hat{\bm{\beta}}) = X^{\top}\bm{y} - X^{\top}X\hat{\bm{\beta}} \tag{11.19}$$

となります．よって，$X^{\top}\bm{y} = X^{\top}X\hat{\bm{\beta}}$ です．$X^{\top}X$ は正則なので $\hat{\bm{\beta}} = (X^{\top}X)^{-1}X^{\top}\bm{y}$ となります．これでメモ 11.1 の (11.5) を得ました.

11.2　当てはまりの良さの指標

回帰式のデータへの当てはまりの良さの指標である**決定係数** R^2 を

$$R^2 := 1 - \frac{\text{残差変動}}{\text{全変動}} \tag{11.20}$$

と定義します．ここで，残差変動 $:= \sum_{i=1}^{n}(y_i - \hat{y}_i)^2$, 全変動 $:= \sum_{i=1}^{n}(y_i - \bar{y})^2$ です.

例 11.8　表 11.3(b) についての線形回帰分析の R^2 を求めて，約 0.33 を得ます[7].

```Python
data = pd.DataFrame({
    'x1': [1, 1, 2, 3], 'x2': [2, 3, 5, 7], 'y': [3, 6, 3, 6]})
model = smf.ols('y ~ x1 + x2', data).fit()
model.rsquared
```

---

[7]　この値は，例 11.1 の Python の結果の R-squared, R の結果の Multiple R-squared にも表示されています.

```R
data <- data.frame(
  x1 = c(1, 1, 2, 3), x2 = c(2, 3, 5, 7), y = c(3, 6, 3, 6))
model <- lm(y ~ x1 + x2, data)
summary(model)$r.squared
```

```Mathematica
data = {{1, 2, 3}, {1, 3, 6}, {2, 5, 3}, {3, 7, 6}};
model = LinearModelFit[data, {X1, X2}, {X1, X2}];
model["RSquared"]
```

データ y_i と予測値 $\hat{y}_i$ のずれの 2 乗和 $\sum_{i=1}^{n}(y_i - \hat{y}_i)^2$ が小さくなると，R^2 は大きくなります．ですから，R^2 は回帰がうまくいっているかどうかの指標になりそうにみえます．

■自由度調整済み決定係数♠

決定係数 R^2 は，入力変数の数を増やすだけで大きくなる（正確には非減少）という性質をもつため，回帰の良さの指標にはなりません．例えば，入力変数が p 個の場合の R_p^2 と，入力変数を追加して $p+1$ 個にした場合の R_{p+1}^2 の間には，$R_p^2 \leq R_{p+1}^2$ の関係があります．入力変数が $p+1$ 個のモデルは，共通する p 個の回帰係数の推定値を同じにして，残りの 1 個の値を 0 にすることで，入力変数が p 個のモデルを表現できるので，$\text{RSS}_{p+1} \leq \text{RSS}_p$ となるからです（RSS が小さいと R^2 は大きい）．ですから，「入力変数を追加したら決定係数が大きくなった」というような主張は無価値です．この欠点を回避するために，次の**自由度調整済み決定係数**$\bar{R}^2$ を導入します．

$$\bar{R}^2 := 1 - \frac{残差変動/(n-p)}{全変動/(n-1)}. \tag{11.21}$$

$\bar{R}^2$ は，決定係数 R^2 の残差変動と全変動を，それぞれの自由度 $n-p$ と $n-1$ で割ったもので置き換えたものです（自由度については表 11.5 を参照）．入力変数の増加による R^2 の増大の効果を $(n-1)/(n-p)$ によって弱めたのが $\bar{R}^2$ だと考えてください[*8]．

例 11.9 表 11.3(b) についての線形回帰分析の $\bar{R}^2$ を求めて，-1 を得ます[*9]．

```Python
model.rsquared_adj
```

[*8] 回帰係数 β_k について，$\beta_k = 0$ の場合と $\beta_k \neq 0$ の場合の自由度調整済み決定係数を比較するのは，メモ 11.4 の枠組みで仮説「$H_0: \beta_k = 0, H_1: \beta_k \neq 0$」を F 値の採択域を $F \leq 1$ として検定するのと同じです[21]．

[*9] この値は，例 11.1 の Python の結果の Adj. R-squared，R の結果の Adjusted R-squared にも表示されています．

```R
summary(model)$adj.r.squared
```

```Mathematica
model["AdjustedRSquared"]
```

⊞ 線形回帰分析の特徴♠

　線形回帰分析について調べる準備として，回帰係数の最小2乗推定値 $\hat{\boldsymbol{\beta}} := \left(\hat{\beta}_0, \ldots, \hat{\beta}_{p'}\right)^\top$ が決まると値が決まるものをまとめます．（要素が全て1のベクトルを $\mathbf{1}$ と表します．）

予測値： $\hat{y}_i := \hat{\beta}_0 x_{i0} + \cdots + \hat{\beta}_{p'} x_{ip'} = \tilde{\boldsymbol{x}}_i \cdot \hat{\boldsymbol{\beta}}$ です．計画行列 X を使って $\hat{\boldsymbol{y}} := \left(\hat{y}_1, \ldots, \hat{y}_n\right)^\top = X\hat{\boldsymbol{\beta}}$ にまとめられます．$\hat{\boldsymbol{y}} = X(X^\top X)^{-1}X^\top \boldsymbol{y} = XX^+ y$（メモ11.1, メモ11.2）は，$H := X(X^\top X)^{-1}X^\top$ あるいは $H := XX^+$ とすると，$\hat{\boldsymbol{y}} = H\boldsymbol{y}$ と書けます．$\boldsymbol{y}$ にハットを付けるこの行列 H を**ハット行列**といいます．

残差： $\hat{e}_i := y_i - \hat{y}_i$ です．$\hat{\boldsymbol{e}} := \left(\hat{e}_1, \ldots, \hat{e}_n\right)^\top = \boldsymbol{y} - \hat{\boldsymbol{y}}$ にまとめられます．

残差変動： $\sum_{i=1}^{n} \hat{e}_i^2$ です．ベクトルで表すと $\hat{\boldsymbol{e}} \cdot \hat{\boldsymbol{e}}$ です．**残差2乗和**（残差平方和，residual sum of squares; **RSS**）ともいいます．

回帰変動： $\sum_{i=1}^{n} (\hat{y}_i - \bar{y})^2$ です．ベクトルで表すと $|\hat{\boldsymbol{y}} - \bar{y}\mathbf{1}|^2$ です．

全変動： $\sum_{i=1}^{n} (y_i - \bar{y})^2$ です．ベクトルで表すと $|\boldsymbol{y} - \bar{y}\mathbf{1}|^2$ です．

　表11.3(a)についての線形回帰分析の R^2 を (11.20) で求めて，$23/43 \simeq 0.53$ を得ます．後で使うために，$\hat{\boldsymbol{e}} := \boldsymbol{y} - \hat{\boldsymbol{y}}, \hat{\boldsymbol{f}} := \hat{\boldsymbol{y}} - \bar{y}\mathbf{1}, \boldsymbol{g} := \boldsymbol{y} - \bar{y}\mathbf{1}$ としておきます．残差変動は $\hat{\boldsymbol{e}} \cdot \hat{\boldsymbol{e}}$，回帰変動は $\hat{\boldsymbol{f}} \cdot \hat{\boldsymbol{f}}$，全変動は $\boldsymbol{g} \cdot \boldsymbol{g}$ です．

```Python
x1 = [1, 3, 6, 10]; y = [7, 1, 6, 14]
data = pd.DataFrame({'x1': x1, 'y': y})
_, X = dmatrices('y ~ x1', data)
yh = X @ linalg.pinv(X) @ y
eh = y - yh; fh = yh - np.mean(y); g = y - np.mean(y)
R2 = 1 - np.dot(eh, eh) / np.dot(g, g); R2
```

```R
data <- data.frame(x1 = c(1, 3, 6, 10), y = c(7, 1, 6, 14))
y <- data$y; X <- model.matrix(y ~ x1, data)
yh <- X %*% MASS::ginv(X) %*% y
eh <- y - yh; fh <- yh - mean(y); g <- y - mean(y)
(R2 <- 1 - sum(eh^2) / sum(g^2))
```

```Mathematica
x1 = {1, 3, 6, 10}; y = {7, 1, 6, 14}; data = Thread[{x1, y}];
X = DesignMatrix[data, X1, X1];
yh = X . PseudoInverse[X] . y;
eh = y - yh; fh = yh - Mean[y]; g = y - Mean[y];
R2 = 1 - eh . eh/g . g; N[R2]
```

線形回帰分析には，次のような特徴があります．

特徴1 $\bar{\hat{e}} := \dfrac{1}{n} \sum_{i=1}^{n} \hat{e}_i = 0.$ (11.22)

特徴2 $\bar{\hat{y}} = \bar{y}.$ (11.23)

特徴3 全変動 = 回帰変動 + 残差変動. (11.24)

特徴4 $R^2 := 1 - \dfrac{残差変動}{全変動} = \dfrac{回帰変動}{全変動}.$ (11.25)

特徴5 $R^2 = r_{y\hat{y}}^2.$ (11.26)

特徴6 $0 \le R^2 \le 1.$ (11.27)

ここで，$\bar{\hat{y}} := \dfrac{1}{n} \sum_{i=1}^{n} \hat{y}_i, \bar{y} := \dfrac{1}{n} \sum_{i=1}^{n} y_i, r_{y\hat{y}}$ は $(y_1, \hat{y}_1), \ldots, (y_n, \hat{y}_n)$ の相関係数です．

線形単回帰分析には

特徴7 $r_{y\hat{y}} = r_{yx}$ (11.28)

という特徴もあります．ここで，r_{yx} は $(x_{11}, y_1), \ldots, (x_{n1}, y_n)$ の相関係数です．

> **例 11.10** 表 11.3(a) のデータに対する線形単回帰分析で，特徴1から7が全て成り立つことを確認します[10]．

```Python
(np.allclose(eh.mean(), 0),                                   # 特徴1
 np.allclose(yh.mean(), data.y.mean()),                       # 特徴2
 np.allclose(np.dot(g, g), np.dot(fh, fh) + np.dot(eh, eh)),  # 特徴3
 np.allclose(R2, np.dot(fh, fh) / np.dot(g, g)),              # 特徴4
 np.allclose(R2, np.corrcoef(y, yh)[0, 1]**2),                # 特徴5
 0 <= R2 <= 1,                                                # 特徴6
 np.allclose(np.corrcoef(y, yh), np.corrcoef(y, x1)))         # 特徴7
```

---

*10 R では，y が n 次元ベクトルなのに対して，$\hat{y}$ は $n \times 1$ 行列です（17.6.2 項を参照）．紙とペンでは，n 次元ベクトルと $n \times 1$ 行列は同一視するだけでよいのですが，cor の結果は，引数がベクトルだと数，引数が行列だと行列になり，直接比較できません．そのため，特徴5と7の確認で cor を使うときには yh[, 1] として，$n \times 1$ 行列を n 次元ベクトルに変換します．そうしないと，cor の結果が 1×1 行列になります．紙とペンでは 1×1 行列と数を同一視するだけでよいのですが，コードでは行列の $(1, 1)$ 成分を取り出してから比較しなければなりません（17.4.3 項を参照）．

```
                              R
c(all.equal(mean(eh), 0),                              # 特徴1
  all.equal(mean(yh), mean(y)),                        # 特徴2
  all.equal(sum(g * g), sum(fh * fh) + sum(eh * eh)),  # 特徴3
  all.equal(R2, sum(fh * fh) / sum(g * g)),            # 特徴4
  all.equal(R2, cor(y, yh[, 1])^2),                    # 特徴5
  0 <= R2 & R2 <= 1,                                   # 特徴6
  all.equal(cor(y, yh[, 1]), cor(y, data$x1)))         # 特徴7
```

```
                          Mathematica
{Mean[eh] == 0,                          (* 特徴1 *)
 Mean[yh] == Mean[y],                    (* 特徴2 *)
 g . g == fh . fh + eh . eh,             (* 特徴3 *)
 R2 == fh . fh/g . g,                    (* 特徴4 *)
 R2 == Correlation[y, yh]^2,             (* 特徴5 *)
 0 <= R2 <= 1,                           (* 特徴6 *)
 Correlation[y, yh] == Correlation[y, x1]}  (* 特徴7 *)
```

特徴1から7が成り立つ理由を，図11.3を使って説明します．$x_0, \ldots, x_p$ の張る空間 $\langle x_0, \ldots, x_{p'} \rangle$ を S とします．（図11.3では直線で描いていますが，S は空間です．）

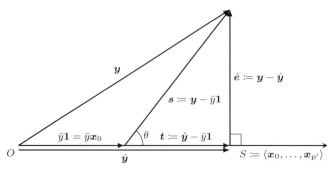

図11.3　線形回帰分析の特徴（y と $\hat{y}$ の相関係数を $r_{y\hat{y}}$ とすると，$r_{y\hat{y}}^2 = \cos^2 \theta$.）

特徴1　$\hat{e} := y - \hat{y}$ は $x_0 := \mathbf{1}$ と直交しているから，$\bar{\hat{e}} = \dfrac{1}{n}\hat{e} \cdot \mathbf{1} = 0$ である．

特徴2　$\hat{e} := y - \hat{y}$ の両辺と $\mathbf{1}$ の内積をとって n で割ると，$0 = \bar{y} - \bar{\hat{y}}$ となる．

特徴3　$y, \hat{y}, y - \hat{y}$ は直角三角形だから，$|y|^2 = |\hat{y}|^2 + |y - \hat{y}|^2$ が成り立つ（ピタゴラスの定理）．O を S 上で動かしても，直角三角形であることは変わらない．そこで，O の代わりに $\bar{y}\mathbf{1}$ とすると，$s := y - \bar{y}\mathbf{1}, t := \hat{y} - \bar{y}\mathbf{1}, e := y - \hat{y}$ は直角三角形だから，$|s|^2 = |t|^2 + |\hat{e}|^2$ つまり $|y - \bar{y}\mathbf{1}|^2 = |\hat{y} - \bar{y}\mathbf{1}|^2 + |y - \hat{y}|^2$ が成り立つ．（$\mathbf{1} = x_0$ は $\hat{y}$ と平行であるように描かれているが，そうでない場合もここでの記述は成り立つ．）

特徴4　(11.20) の決定係数の定義と (11.24) より明らか．

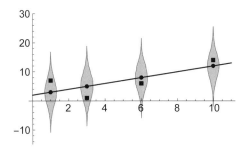

図 11.4 線形正規回帰モデル

特徴5 s の S への正射影が t である. s, t のなす角を θ とすると, (11.23) より

$$R^2 = \frac{\text{回帰変動}}{\text{全変動}} = \frac{|\hat{\boldsymbol{y}} - \bar{y}\boldsymbol{1}|^2}{|\boldsymbol{y} - \bar{y}\boldsymbol{1}|^2} = \frac{|\boldsymbol{t}|^2}{|\boldsymbol{s}|^2} = \cos^2\theta = \left(\frac{\boldsymbol{s} \cdot \boldsymbol{t}}{|\boldsymbol{s}||\boldsymbol{t}|}\right)^2 \tag{11.29}$$

$$= \left(\frac{(\boldsymbol{y} - \bar{y}\boldsymbol{1}) \cdot (\hat{\boldsymbol{y}} - \bar{y}\boldsymbol{1})}{|\boldsymbol{y} - \bar{y}\boldsymbol{1}||\hat{\boldsymbol{y}} - \bar{y}\boldsymbol{1}|}\right)^2 = \left(\frac{(\boldsymbol{y} - \bar{y}\boldsymbol{1}) \cdot (\hat{\boldsymbol{y}} - \bar{\hat{y}}\boldsymbol{1})}{|\boldsymbol{y} - \bar{y}\boldsymbol{1}||\hat{\boldsymbol{y}} - \bar{\hat{y}}\boldsymbol{1}|}\right)^2 = r_{y\hat{y}}^2. \tag{11.30}$$

特徴6 (11.26) とメモ 7.1 の①より明らか.

特徴7 線形単回帰分析では $\hat{y}_i := \hat{\beta}_0 + \hat{\beta}_1 x_{i1}$ だから, メモ 7.1 の①より明らか.

■ 11.3 線形回帰分析に関する統計的推測

本節のコードで用いる記号を表 11.4 にまとめます. 後で登場するものもあるので, 本書を初めて読む際にはわからないものがあってもそのまま進んでください.

11.3.1 線形回帰分析の前提となる仮定

線形回帰分析の見方が変わります. 表 11.1(a) に対する線形回帰分析を例に, 図 11.4 を用いて説明します.

$i := 1, \ldots, n, j := 0, \ldots, p'$ とします.

データ $(x_{10}, \ldots x_{1p'}, y_1), \ldots, (x_{n1}, \ldots x_{np'}, y_n)$ の x_{ij} は確定した値, y_i は確率変数 Y_i の実現値だと考えます.

Y_i が, $\beta_0, \ldots, \beta_{p'}$ の線形の式と**誤差項**ε_i の和

$$Y_i := \beta_0 x_{i0} + \cdots + \beta_p x_{i(p-1)} + \varepsilon_i \tag{11.31}$$

と表されるとします. ε_i は確率変数です.

次の仮定を導入します.

仮定1: 誤差項の期待値は 0, つまり $E(\varepsilon_i) = 0$ である.

仮定2: 誤差項は無相関で等分散, つまり $\text{Cov}(\varepsilon_i, \varepsilon_j) = \sigma^2 \delta_{ij}$ である (σ^2 は正の定数, δ_{ij} はクロネッカーのデルタ).

仮定 3：　計画行列 X はフルランク，つまり X の列ベクトルは線形独立である.
仮定 4：　誤差項は同一の正規分布 $N(0, \sigma^2)$ に従う. つまり, $\varepsilon_i \sim N(0, \sigma^2)$ である.

図 11.4 の四角のマーカーは標本 $(x_{11}, y_1), \ldots, (x_{n1}, y_n)$ を表しています. x_{i1} は確定値で, y_i は確率変数 $Y_i := \beta_0 + \beta_1 x_i + \varepsilon_i$ の実現値です. Y_i の推定値（平均）を円盤のマーカーで表しています. Y_i の実現値はこの推定値を中心に散らばります. その散らばりを表すのが確率変数 ε_i です. $i \neq j$ なら ε_i と ε_j は独立で, $\varepsilon_i \sim N(0, \sigma^2)$ です.

表 11.4　本節のコードで用いる記号のまとめ

変数名	数式	説明
X	X	計画行列
y	$\boldsymbol{y} := \left(y_1, \ldots, y_n\right)^{\top}$	出力変数の実現値
n	n	サンプルサイズ
p	p	入力変数の数（定数項を含む）
pp	p'	入力変数の数（定数項を含まない）
epsilon	$\varepsilon := \left(\varepsilon_i, \ldots, \varepsilon_n\right)^{\top}$	誤差項
betah	$\hat{\boldsymbol{\beta}} := \left(\hat{\beta}_0, \ldots, \hat{\beta}_{p'}\right)^{\top}$	回帰係数の最小 2 乗推定量または推定値
udist	$U(-\sqrt{3}\sigma^2, \sqrt{3}\sigma^2)$	一様分布（平均 0，分散 σ^2）
ndist	$N(0, \sigma^2)$	正規分布（平均 0，分散 σ^2）
model		線形回帰分析の結果
e	$\boldsymbol{e} := \left(e_1, \ldots, e_n\right)^{\top}$	残差：$\boldsymbol{y} - \hat{\boldsymbol{y}}$
RSS	RSS	残差 2 乗和：$e \cdot e$
s2	s^2	σ^2 の推定量または推定値：$\text{RSS}/(n-p)$
cdist	$\chi^2(n-p)$	自由度 $n - p$ のカイ 2 乗分布
vars	$x_1, \ldots, x_{p'}$	（x_0 以外の）入力変数
H	$H := X(X^{\top}X)^{-1}X^{\top}$	ハット行列
yh	$\hat{\boldsymbol{y}} := \left(\hat{y}_1, \ldots, \hat{y}_n\right)^{\top}$	出力変数の予測値：$X\hat{\boldsymbol{\beta}} = H\boldsymbol{y}$
uh	$\hat{\boldsymbol{u}}$	$A^{\top}\hat{\boldsymbol{\beta}}$
r	r	行列 A のランク
F	F	F 統計量あるいは F 値
fdist	$t(r, p')$	自由度 r, p' の F 分布
pvalue		P 値：$f \sim F(r, p')$ のときの $P(F \leq f)$
s	$(s_0, \ldots, s_{p'})$	回帰係数の標準誤差
t	$(t_0, \ldots, t_{p'})$	t 統計量あるいは t 値
tdist	$t(n-p)$	自由度 $n - p$ の t 分布
alpha	α	有意水準
level		信頼係数を指定するためのオプション記述
cond		条件 $F \leq F_{\alpha}(r, p')$
confint		信頼区間：条件 $F \leq F_{\alpha}(r, p')$ を満たす, パラメータの区間

以上の説明の中で，$(x_{11}, y_1), \ldots, (x_{n1}, y_n)$ だけが既知です．$\beta_0, \beta_1, \varepsilon_i, \sigma^2$ は推定の対象です．

ベクトルと行列による表現♠

$\beta := (\beta_0, \ldots, \beta_p)^\top, Y := (Y_1, \ldots, Y_n)^\top, \varepsilon := (\varepsilon_1, \ldots, \varepsilon_n)^\top$ とすると，(11.31) は

$$Y = X\beta + \varepsilon \tag{11.32}$$

となります．

先の仮定は次のように書けます（I は単位行列）．

仮定1： $E(\varepsilon) = \mathbf{0}$（$E$ は期待値）
仮定2： $V(\varepsilon) = \sigma^2 I$（$V$ は分散共分散行列）
仮定3： $\operatorname{rank} X = p$
仮定4： $\varepsilon \sim \mathrm{N}(\mathbf{0}, \sigma^2 I)$

仮定1から3にもとづくモデルを**標準線形回帰モデル**，仮定1から4にもとづくモデルを**線形正規回帰モデル**といいます．

11.3.2　回帰係数と誤差項の分散の推定

回帰係数 β と誤差項の分散 σ^2 の推定について，表 11.3(b) のデータに対する線形回帰分析を例に説明します．

■回帰係数の最小2乗推定量

前節までは，$\hat{\beta}_0, \hat{\beta}_1, \hat{\beta}_2$ は $\hat{\beta}_0 = 3, \hat{\beta}_1 = -4, \hat{\beta}_2 = 2$ という数で，最小2乗推定値といいました．本節では，$\hat{\beta}_0, \hat{\beta}_1, \hat{\beta}_2$ は確率変数で，最小2乗推定量といいます．最小2乗推定量の実現値が最小2乗推定値で，その求め方は 11.1 節で説明した方法と同じです（例 11.1）．

最小2乗推定量の不偏性♠

表 11.3(b) のデータに対する線形回帰分析における $\hat{\beta}_0, \hat{\beta}_1, \hat{\beta}_2$ は

$$\hat{\beta}_0 = \beta_0 + \varepsilon_1 + \frac{1}{2}\varepsilon_2 - \frac{1}{2}\varepsilon_4, \tag{11.33}$$

$$\hat{\beta}_1 = \beta_1 + 2\varepsilon_1 - \frac{13}{6}\varepsilon_2 - \frac{2}{3}\varepsilon_3 + \frac{5}{6}\varepsilon_4, \tag{11.34}$$

$$\hat{\beta}_2 = \beta_2 - \varepsilon_1 + \frac{5}{6}\varepsilon_2 + \frac{1}{3}\varepsilon_3 - \frac{1}{6}\varepsilon_4 \tag{11.35}$$

となります．

仮定1より，$\hat{\beta}_0, \hat{\beta}_1, \hat{\beta}_2$ のそれぞれの期待値（平均）は $\beta_0, \beta_1, \beta_2$ です．つまり，$\hat{\beta}_0, \hat{\beta}_1, \hat{\beta}_2$ はそれぞれ $\beta_0, \beta_1, \beta_2$ の不偏推定量です．

$\beta := (\beta_0, \beta_1, \beta_2)^\top, \varepsilon := (\varepsilon_1, \varepsilon_2, \varepsilon_3, \varepsilon_4)^\top, X$ を計画行列，$Y := X\beta + \varepsilon$ とします．$\hat{\beta}$ を求めて，(11.33)～(11.35) を得ます．ここで，\[Beta]，\[Epsilon] は Mathematica 上では β，ε と表示される変数です．

```
                          Mathematica
data = {{1, 2, 3}, {1, 3, 6}, {2, 5, 3}, {3, 7, 6}};
n := Length[data]                         (* サンプルサイズ *)
p := Length[data[[1]]]                    (* 変数の個数 *)
vars := Table[Subscript[x, i], {i, p - 1}]   (* 入力変数（記号） *)
X := DesignMatrix[data, vars, vars]       (* 計画行列 *)
y := data[[All, -1]]                      (* 出力変数の実現値 *)
beta := Table[Subscript[\[Beta], i - 1], {i, p}]   (* 回帰係数 *)
epsilon := Table[Subscript[\[Epsilon], i], {i, n}] (* 誤差項 *)
Y := X . beta + epsilon                   (* 出力変数（確率変数） *)
betah := PseudoInverse[X] . Y             (* 回帰係数の推定量 *)
betah // Simplify
```

仮定2の例として，$\varepsilon_1, \ldots, \varepsilon_n \overset{\text{i.i.d.}}{\sim} \mathrm{U}(-\sqrt{3}\sigma, \sqrt{3}\sigma)$ とします．ε_i が従う確率分布は，平均 0，分散 σ^2 であれば何でもかまいません．$\mathrm{U}(-\sqrt{3}\sigma, \sqrt{3}\sigma)$ はそのような確率分布の一例です（表8.6を参照）．$\varepsilon_1, \ldots, \varepsilon_n$ がそれぞれ異なる分布に従ってもかまいません．

$\hat{\boldsymbol{\beta}}$ の期待値（平均）$E(\hat{\boldsymbol{\beta}})$ を求めて，$\left(\beta_0, \beta_1, \beta_2\right)^\top$ を得ます[11].

```
                          Mathematica
Clear[sigma];
udist = UniformDistribution[{-Sqrt[3] sigma, Sqrt[3] sigma}];
udists = Table[Distributed[v, udist], {v, epsilon}];
Expectation[betah, udists]
```

仮定4を認めて，$\varepsilon_1, \ldots, \varepsilon_n \overset{\text{i.i.d.}}{\sim} \mathrm{N}(0, \sigma^2)$ として，$\hat{\boldsymbol{\beta}}$ が従う確率分布が $\mathrm{N}(\boldsymbol{\beta}, \sigma^2(X^\top X)^{-1})$ と等しいかどうかを求めて，真（等しい）を得ます．

```
                          Mathematica
ndist = NormalDistribution[0, sigma];
ndists = Table[Distributed[v, ndist], {v, epsilon}];
TransformedDistribution[betah, ndists] ==
 MultinormalDistribution[beta, sigma^2 Inverse[Transpose[X] . X]]
```

確率変数 $\boldsymbol{Y}, \hat{\boldsymbol{Y}} := H\boldsymbol{Y}$ についても，(11.24) と同様の次の関係

$$\left|\boldsymbol{Y} - \bar{Y}\mathbf{1}\right|^2 = \left|\hat{\boldsymbol{Y}} - \bar{Y}\mathbf{1}\right|^2 + \left|\boldsymbol{Y} - \hat{\boldsymbol{Y}}\right|^2 \tag{11.36}$$

が成り立ちます．この式の各項について，表11.5にまとめます．

---

[11]　$\boldsymbol{\beta}$ の不偏推定量は $\hat{\boldsymbol{\beta}}$ のほかにもありますが，$\hat{\boldsymbol{\beta}}$ は分散が最小の線形不偏推定量，**最良線形不偏推定量**（best linear unbiased estimator; **BLUE**）です．さらに，仮定4を認めると，$\hat{\boldsymbol{\beta}}$ は最小分散不偏推定量，つまり線形でない推定量を考慮しても分散が最小の推定量になります[21]．

表 11.5 3種類の変動の自由度

名前	定義	自由度	補足
回帰変動	$\left|\hat{Y} - \bar{Y}\mathbf{1}\right|^2$	$p-1$	$\hat{Y} - \bar{Y}\mathbf{1}$ は p 個のベクトル $(\boldsymbol{x}_0, \ldots, \boldsymbol{x}_{p-1})$ の線形結合である.$(\bar{\hat{Y}} = \bar{Y}$ だから) $\mathbf{1}$ に直交するという（1個の）制約の分だけ自由度が減る.
残差変動	$\left|\boldsymbol{Y} - \hat{Y}\right|^2$	$n-p$	$\boldsymbol{Y} - \hat{Y}$ は n 次元空間のベクトルである.p 個のベクトル $(\boldsymbol{x}_0, \ldots, \boldsymbol{x}_{p-1})$ に直交するという（p 個の）制約の分だけ自由度が減る. 残差変動は RSS と同じである.
全変動	$\left|\boldsymbol{Y} - \bar{Y}\mathbf{1}\right|^2$	$n-1$	$\boldsymbol{Y} - \bar{Y}\mathbf{1}$ は n 次元空間のベクトルである.$\mathbf{1}$ に直交するという（1個の）制約の分だけ自由度が減る.

■誤差項の分散の不偏推定量

前節までは，残差 e_i や残差 2 乗和 RSS は標本によって決まる数でした．本節では，$e_i := Y_i - \boldsymbol{x}_i \cdot \hat{\boldsymbol{\beta}}$, $\mathrm{RSS} := \sum_{i=1}^{n} e_i^2$ は確率変数です.

$s^2 := \dfrac{\mathrm{RSS}}{n-p}$ も確率変数で，その期待値（平均）は σ^2 です．s^2 は σ^2 の不偏推定量だということです.

> **例 11.11** 表 11.3(b) のデータに対する線形回帰分析の s^2 の実現値を求めて，6 を得ます[*12].

```Python
data = pd.DataFrame({
    'x1': [1, 1, 2, 3], 'x2': [2, 3, 5, 7], 'y': [3, 6, 3, 6]})
model = smf.ols('y ~ x1 + x2', data).fit()
model.scale
```

```R
data <- data.frame(
  x1 = c(1, 1, 2, 3), x2 = c(2, 3, 5, 7), y = c(3, 6, 3, 6))
model <- lm(y ~ x1 + x2, data)
sigma(model)^2
```

```Mathematica
model := LinearModelFit[data, vars, vars];
model["EstimatedVariance"]
```

[*12] この値は，例 11.1 の Python の結果の Scale にも表示されています.

s^2 の性質♠

メモ 11.3（σ^2 の推定量）

$e := Y - X\hat{\beta}$, $\mathrm{RSS} := e \cdot e$, $s^2 := \dfrac{\mathrm{RSS}}{n-p}$ とする．$\sqrt{s^2}$ を誤差分散 σ^2 の標準誤差という．線形回帰分析の前提となる仮定1から3を認めると，s^2 は σ^2 の不偏推定量になる．仮定4を認めると，s^2 は σ^2 の最小分散不偏推定量になり，$\dfrac{(n-p)s^2}{\sigma^2} \sim \chi^2(n-p)$ である．

表 11.3(b) のデータに対する回帰分析における s^2 を求めて

$$s^2 = \frac{1}{6}(\varepsilon_2 - 2\varepsilon_3 + \varepsilon_4)^2 \tag{11.37}$$

を得ます．

```mathematica
e := Y - X . betah; RSS := e . e; s2 := RSS/(n - p)
s2 // Simplify
```

仮定2の例として，$\varepsilon_1, \ldots, \varepsilon_n \overset{\text{i.i.d.}}{\sim} \mathrm{U}(-\sqrt{3}\sigma, \sqrt{3}\sigma)$ とします．s^2 の期待値（平均）を求めて，σ^2 を得ます．

```mathematica
Expectation[s2, udists]
```

仮定4を認めると，メモ 11.3 のとおり $\dfrac{(n-p)s^2}{\sigma^2} \sim \chi^2(n-p)$ になります．一例として，$\sigma := 2$ として，「$\dfrac{(n-p)s^2}{\sigma^2}$ の実現値を求める」というシミュレーションを1万回行い，得られた1万個の実現値のヒストグラムと $\chi^2(n-p)$ の確率密度関数のグラフをまとめて描いて（図 11.5），両者が似ていることを確認します[13]．

```mathematica
tmp = Block[{sigma = 2},
   dist = TransformedDistribution[Simplify[(n - p)  s2/sigma^2], ndists];
   RandomVariate[dist, 10000]];
cdist = ChiSquareDistribution[n - p];
Show[Histogram[tmp, Automatic, "PDF"],
 Plot[PDF[cdist][x], {x, 0, 5}, PlotRange -> {0, 2}]]
```

---

[13]　現実には σ^2 は未知なので，$\dfrac{(n-p)s^2}{\sigma^2}$ の実現値を求めるときには，σ^2 の値を適当に仮定します．

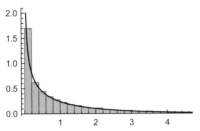

図 11.5　$\dfrac{(n-p)s^2}{\sigma^2}$ の実現値 1 万個のヒストグラムと $\chi^2(n-p)$ の確率密度関数

■ 11.3.3　回帰係数についての検定と推定

次の 2 種類の仮説を有意水準 5 % で検定します．これらの検定の結果は，ライブラリを使って簡単に得られます．

① 　$\beta_1 = \cdots = \beta_{p'} = 0$.
② 　0 以上 p' 以下の特定の整数 k に対して，$\beta_k = 0$.

■「$\beta_1 = \cdots = \beta_{p'} = 0$」の検定

次の仮説を検定します．

$$H_0: \beta_1 = \cdots = \beta_{p'} = 0, \qquad H_1: \beta_1, \ldots, \beta_{p'} \text{のいずれかが 0 でない.} \qquad (11.38)$$

H_0 を棄却できない場合は，線形回帰分析を行う意義はないかもしれません．

> **例 11.12**　表 11.1(b) のデータに対する線形回帰分析における，(11.38) の仮説検定の P 値を求めて，約 0.816 (> 5 %) を得て，H_0 を採択します[14].

```Python
data = pd.DataFrame({
    'x1': [1, 1, 2, 3], 'x2': [2, 3, 5, 7], 'y': [3, 6, 3, 6]})
model = smf.ols('y ~ x1 + x2', data).fit()
model.f_pvalue
```

```R
data <- data.frame(
  x1 = c(1, 1, 2, 3), x2 = c(2, 3, 5, 7), y = c(3, 6, 3, 6))
model <- lm(y ~ ., data); n <- nrow(data); p <- ncol(data); r <- p - 1
1 - pf(summary(model)$fstatistic, r, n - p)
```

---

[14]　この値は，例 11.1 の Python の結果の Prob (F-statistic)，R の結果の p-value にも表示されています（それらをみるほうが簡単です）．

■回帰係数についての検定と推定の枠組み♠

A を定数行列として，$\boldsymbol{u} := A^\top \boldsymbol{\beta} = \boldsymbol{u}_0$ という形で表せる仮説の検定方法を示します．

メモ 11.4（回帰係数の仮説検定）

帰無仮説 H_0 と対立仮説 H_1 を

$$H_0 : \boldsymbol{u} = \boldsymbol{u}_0, \qquad H_1 : \boldsymbol{u} \neq \boldsymbol{u}_0 \tag{11.39}$$

とする．
確率変数 F を

$$F := \frac{(\hat{\boldsymbol{u}} - \boldsymbol{u})^\top M^{-1} (\hat{\boldsymbol{u}} - \boldsymbol{u})}{r s^2} \tag{11.40}$$

と定義する．ここで，$\hat{\boldsymbol{u}} := A^\top \hat{\boldsymbol{\beta}}$, $M := A^\top (X^\top X)^{-1} A$, $r := \operatorname{rank} A$, $s^2 := \dfrac{\mathrm{RSS}}{n - p}$ である．

H_0 のもとでの F の実現値は **F値** である．$f \sim F(r, n - p)$ が F 値以上になる確率が P 値である．

本節でメモ 11.4 を活用するときの $A^\top, \boldsymbol{u}_0$ の値を表 11.6 にまとめます．

表 11.6　仮説検定や推定に用いる $A^\top$ と $\boldsymbol{u}_0$

例	目的	p	$A^\top$	$\boldsymbol{u}_0$
例 11.13	$\beta_1 = \beta_2 = 0$ の検定	3	$\begin{bmatrix} 0 & 1 & 0 \\ 0 & 0 & 1 \end{bmatrix}$	$\begin{pmatrix} 0 \\ 0 \end{pmatrix}$
例 11.15	$\beta_0 = 0$ の検定	3	$\begin{bmatrix} 1 & 0 & 0 \end{bmatrix}$	$\begin{pmatrix} 0 \end{pmatrix}$
例 11.15	$\beta_1 = 0$ の検定	3	$\begin{bmatrix} 0 & 1 & 0 \end{bmatrix}$	$\begin{pmatrix} 0 \end{pmatrix}$
例 11.15	$\beta_2 = 0$ の検定	3	$\begin{bmatrix} 0 & 0 & 1 \end{bmatrix}$	$\begin{pmatrix} 0 \end{pmatrix}$
例 11.17	β_0 の信頼区間	2	$\begin{bmatrix} 1 & 0 \end{bmatrix}$	$\begin{pmatrix} \beta_0 \end{pmatrix}$
例 11.17	β_1 の信頼区間	2	$\begin{bmatrix} 0 & 1 \end{bmatrix}$	$\begin{pmatrix} \beta_1 \end{pmatrix}$
例 11.19	β_0, β_1 の信頼領域	2	$\begin{bmatrix} 1 & 0 \\ 0 & 1 \end{bmatrix}$	$\begin{pmatrix} \beta_0 \\ \beta_1 \end{pmatrix}$
例 11.22	出力変数の期待値の信頼区間	2	$\begin{bmatrix} 1 & x_1 \end{bmatrix}$	$\begin{pmatrix} Y' \end{pmatrix}$

例 11.13　例 11.12 の仮説検定における F 値と P 値をメモ 11.4 の枠組みで求めて，$1/4 = 0.25$ と $\sqrt{2/3} \simeq 0.816$ を得ます．

表 11.7 「$\beta_k = 0$」の検定結果

k	推定値	標準誤差	t 値	P 値
0	3.	3.	1.	0.5
1	-4.	7.68115	-0.520756	0.69435
2	2.	3.31662	0.603023	0.654545

帰無仮説 H_0 と対立仮説 H_1 は

$$
\begin{cases}
H_0: \boldsymbol{u} := A^\top \boldsymbol{\beta} = \begin{bmatrix} 0 & 1 & 0 \\ 0 & 0 & 1 \end{bmatrix} \begin{pmatrix} \beta_0 \\ \beta_1 \\ \beta_2 \end{pmatrix} = \begin{pmatrix} \beta_1 \\ \beta_2 \end{pmatrix} = \boldsymbol{u}_0 := \begin{pmatrix} 0 \\ 0 \end{pmatrix}, \\
H_1: \boldsymbol{u} \neq \boldsymbol{u}_0
\end{cases}
\tag{11.41}
$$

です（表 11.6）．A と $\boldsymbol{u}$ を設定し，F 値と P 値を求めて，0.25 と約 0.816 を得ます．

```Mathematica
uh := Transpose[A] . betah
M := Transpose[A] . Inverse[Transpose[X] . X] . A
r := MatrixRank[A]
F := (uh - u) . Inverse[M] . (uh - u)/r/s2
fdist := FRatioDistribution[r, n - p]
pvalue := 1 - CDF[fdist, F]

Y := y (* この先，実現値のみを扱う. *)
A = Transpose[{{0, 1, 0}, {0, 0, 1}}]; u = {0, 0};
{F, pvalue} // N
```

■「$\beta_k = 0$」の検定

k を 0 以上 p' 以下の整数として，次の仮説を検定します．

$$H_0: \beta_k = 0, \qquad H_1: \beta_k \neq 0. \tag{11.42}$$

H_0 を棄却できない場合は，変数 x_k は不要かもしれないということになります．

例 11.14 表 11.1(b) のデータに対する線形回帰分析において，(11.42) の仮説検定を行い，表 11.7 の結果を得て，$k = 0, 1, 2$ の全ての場合の H_0 を採択します．

Python と R のコードと結果は，例 11.1 と同じです．

```Mathematica
model["ParameterTable"]
```

メモ 11.4 の枠組みでの計算♠

例 11.15 例 11.14 の仮説検定の P 値をメモ 11.4 の枠組みで求めて，表 11.7 の結果を得ます．

例えば，$k = 0$ の場合の帰無仮説 H_0 と対立仮説 H_1 は

$$\begin{cases} H_0: \boldsymbol{u} := A^\top \boldsymbol{\beta} = \begin{bmatrix} 1 & 0 & 0 \end{bmatrix} \begin{pmatrix} \beta_0 \\ \beta_1 \\ \beta_2 \end{pmatrix} = \begin{pmatrix} \beta_0 \end{pmatrix} = \boldsymbol{u}_0 := \begin{pmatrix} 0 \end{pmatrix}, \\ \\ H_1: \boldsymbol{u} \neq \boldsymbol{u}_0 \end{cases} \tag{11.43}$$

です（表 11.6）．A と $\boldsymbol{u}$ を設定して，F 値と P 値を求めます．

```
                        Mathematica
u = {0};
A = Transpose[{{1, 0, 0}}]; pvalue // N (* k = 0 *)
A = Transpose[{{0, 1, 0}}]; pvalue // N (* k = 1 *)
A = Transpose[{{0, 0, 1}}]; pvalue // N (* k = 2 *)
```

表 11.7 に掲載しているのが F 値ではなく t 値なのは，個々の回帰係数についての $r = 1$ の場合の仮説検定が，F 分布ではなく t 分布を使って行われるのが一般的だからです（メモ 10.5）．

メモ 11.5（回帰係数の最小 2 乗推定量が従う分布）

$k = 0, \ldots, p'$ とする．メモ 11.1 の $\hat{\beta}_k$ とメモ 11.3 の s^2 について，次が成り立つ．

① $(\hat{\beta}_k - \beta_k)/\sigma_k$ は s^2 と独立に N$(0, 1)$ に従う．
② $t_k := (\hat{\beta}_k - \beta_k)/s_k$ は t$(n - p)$ に従う．ここで，$s_k := \sqrt{s^2 C_k}$ は $\hat{\beta}_k$ の標準誤差，C_k は $(X^\top X)^{-1}$ の $(k+1, k+1)$ 成分である．（k は 0 から数え，行列の行と列は 1 から数えるから，1 ずれる．）

メモ 11.5 の s_k を求めて，$s_0 = 3, s_1 = \sqrt{59} \simeq 7.68, s_2 = \sqrt{11} \simeq 3.32$ を得ます．これらの値は，表 11.7 の「標準誤差」でも確認できます．

```
                        Mathematica
s := Sqrt[s2 Diagonal[Inverse[Transpose[X] . X]]]
s // N
```

メモ 11.5 の t_k の実現値（t 値）を求めて $t_1 = 1, t_2 = -4/\sqrt{59} \simeq$ -0.521, $2/\sqrt{11} \simeq$ 0.603 を得ます．これらの値は，表 11.7 の「t 値」でも確認できます．

```
                        Mathematica
t := betah/s
t // N
```

これらの t 値に対応する P 値を求めて，0.5，0.69，0.65 を得ます．これらは先に F 分布を使って求めたのと同じ値で，表 11.7 の「P 値」でも確認できます．

```
                        Mathematica
tdist := StudentTDistribution[n - p]
Table[2 Min[CDF[tdist][v], 1 - CDF[tdist][v]], {v, t}] // N
```

表 11.8 年齢階級（中点）と血圧の平均（表 7.1 の再掲）

x_1：年齢階級（歳）	35	45	55	65	75
y：血圧の平均（mmHg）	114	124	143	158	166

表 11.9 表 11.8 のデータに対する回帰係数の信頼区間

k	推定値	標準誤差	信頼区間
0	65.1	5.82838	$[46.5515, 83.6485]$
1	1.38	0.102632	$[1.05338, 1.70662]$

■回帰係数の信頼区間

回帰係数の信頼区間を求めます．信頼区間を求めることと仮説検定を行うことは表裏一体の関係にあります．例えば，β_k の信頼区間に 0 が属していれば，帰無仮説「$\beta_k = 0$」は棄却されません．つまり，帰無仮説が棄却されないような回帰係数の範囲が，その回帰係数の信頼区間になります．

> **例 11.16** 表 11.8 のデータに対して線形回帰分析を行い，個々の回帰係数 β_k の信頼係数 95 % の信頼区間を求めて，表 11.9 の結果を得ます[15]．例えば，β_1 の信頼区間は $[1.05, 1.71]$ です．この区間に 0 は属していないので，「$H_0: \beta_1 = 0$, $H_1: \beta_1 \neq 0$」を検定すると，H_0 は棄却されます．

```Python
data = pd.DataFrame({'x1': [35, 45, 55, 65, 75],
                     'y': [114, 124, 143, 158, 166]})
model = smf.ols('y ~ x1', data).fit()
print(model.summary2(alpha=0.05)) # 信頼区間はこのレポートにも表示される.
model.conf_int(alpha=0.05)
```

```R
data <- data.frame(x1 = c(35, 45, 55, 65, 75),
                   y = c(114, 124, 143, 158, 166))
model <- lm(y ~ x1, data); level <- 0.95
(interval <- confint(model, level = level))
```

```Mathematica
data = Transpose[{{35, 45, 55, 65, 75}, {114, 124, 143, 158, 166}}];
alpha = 5/100; level := ConfidenceLevel -> 1 - alpha
model["ParameterConfidenceIntervalTable", level]
```

[15] Mathematica の model は例 11.11 で定義したものです．

ライブラリに頼らない計算♠

> ### メモ 11.6（回帰係数の信頼区間）
> 回帰係数 β_i の信頼係数 $(1 - \alpha)$ の信頼区間は
> $$[\hat{\beta}_i - s_i\, \mathrm{t}_{\alpha/2}(n - p), \hat{\beta}_i + s_i\, \mathrm{t}_{\alpha/2}(n - p)] \tag{11.44}$$
> である．ここで，s_i は $\hat{\beta}_i$ の標準誤差（メモ 11.5），$\mathrm{t}_{\alpha/2}(n - p)$ は $\mathrm{t}(n - p)$ の上側 $\dfrac{100\alpha}{2}$ % 点である．

回帰係数の信頼区間をメモ 11.6 の方法で求めて，表 11.9 のとおりの結果を得ます．

```
Mathematica
tmp = InverseCDF[tdist, 1 - alpha/2];
{betah - s tmp, betah + s tmp} // Transpose // N
```

回帰係数の信頼区間は，メモ 11.4 の枠組みでも求められます．F 値が採択域に入るという条件を，回帰係数について解けばよいのです．

例 11.17　回帰係数の信頼区間をメモ 11.4 の枠組みで求めて，表 11.9 のとおりの結果を得ます．

F 値が採択域に入るという条件 $F \leq \mathrm{F}_\alpha(r, n - p)$（コードの cond）を，回帰係数について解きます．ここで，$\mathrm{F}_\alpha(r, n - p)$ は，$\mathrm{F}(r, n - p)$ の上側 100α % 点です．

例えば，β_0 の信頼区間を求めるなら，A と u_0 は次のとおりです（表 11.6）．

$$u := A^\top \beta = \begin{bmatrix} 1 & 0 \end{bmatrix} \begin{pmatrix} \beta_0 \\ \beta_1 \end{pmatrix} = (\beta_0) = u_0. \tag{11.45}$$

```
Mathematica
cond := F <= InverseCDF[fdist, 1 - alpha]
confint := Reduce[cond]
A = Transpose[{{1, 0}}]; u = {beta0}; confint // N (* k = 0 *)
A = Transpose[{{0, 1}}]; u = {beta1}; confint // N (* k = 1 *)
```

回帰係数の信頼領域♠

線形単回帰分析では，回帰係数は二つ（β_0, β_1）なので，それらの信頼区間を $\beta_0\beta_1$ 平面で可視化すると長方形の内部になります．

それに対して，二つの回帰係数をまとめた**信頼領域**は，長方形ではなく楕円の内部になります．

例 11.18　個々の信頼区間と信頼領域を，ライブラリを使って求めて，可視化し，図 11.6 を得ます．

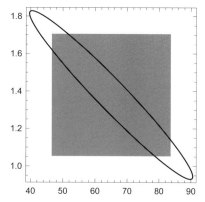

図 11.6　回帰係数の信頼区間（長方形の内側）と信頼領域（楕円の内側）

R

```
plot(ellipse::ellipse(model, level = level), type = "l")
do.call(rect, as.list(interval))
```

Mathematica

```
tmp = model["ParameterConfidenceIntervals", level];
g1 = Graphics[{Gray, Apply[Rectangle, Transpose[tmp]]}];
g2 = Graphics[model["ParameterConfidenceRegion", level]];
Show[g1, g2, AspectRatio -> 1, Frame -> True]
```

例 11.19　信頼領域をメモ 11.4 の枠組みで求めて，可視化します（結果は例 11.18 と同様）．

F 値が採択域に入るという条件 $F \leq \mathrm{F}_\alpha(r, n - p)$（コードの cond）を満たす (β_0, β_1) の領域を可視化します．

A と $\boldsymbol{u}_0$ は次のとおりです（表 11.6）．

$$\boldsymbol{u} := A^\top \boldsymbol{\beta} = \begin{bmatrix} 1 & 0 \\ 0 & 1 \end{bmatrix} \begin{pmatrix} \beta_0 \\ \beta_1 \end{pmatrix} = \begin{pmatrix} \beta_0 \\ \beta_1 \end{pmatrix} = \boldsymbol{u}_0. \tag{11.46}$$

Mathematica

```
A = {{1, 0}, {0, 1}}; u = {beta0, beta1};
g3 = RegionPlot[ImplicitRegion[N[cond], Evaluate[u]]];
Show[g1, g3, AspectRatio -> 1, Frame -> True]
```

11.3.4　予測値の期待値の信頼区間と予測値の信頼区間

入力変数 $x_0, \ldots, x_{p'}$ に対する出力変数の予測値 $\hat{Y} = \hat{\beta}_0 x_0 + \cdots + \hat{\beta}_{p'} x_{p'}$ は確率変数です．ですから，$\hat{\beta}_i$ の実現値を使って予測値を一つに決めるだけではなく，データと整合する区間（信頼区間）を考えることもできます．

例 11.20　表 11.8 のデータに対して線形回帰分析を行い，予測値の期待値の信頼区間を求めて，可視化します（図 11.7(a)）.

```Python
data = pd.DataFrame({'x1': [35, 45, 55, 65, 75],
                     'y': [114, 124, 143, 158, 166]})
model = smf.ols('y ~ x1', data).fit()
tmp = pd.DataFrame({'x1': np.linspace(35, 75, 100)})
ci = model.get_prediction(tmp).summary_frame(alpha=0.05)
df = ci[['mean', 'mean_ci_lower', 'mean_ci_upper']].assign(x1=tmp.x1)
_, ax = plt.subplots()
ax.scatter(data.x1, data.y)
df.plot(x='x1', ax=ax);
```

```R
data <- data.frame(x1 = c(35, 45, 55, 65, 75),
                   y = c(114, 124, 143, 158, 166))
model <- lm(y ~ x1, data)
x1 <- seq(35, 75, length.out = 100)
ci <- predict(model, data.frame(x1), level = 0.95, interval = "confidence")
plot(data)
lines(x1, ci[, "fit"], type='l')
lines(x1, ci[, "lwr"], type='l')
lines(x1, ci[, "upr"], type='l')
```

```Mathematica
data = Transpose[{{35, 45, 55, 65, 75}, {114, 124, 143, 158, 166}}];
g = Show[ListPlot[data], Plot[model[x1], {x1, 35, 75}],
  Plot[Evaluate[model["MeanPredictionBands", level]],
    Evaluate[{vars[[1]], 35, 75}], PlotStyle -> Dashed]]
```

例 11.21　表 11.8 のデータに対して線形回帰分析を行い，予測値の信頼区間を求めて，可視化します（図 11.7(b)）. 誤差項 $\varepsilon_i \sim \mathrm{N}(0, \sigma^2)$ の効果で，予測値の期待値の場合より区間が広くなります.

```Python
df = ci[['mean', 'obs_ci_lower', 'obs_ci_upper']].assign(x1=tmp.x1)
_, ax = plt.subplots()
ax.scatter(data.x1, data.y)
df.plot(x='x1', ax=ax);
```

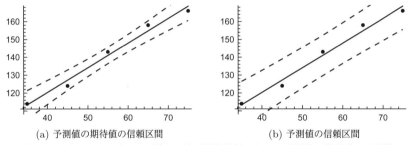

(a) 予測値の期待値の信頼区間　　　(b) 予測値の信頼区間

図 11.7 表 11.8 のデータに対する線形回帰分析における予測値の期待値と予測値

```
                              R
ci <- predict(model, data.frame(x1), level = 0.95, interval = "prediction")
plot(data)
lines(x1, ci[, "fit"], type='l')
lines(x1, ci[, "lwr"], type='l')
lines(x1, ci[, "upr"], type='l')
```

```
                      Mathematica
Show[ListPlot[data], Plot[model[x1], {x1, 35, 75}],
    Plot[Evaluate[model["SinglePredictionBands", level]],
      Evaluate[{vars[[1]], 35, 75}], PlotStyle -> Dashed]]
```

メモ 11.4 の枠組みでの計算♠

例 11.22 予測値の期待値の信頼区間をメモ 11.4 の枠組みで求めて，可視化します（結果は例 11.20 と同様）．

F 値が採択域に入るという条件 $F \leq \mathrm{F}_\alpha(r, n-p)$（コードの cond）を満たす (x_1, Y') の領域を可視化します．A と $\boldsymbol{u}_0$ は次のとおりです（表 11.6）．

$$\boldsymbol{u} := A^\top \boldsymbol{\beta} = \begin{bmatrix} 1 & x_1 \end{bmatrix} \begin{pmatrix} \beta_0 \\ \beta_1 \end{pmatrix} = (\beta_0 + \beta_1 x_1) = \boldsymbol{u}_0 := (Y') \tag{11.47}$$

```
                      Mathematica
A = {{1}, {vars[[1]]}}; u = {Yp};
Show[g, RegionPlot[Evaluate[cond],
  Evaluate[{vars[[1]], 35, 75}], {Yp, 0, 200}, BoundaryStyle -> None]]
```

Python と R には，予測値の期待値の信頼区間を可視化する手軽な方法があります．その結果を図 11.8 に示します．Python では，線形正規回帰モデルを仮定せずに，シミュレーション（文献 [32] のアルゴリズム 6.2「**ブートストラップ**」で信頼区間が求められるため，結果が図 11.7(a) とは異なります．R では，本節で解説したのと同じ方法が使われるため，結果は図 11.7(a) と同じです．

Python
```
sns.regplot(x=data.x1, y=data.y, ci=95);
```

R
```
library(ggplot2)
ggplot(data, aes(x1, y)) + geom_point() +
  stat_smooth(formula = y ~ x, method = "lm", level = 0.95)
```

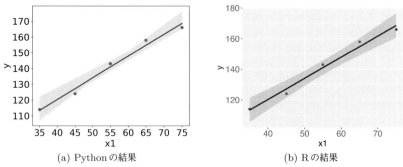

(a) Python の結果 　　　　　　　 (b) R の結果

図 11.8　表 11.8 のデータに対する線形回帰分析における予測値の期待値の信頼区間

III 微分積分

第III部では，大学教養レベルの微分積分を扱います．

第12章「関数の極限と連続性」，第13章「微分」，第14章「積分」では1変数関数 $\mathbb{R} \to \mathbb{R}$（1個の実数に1個の実数を対応させる関数），第15章「多変数関数の微分積分」では多変数関数 $\mathbb{R}^n \to \mathbb{R}$（$n$個の実数の組に1個の実数を対応させる関数）を扱います．第15章ではベクトルと行列を使うので，それらについて知らない場合は，第15章の前に第IV部「線形代数」の第16章，第17章を読んでください．

大学教養レベルの微分積分では，実数論から始めて体系を構築していくこともありますが，本書ではそういうことはせず，簡単な場合に限定して，直観に頼って話を進めます．イプシロン・デルタ論法（ε-δ論法）は論理式の練習のために紹介しますが，それを使って体系を構築するわけではありません．

第II部「統計」と同様，本書単独で読めるように書いたつもりですが，標準的な教科書が手もとにあると，命題の証明を確認したり，練習問題で自分の理解度を確認したりできて便利かもしれません．第12章から第14章で扱うのは1変数関数なので，高校数学の教科書や文献[12]のような高校数学の参考書があればそれで十分でしょう．本書の第15章までに対応するものとしては，ページの少ない順に，文献[31]と文献[13]が挙げられますが，大学等で微分積分の講義を受講している場合は，そこで指定される教科書や参考書が多変数関数の微分積分を扱っているなら，それで十分です．

第III部で使用するシステムを表12.1にまとめます．微分積分を学ぶ際には，Python（SymPy）やMathematicaによる数式処理が有効です．実践では数値計算が行われることが多いのですが，第III部ではほとんど行いません．ですから，数式処理のサポートが乏しいRの出番は，第III部ではほとんどありません．

表 12.1　第III部で使用するシステム

システム	主な用途
Wolfram|Alpha	数式処理
Python (SymPy)	数式処理
R	数値計算
Mathematica	数式処理

関数の極限と連続性

■ 12.1 関数の極限

🔲 12.1.1 関数の極限の定義

関数 f において，x が a と異なる値をとりながら a に限りなく近づくとき，$f(x)$ が ある一定の値 α に限りなく近づくとします．このことを，$x \to a$ のとき $f(x)$ は**極限** α に**収束**するといい

$$\lim_{x \to a} f(x) = \alpha \tag{12.1}$$

と表します．

> **例 12.1** $f(x) := 2x - 3$ とします．$\displaystyle\lim_{x \to 1} f(x)$ を求めて，-1 を得ます．

Wolfram|Alpha
```
lim␣f(x)␣as␣x->1␣where␣f(x)=2x-3
```

Python
```
f = lambda x: 2 * x - 3; var('x')
limit(f(x), x, 1)
```

Mathematica
```
f[x_] := 2 x - 3
Limit[f[x], x -> 1]
```

例 12.1 の極限を，$\displaystyle\lim_{x \to 1}(2x - 3)$ のように表すことがあります．これは，「$f(x) :=$ $2x - 3,\ \displaystyle\lim_{x \to 1} f(x)$」を略記したものだと考えてください（暗黙の関数定義）．この形の まま極限を求めて，同じ結果（-1）を得ます．

Wolfram|Alpha
```
lim␣2x-3␣as␣x->1
```

Python
```
limit(2 * x - 3, x, 1)
```

Mathematica
```
Limit[2 x - 3, x -> 1]
```

極限についての注意♠

例 12.1 の $\lim\limits_{x \to 1}(2x-3)$ は $2x-3$ の x を 1 で置き換えたものと同じですが，極限はそういうものではありません．$\lim\limits_{x \to a} f(x) = \alpha$ が成り立つために，必ずしも $f(a) = \alpha$ である必要はありません．

例 12.2 関数 f を

$$f(x) := \begin{cases} x^2 & (x \neq 2), \\ 3 & (x = 2) \end{cases} \tag{12.2}$$

と定義します．$\lim\limits_{x \to 2} f(x)$ を求めて，（3 ではなく）4 を得ます．

Mathematica
```
f[x_] := Piecewise[{{x^2, x != 2}, {3, x == 2}}]
Limit[f[x], x -> 2]
```

$\lim\limits_{x \to a} f(x)$ を求めるのに，$f(a)$ が定義されている必要もありません．

例 12.3 次のように定義される関数 g について，$\lim\limits_{x \to \sqrt{2}} g(x)$ を求めて，$2\sqrt{2}$ を得ます．

$$g(x) := \frac{x^2 - 2}{x - \sqrt{2}}. \tag{12.3}$$

$g(\sqrt{2})$ は定義されていませんが（自然定義域は $\mathbb{R} \setminus \{\sqrt{2}\}$），$\lim\limits_{x \to \sqrt{2}} g(x)$ は求められます．

Wolfram|Alpha
```
lim␣g(x)␣as␣x->sqrt(2)␣where␣g(x)=(x^2-2)/(x-sqrt(2))
```

Python
```
g = lambda x: (x**2 - 2) / (x - sqrt(2))
limit(g(x), x, sqrt(2))
```

Mathematica
```
g[x_] := (x^2 - 2)/(x - Sqrt[2])
Limit[g[x], x -> Sqrt[2]]
```

12.1.2 イプシロン・デルタ論法♠

$\lim\limits_{x \to a} f(x) = \alpha$ は

任意の $\varepsilon > 0$ に対して，$\delta > 0$ が存在して
「任意の $x \in D$ について，$0 < |x - a| < \delta$ ならば $|f(x) - \alpha| < \varepsilon$」 $\tag{12.4}$

と定義されます．ここで，D は f の定義域です．このような極限の定義の仕方を

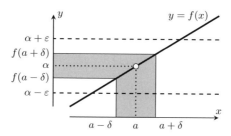

図12.1　$\varepsilon(>0)$ をどんなに小さくしても，$a-\delta<x<a+\delta$ となる $x(\neq a)$ をとれば，$\alpha-\varepsilon<f(x)<\alpha+\varepsilon$ となる.

イプシロン・デルタ論法（$\varepsilon\text{-}\delta$ 論法）といいます.

(12.4) について図12.1を使って説明します.

破線は $\alpha\pm\varepsilon$ を表しています. 塗りつぶした部分に注目すると

$$「x\neq a \text{ かつ } a-\delta<x<a+\delta」 \text{ ならば }「\alpha-\varepsilon<f(x)<\alpha+\varepsilon」 \tag{12.5}$$

つまり「任意の $x\in D$ について，$0<|x-a|<\delta$ ならば $|f(x)-\alpha|<\varepsilon$」です.

任意の $\varepsilon>0$ に対して，このような $\delta>0$ が存在するというのが，$\displaystyle\lim_{x\to a}f(x)=\alpha$ の定義だということです.

(12.4) を論理式（第5章）で表すと

$$\forall\varepsilon>0\,(\exists\delta>0\,(\forall x\in D\,(0<|x-a|<\delta\Rightarrow|f(x)-\alpha|<\varepsilon))) \tag{12.6}$$

となります.

イプシロン・デルタ論法は初学者にはわかりにくいと言われます. そのわかりにくさを解消するために，コンピュータで試しながら，論理式に慣れることを試みます.

コードを見やすくするために，(12.6) を二つの部分

$$A:=\forall\varepsilon>0\,(\exists\delta>0\,(B)), \tag{12.7}$$

$$B:=\forall x\in D\,(0<|x-a|<\delta\Rightarrow|f(x)-\alpha|<\varepsilon) \tag{12.8}$$

に分けます. ここでは $D=\mathbb{R}$ とします.

例12.4　例12.1の結果，つまり $f(x):=2x-3,\ \displaystyle\lim_{x\to1}f(x)=-1$ を表す (12.6) が真かどうかを求めて，真を得ます.

Mathematica

```
A := ForAll[epsilon, epsilon > 0, Exists[delta, delta > 0, B]];
B := ForAll[x, Element[x, Reals],
  Implies[0 < Norm[x - a] < delta, Norm[f[x] - alpha] < epsilon]]

f[x_] := 2 x - 3; a = 1; alpha = -1;
Reduce[A, Reals]
```

例 12.5 $\lim\limits_{x \to 1} f(x) = -1$ を示すために，$\varepsilon > 0$ という仮定のもとで (12.8) と同値な条件を求めて，$2\delta \leq \varepsilon$ を得ます．（紙とペンでは $\delta = \varepsilon/2$ として (12.8) を真にします．）

Mathematica
```
Simplify[Reduce[B, Reals], epsilon > 0]
```

例 12.6 α を実数として，(12.6) と同値な条件を求めて，極限値 $\alpha = -1$ を得ます．

Mathematica
```
Clear[alpha];
Reduce[A, Reals]
```

12.1.3 $x \to \pm\infty$ の場合

$x \to \infty$ のときに $f(x)$ が一定の値 α に近づくことを，$\lim\limits_{x \to \infty} f(x) = \alpha$ と表します．$\lim\limits_{x \to -\infty} f(x) = \alpha$ の定義も同様です．

例 12.7 $\lim\limits_{x \to \infty} \left(1 + \dfrac{1}{x}\right)^x$ を求めて，e（**ネイピア数，自然対数の底**）を得ます．

Wolfram|Alpha
```
limit_(1+1/x)^x_as_x->infinity
```

Python
```
limit((1 + 1 / x)**x, x, oo)
```

Mathematica
```
Limit[(1 + 1/x)^x, x -> Infinity]
```

12.1.4 $f(x) \to \pm\infty$ の場合

$x \to a$ のときに $f(x)$ が限りなく大きくなるとき，正の無限大に**発散**するといい，$\lim\limits_{x \to a} f(x) = \infty$ と表します．$\lim\limits_{x \to a} f(x) = -\infty$ の定義も同様です．

例 12.8 $\lim\limits_{x \to 0} \dfrac{1}{x^2}$ を求めて，∞ を得ます．

Wolfram|Alpha
```
limit_1/x^2_as_x->0
```

```Python
limit(1 / x**2, x, 0)
```

```Mathematica
Limit[1/x^2, x -> 0]
```

▦ 12.1.5　片側からの極限

$a := 0$ とします．このとき，$x \to a$ における $f(x) := \dfrac{|x|}{x}$ の極限は存在しませんが，$x > 0$ のまま x を a に近づける場合や，$x < 0$ のまま x を a に近づける場合は，$f(x)$ は一定の値に近づきます（図 12.2(a)）．前者を $\displaystyle\lim_{x \to a+0} f(x)$，後者を $\displaystyle\lim_{x \to a-0} f(x)$ と表します．また，この例のように $a := 0$ の場合は，$a + 0$ を $0+$ や $+0$ と表すこともあります（$0 - 0$ も同様）．

例 12.9　$\displaystyle\lim_{x \to 0+0} \frac{|x|}{x}$ と $\displaystyle\lim_{x \to 0-0} \frac{|x|}{x}$ を求めて，1 と -1 を得ます．

```Wolfram|Alpha
lim_|x|/x_as_x->0
```

```Python
limit(abs(x) / x, x, 0, dir='+'), limit(abs(x) / x, x, 0, dir='-')
```

```Mathematica
{Limit[RealAbs[x]/x, x -> 0, Direction -> "FromAbove"],
 Limit[RealAbs[x]/x, x -> 0, Direction -> "FromBelow"]}
```

■ 12.2　関数の連続性

ある点 a の近くで $y = f(x)$ のグラフがつながっているとき，「f は a で**連続**」といいます．このことの正確な定義は

$$\lim_{x \to a} f(x) = f(a) \tag{12.9}$$

です．

集合 A に属する全ての x について f が連続であるとき，f は A（の各点で）で連続といいます．A が f の定義域のときは，「f は連続」といいます．例を二つ挙げます（図 12.2）[*1]．

[*1]　通常は単純に f[x_] := RealAbs[x]/x などとすればいいのですが，ここでは真面目に f, g を定義します．

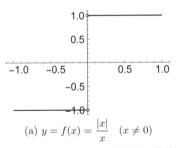

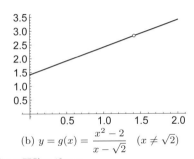

(a) $y = f(x) = \dfrac{|x|}{x}$ $(x \neq 0)$ 　　(b) $y = g(x) = \dfrac{x^2 - 2}{x - \sqrt{2}}$ $(x \neq \sqrt{2})$

図 12.2 連続性を調べる関数のグラフ

```
                        Mathematica
Clear[f, g, x];
f[x_] := Piecewise[{{RealAbs[x]/x, x != 0}}, Undefined]
g[x_] := Piecewise[{{(x^2 - 2)/(x - Sqrt[2]), x != Sqrt[2]}}, Undefined]

ResourceFunction["EnhancedPlot"][f[x], {x, -1, 1}, "FindExceptions" -> True]
ResourceFunction["EnhancedPlot"][g[x], {x, 0, 2}, "FindExceptions" -> True]
```

例 12.10 図 12.2 の f と g の連続性を求めて，いずれも真（連続）を得ます．

```
                        Mathematica
FunctionContinuous[{f[x], x != 0}, x]
FunctionContinuous[{g[x], x != Sqrt[2]}, x]
```

図 12.2 の f, g はどちらも連続です．f は 0，g は $\sqrt{2}$ で不連続だと言いたくなりますが，それは定義域の外のことなので，無意味です．

🔲 右連続と左連続

関数 $f \colon [a, b) \to \mathbb{R}$ について

$$\lim_{x \to a+0} f(x) = f(a) \tag{12.10}$$

が成り立つとき，「f は a で**右連続**」といいます．関数 $(a, b] \to \mathbb{R}$ が b で**左連続**であることも同様です．関数 f が，(a, b) で連続，a で右連続，b で左連続のとき，「f は $[a, b]$ で連続」といいます．

13.1 微分係数と導関数

13.1.1 微分係数

関数 f の区間 $[a, a + h]$ $(h \neq 0)$ における**平均変化率**を

$$\frac{f(a + h) - f(a)}{h} \tag{13.1}$$

と定義します．これは，変化についての感覚と合っています．例えば，時刻 a から $a + h$ の間に，位置が $f(a)$ から $f(a + h)$ に変わったとすると，平均変化率は平均時速です．

平均変化率の $h \to 0$ のときの極限値

$$\lim_{h \to 0} \frac{f(a + h) - f(a)}{h} \tag{13.2}$$

が存在するとき，これを f の a における**微分係数**（differential coefficient）といい，$f'(a)$ と表します（f' の読み方はエフプライムあるいはエフダッシュ）．$f'(a)$ が存在するとき，「f は a で**微分可能**」といいます．

例 13.1 関数 $f(x) := x^3$ の 1 における微分係数 $f'(1)$ を求めて，3 を得ます．

Wolfram|Alpha
```
f(x)=x^3,f'(1)
```

Mathematica
```
f[x_] := x^3
f'[1]
```

■定義にもとづく計算♠

微分係数の定義 (13.2) にもとづいて $f'(1)$ を求めて，3 を得ます．

Wolfram|Alpha
```
lim_(h->0)_(f(a+h)-f(a))/h_where_f(x)=x^3,a=1
```

Python
```
f = lambda x: x**3; var('h'); a = 1
limit((f(a + h) - f(a)) / h, h, 0)
```

Mathematica
```
a = 1;
Limit[(f[a + h] - f[a])/h, h -> 0]
```

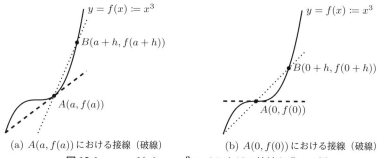

(a) $A(a, f(a))$ における接線（破線）　　(b) $A(0, f(0))$ における接線（破線）

図 13.1　$y = f(x) := x^3$ の A における接線を求める例

■**微分係数の図形的意味♠**

図 13.1 は $y = f(x) = x^3$ のグラフ上に，点 $A(a, f(x)), B(a + h, f(a + h))$ をプロットしたものです（図 13.1(a) が一般の場合で，図 13.1(b) が $a := 0$ という特別な場合）．区間 $[a, a + h]$ における f の平均変化率は，直線 AB（点線）の傾きです．

h を 0 に近づけると B は A に近づき，直線 AB は一つの直線（破線）に近づきます．その直線を $y = f(x)$ の**接点 A における接線**といいます．接線はもとのグラフに接点で**接する**直線です．図では $h > 0$ で B は A に右から近づくようにみえますが，$h < 0$ として B を A に左から近づけてもかまいません．

a における微分係数 $3a^2$ は，A における接線（図 13.1(a) の破線）の傾きです．

例えば，$a := 1$ なら微分係数は $3a^2 = 3$ なので，$y = f(x)$ に $A(a, f(a)) = (1, 1)$ で接する直線は $y = 3(x - 1) + f(1) = 3x - 2$ です．

同様に，$a := 0$ なら微分係数は $3a^2 = 0$ なので，$y = f(x)$ に $A(a, f(a)) = (0, 0)$ で接する直線は $y = 0$ です（図 13.1(b) の破線）．「接する」という語に「交差しない」というニュアンスを感じるかもしれません．そのような語釈を掲載している国語辞典もあります．しかし，この例のように，数学的に定義される接線は，もとの曲線と接点で公差することもあります．

13.1.2　導関数

前項では，関数 $f(x) := x^3$ の 1 における微分係数を求めて 3 を得ました．

例 13.2　関数 $f(x) := x^3$ の x における微分係数 $f'(x)$ を求めて，$3x^2$ を得ます．

```
Wolfram|Alpha
f(x)=x^3,f'(x)
```

```
Python
f = lambda x: x**3; var('x')
diff(f(x), x)
```

Mathematica

```
f[x_] := x^3
f'[x]
```

　関数 $x \mapsto f'(x)$ を，f の**導関数** (derived function) といい，f' と表します．前項で $f'(1)$ を求めましたが，話の順番を逆にして，まず導関数 f' があり，1 における f' の値が $f'(1)$ だと考えてかまいません．

　関数 f の導関数 f' を求めることや，関数 f の x における微分係数 $f'(x)$ を求めることを**微分する** (differentiate) といいます．

■ライプニッツの記法

　関数 f の x における微分係数 $f'(x)$ を，$\dfrac{\mathrm{d}}{\mathrm{d}x}f(x)$, $\dfrac{\mathrm{d}f(x)}{\mathrm{d}x}$, $\dfrac{\mathrm{d}f}{\mathrm{d}x}$ (読み方はディーエフディーエックス) などと表すことがあります (“Leibniz からの伝統”[26] です)．これらが導関数 f' を表すこともあるのですが，コードとの対応のわかりやすさから，本書では微分係数 $f'(x)$ を表すものとします．つまり，これらは関数ではないので，$f'(a)$ を表すのは，$\dfrac{\mathrm{d}}{\mathrm{d}x}f(x)\Big|_{x=a}$, $\dfrac{\mathrm{d}f(x)}{\mathrm{d}x}\Big|_{x=a}$, $\dfrac{\mathrm{d}f}{\mathrm{d}x}\Big|_{x=a}$ であって，$\dfrac{\mathrm{d}}{\mathrm{d}x}f(x)(a)$, $\dfrac{\mathrm{d}f(x)}{\mathrm{d}x}(a)$, $\dfrac{\mathrm{d}f}{\mathrm{d}x}(a)$ ではありません．

■導関数 f' と微分係数 $f'(x)$ の区別

　本書では原則として，次の二つを区別します．

---

f'　　　関数 $x \mapsto (f$ の x における微分係数$)$

$f'(x)$　f' による x の像，つまり x における f の微分係数 (関数ではない.)

　これらは区別されないことも多いです．例として，「x^3 を x で微分すると，$3x^2$ になる」という表記を挙げます．この表記の意味は次のいずれかです．

① 関数 $x \mapsto x^3$ の導関数を求めて，関数 $x \mapsto 3x^2$ を得る．
　 $(x \mapsto x^3)' = x \mapsto 3x^2$.
② 関数 $x \mapsto x^3$ の x における微分係数を求めて，$3x^2$ を得る．
　 $(x \mapsto x^3)'(x) = 3x^2$.

　①と②の区別は，どちらなのかを文脈から判断すればよい場合には重要ではないかもしれません．しかし，例 13.3 でみるように，①と②では対応するコードが異なります．ですから本書では，コードだけでなく，文章や数式でも，両者を区別します．

　関数 f の導関数 f' と微分係数 $f'(x)$, $f'(a)$ の求め方を表 13.1 にまとめます．

例 13.3 $f(x) := x^3$ の導関数 f_1 と x における微分係数 f_2 を求めて，$f_1 = x \mapsto 3x^2$ と $f_2 = 3x^2$ を得ます[*1].

Python

```
f = lambda x: x**3; var('x')
f1 = Lambda(x, diff(f(x), x))
f2 = diff(f(x), x)
f1, f2
```

Mathematica

```
f[x_] := x^3
f1 = f'          (* 方法1 *)
Derivative[1][f] (* 方法2 *)
f2 = f'[x]        (* 方法1 *)
D[f[x], x]       (* 方法2 *)
```

微分係数 $f'(1)$ を，$f_1(1)$ と $f_2\big|_{x=1}$ で求めて，いずれも 3 を得ます．f2 は $3x^2$ という式であって関数ではないので，f2(2) や f2[2] のように引数を与えて評価することはできません．

Python

```
f1(1), f2.subs(x, 1)
```

Mathematica

```
{f1[1], f2 /. x -> 1}
```

13.1.3 平均値の定理♠

準備として，**ランダウの記号**（o と O）を導入します．f を関数 $\mathbb{R} \to \mathbb{R}$ とします．
$\lim\limits_{h \to 0} \dfrac{f(h)}{h^n} = 0$ のとき，「$f(h)$ は h^n より**高位の無限小**」といい，

$$f(h) = o(h^n) \quad (h \to 0) \tag{13.3}$$

と表します．h が0に近づくとき，h^n に比べると $f(h)$ は無視できるということです．o は関数ではありません．
$\lim\limits_{h \to 0} \left| \dfrac{f(h)}{h^n} \right| \leq M$（$M$ は定数）のとき，「$f(h)$ は h^n の**同位の無限小**」といい，

[*1] lambdaは Python 標準の関数定義，Lambdaは SymPy の関数定義です．f1 を定めるときに Lambda を使っているのは，diff(f(x), x) の結果 $(3x^2)$ を確定させてから f1 を $x \mapsto 3x^2$ として定義するためです（回りくどい方法です）．結果として，f1 の評価結果からそれが関数 $x \mapsto 3x^2$ であることがわかるようになります．Lambda の代わりに lambdifyとしても f1 は導関数になりますが，これは数値計算用のものなので，f1 の評価結果からはそれが $x \mapsto 3x^2$ であることはわかりません．

表 13.1 関数 f の導関数 f' と微分係数 $f'(x), f'(a)$ の求め方

結果	システム	コード
導関数 f'	Python	Lambda(x, diff(f(x), x))
導関数 f'	Mathematica	f' あるいは Derivative[1][f]
微分係数 $\dfrac{\mathrm{d}}{\mathrm{d}x}f(x)$	Python	diff(f(x), x)
微分係数 $\dfrac{\mathrm{d}}{\mathrm{d}x}f(x)$	Mathematica	D[f[x], x]
微分係数 $f'(x)$	Mathematica	f'[x] あるいは Derivative[1][f][x]
微分係数 $\left.\dfrac{\mathrm{d}}{\mathrm{d}x}f(x)\right|_{x=a}$	Python	diff(f(x), x).subs(x, a)
微分係数 $\left.\dfrac{\mathrm{d}}{\mathrm{d}x}f(x)\right|_{x=a}$	Mathematica	D[f[x], x] /. x -> a
微分係数 $f'(a)$	Mathematica	f'[a] あるいは Derivative[1][f][a]

$$f(h) = O(h^n) \quad (h \to 0) \tag{13.4}$$

と表します．h が 0 に近づくとき，h^n に比べると $f(h)$ は同程度あるいは無視できるということです．O は関数ではありません．

これ以降，ランダウの記号を使う際の $(h \to 0)$ のような表記は省略します．

関数 f の a での微分係数 $f'(a)$ の定義

$$f'(a) := \lim_{h \to 0} \frac{f(a+h) - f(a)}{h} \tag{13.5}$$

を見ると，f の $[a, a+h]$ での変化は $f(a+h) - f(a) \simeq f'(a)h$ と近似できそうです．このことを正確に表現するのが平均値の定理です．

メモ 13.1（平均値の定理）

関数 f が $[a, b]$ で連続，(a, b) で微分可能なとき

$$f(a+h) - f(a) = f'(a+\theta h)h, \qquad 0 < \theta < 1 \tag{13.6}$$

となる θ が存在する．

「$[a, b]$ で連続かつ微分可能」としたほうが簡明にみえますが，そのように条件を強めると，定理の適用範囲がせまくなります[11]．

$f'(a)$ の定義は次のようにも表せます．

$$f(a+h) - f(a) = f'(a)h + o(h). \tag{13.7}$$

$f(a)$ の変化が P を定数として $f(a+h) - f(a) = Ph + o(h)$，つまり h に比例するものと $o(h)$ の和で表せるとき，その比例定数 P は $f'(a)$ です．

次のメモ 13.2 はメモ 13.1 を使って証明されます．

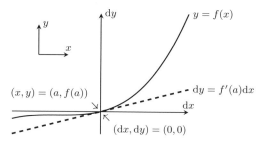

図 13.2 $y = f(x)$ のグラフと，このグラフの $(a, f(a))$ における接線

メモ 13.2（関数の増加と減少）

関数 f が区間 I で微分可能とすると，次が成り立つ．

① I で常に $f'(x) > 0$ ならば，I で $f(x)$ は増加する．
② I で常に $f'(x) < 0$ ならば，I で $f(x)$ は減少する．
③ I で常に $f'(x) = 0$ ならば，I で $f(x)$ は定数である．

🔲 13.1.4　接線と微分♠

グラフ $y = f(x)$ の $(a, f(a))$ における接線の式を，$(0,0)$ を原点とする xy 座標系と，$(a, f(a))$ を原点とする XY 座標系で書くと

$$y - f(a) = f'(a)(x - a) \tag{13.8}$$
$$Y = f'(a)X \tag{13.9}$$

となります（図 13.2）．

$X := x - a$ を x の a での**微分**（**全微分**, differential）といい，$\mathrm{d}x$ と表します．$Y := y - f(a)$ を $y := f(x)$ の a での微分といい，$\mathrm{d}y$ と表します．この記法を使うと，接線の式は

$$\mathrm{d}y = f'(a)\,\mathrm{d}x \tag{13.10}$$

となります．この表記から，微分係数 $f'(a)$ が「微分」の「係数」であることが納得できます．この表記はまた，$(a, f(a))$ における接線の傾きが $f'(a) = \left.\dfrac{\mathrm{d}y}{\mathrm{d}x}\right|_{x=a}$ であることと整合しています[★2].

🔲 13.1.5　高次導関数と高次微分係数

関数 f の導関数を f' とします．f' の導関数を f''，f'' の導関数を f''' と表します．f'' を f の **2 次導関数（2 階導関数）**，f''' を f の 3 次導関数（3 階導関数）といいます．

★2　"記号 $\dfrac{dy}{dx}$ の分母 dx と分子 dy は古くは無限小と考えられ，その正当化のためにさまざまな努力が試みられた．現代的な解釈では，これらは $x = a$ での余接空間とよばれる1次元線形空間の元であり，dx はその基底で dy はその $f'(a)$ 倍と考える．"[18]

以下同様ですが，ダッシュ（プライム）が多いとわかりにくいので，n 次導関数（n 階導関数）を $f^{(n)}$ と表します．2 次（2 階）以上の導関数を**高次導関数（高階導関数）**といいます．

n 次（n 階）導関数の値を n 次（n 階）微分係数，2 次（2 階）以上の微分係数を**高次微分係数（高階微分係数）**といいます．関数 f の x における n 次微分係数 $f^{(n)}(x)$ を $\dfrac{\mathrm{d}^n}{\mathrm{d}x^n}f(x)$, $\dfrac{\mathrm{d}^n f(x)}{\mathrm{d}x^n}$, $\dfrac{\mathrm{d}^n f}{\mathrm{d}x^n}$ などと表すことがあります．

連続関数を C^0 **級**，微分可能でその導関数が連続な関数を C^1 **級**，n 回微分可能で n 次導関数が連続な関数を C^n **級**，無限回微分可能な関数を C^∞ **級**（**滑らかな関数**）といいます．

例 13.4　$x \mapsto x^3$ の x における 2 次微分係数 $\dfrac{\mathrm{d}^2}{\mathrm{d}x^2}x^3 = (x \mapsto x^3)''(x)$ を求めて，$6x$ を得ます．

Wolfram|Alpha
```
d^2/dx^2_x^3
```

Python
```
diff(x**3, x, 2)
```

Mathematica
```
D[x^3, {x, 2}]
```

13.1.6　合成関数の微分

関数 f と関数 g によって

$$f \circ g : x \mapsto f(g(x)) \tag{13.11}$$

と定義される関数 $f \circ g$ を，f と g の**合成関数**といいます．

メモ 13.3（合成関数の微分）

関数 f と関数 g の合成関数 $f \circ g$ の x における微分係数は

$$(f \circ g)'(x) \tag{13.12}$$

$$= \frac{\mathrm{d}f(g(x))}{\mathrm{d}x} \tag{13.13}$$

$$= \left.\frac{\mathrm{d}f(t)}{\mathrm{d}t}\right|_{t=g(x)} \frac{\mathrm{d}g(x)}{\mathrm{d}x} \tag{13.14}$$

$$= f'(g(x))g'(x) \tag{13.15}$$

である．この定理を**連鎖率（チェインルール）**ともいう．

(13.13) と (13.14) を略式で書くと，次のような覚えやすい形になります．

$$\frac{\mathrm{d}f}{\mathrm{d}x} = \frac{\mathrm{d}f}{\mathrm{d}g}\frac{\mathrm{d}g}{\mathrm{d}x}. \tag{13.16}$$

例 13.5　a, b を定数とします．関数 $f(t) := t^2$ と関数 $g(x) := ax + b$ の合成関数の x における微分係数 $(f \circ g)'(x)$ を，① (13.12)，② (13.13)，③ (13.14)，④ (13.15) で求めて，いずれも $2a(ax + b)$ を得ます．

```Python
var('a b t x')
f = lambda t: t**2
g = lambda x: a * x + b
fp = Lambda(t, diff(f(t), t)); gp = Lambda(x, diff(g(x), x))
(Lambda(x, diff(Lambda(x, f(g(x)))(x), x))(x), # ①
 diff(f(g(x)), x),                             # ②
 diff(f(t), t).subs(t, g(x)) * diff(g(x), x),  # ③
 fp(g(x)) * gp(x))                             # ④
```

```Mathematica
Clear[a, b, f, g];
f[t_] := t^2
g[x_] := a x + b
Composition[f, g]'[x]                (* ① *)
D[f[g[x]], x]                        (* ② *)
(D[f[t], t] /. t -> g[x]) D[g[x], x] (* ③ *)
f'[g[x]] g'[x]                       (* ④ *)
```

■ 13.2　テイラーの定理

話を簡単にするために，関数 f は C^n 級とします[*3]．

関数 f の x における値 $f(x)$ を x の多項式で近似することを試みます．

[*3]　この条件が成り立つとき，$R_n(x)$ は

$$R_n(x) = \int_a^x \frac{f^{(n)}(t)}{(n-1)!}(x-t)^{n-1}\,\mathrm{d}t \tag{13.17}$$

と表せます．(13.20) や (13.21) はこれより弱い条件でも成り立ちます[11]．剰余項には複数の形式があり，適用条件と用途が異なります．本書の範囲内では，それらを区別する必要はありませんが，詳しく知っておくとよいことがあるかもしれません．ノーベル物理学賞授業者のイーゴリ・タム博士 (1985–1971) はかつて，何者かに拘束され，数学の大学教師だと述べた際に，マクローリン級数の剰余項を聞かれ，正しく答えられたおかげで解放されたそうです[6]．

メモ 13.4（テイラーの定理）

関数 f の $x = a$ における n 次**テイラー多項式**を，次のように定義する．

$$f_{n,a}(x) := \sum_{k=0}^{n} \frac{f^{(k)}(a)}{k!}(x-a)^k. \tag{13.18}$$

$f(x)$ を $f_{n-1,a}(x)$ で近似しようとするときの誤差

$$R_n(x) := f(x) - f_{n-1,a}(x) \tag{13.19}$$

を n 次**剰余項**という．n 次剰余項は

$$R_n(x) = \frac{f^{(n)}(a + \theta(x-a))}{n!}(x-a)^n \quad (0 < \theta < 1) \tag{13.20}$$

$$= \frac{f^{(n)}(a)}{n!}(x-a)^n + o((x-a)^n) \quad (x \to a) \tag{13.21}$$

と表せる．(13.20) を**テイラーの定理**，(13.21) を n 次の**漸近展開**という．

例 13.6 $\sin x$ の $x = 0$ における 5 次テイラー多項式による漸近展開を求めて

$$\sin x = x - \frac{x^3}{3!} + \frac{x^5}{5!} + O(x^6) = x - \frac{x^3}{6} + \frac{x^5}{120} + O(x^6) \tag{13.22}$$

を得ます[*4]．

Wolfram|Alpha と Mathematica ではテイラー多項式の次数（ここでは 5），Python では剰余項の次数（ここでは 6）を指定します．

> Wolfram|Alpha
>
> ```
> series_sin(x)_at_x=0_to_order_5
> ```

[*4]　ここでは，$O(x^6)$ は $o(x^5)$ とほどんと同じものだと思ってかまいません．

$$f(x) = f_{n-1,a}(x) + R_n(x) \tag{13.23}$$

$$= f_{n-1,a}(x) + \frac{f^{(n)}(a)}{n!}(x-a)^n + o((x-a)^n) \tag{13.24}$$

$$= f_{n,a}(x) \qquad\qquad + o((x-a)^n) \tag{13.25}$$

で $f := \sin, a := 0$ とします．(13.25) で $n := 5$ として

$$\sin x = f_{5,0}(x) + o(x^5) \tag{13.26}$$

を得て，(13.24) で $n := 6$ として（1 回多く微分して）

$$\sin x = f_{5,0}(x) + 6 \text{ 次の項} + o(x^6) = f_{5,0}(x) + O(x^6) \tag{13.27}$$

を得ます．

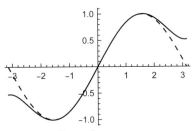

図 13.3 $y = x - \dfrac{x^3}{3!} + \dfrac{x^5}{5!}$ （実線）と $y = \sin x$ （破線）

```
var('x'); tmp = series(sin(x), x, x0=0, n=6); tmp
```

```
tmp = Series[Sin[x], {x, 0, 5}]
```

$y = x - \dfrac{x^3}{3!} + \dfrac{x^5}{5!}$ のグラフと $y = \sin x$ のグラフをまとめて描いて，図 13.3 を得ます．$x = 0$ の近くでは，$\sin x$ をテイラー多項式で近似できそうです．

```
plot(*(tmp.removeO(), sin(x)), (x, -pi, pi));
```

```
Plot[Evaluate[{Normal[tmp], Sin[x]}], {x, -Pi, Pi}]
```

13.2.1 定義にもとづく計算♠

テイラー多項式の定義 (13.18) にもとづいて $\sin x$ の $x = 0$ における 5 次テイラー多項式を求めて，$x - \dfrac{x^3}{3!} + \dfrac{x^5}{5!} = x - \dfrac{x^3}{6} + \dfrac{x^5}{120}$ を得ます．

```
a = 0;
np.sum([diff(sin(x), x, k).subs(x, a) * (x - a)**k / factorial(k)
        for k in range(6)])
```

```
a = 0; Sum[Derivative[k][Sin][a] (x - a)^k/k!, {k, 0, 5}]
```

13.2.2　テイラー展開♠

関数 $f(x) := \sqrt{1+x}$ を例に，関数がテイラー多項式 (13.18) で近似できるかどうかを調べます．$f(x)$ の $x = 0$ における n 次テイラー多項式を $f_{n,0}(x)$ とします．例えば $f_{7,0}(x)$ は

$$f_{7,0}(x) = 1 + \frac{x}{2} - \frac{x^2}{8} + \frac{x^3}{16} - \frac{5x^4}{128} + \frac{7x^5}{256} - \frac{21x^6}{1024} + \frac{33x^7}{2048} \tag{13.28}$$

です．

```
                        Wolfram|Alpha
series_sqrt(1+x)_to_order_7
```

```
                        Mathematica
f[x_] := Sqrt[1 + x]
Series[f[x], {x, 0, 7}]
```

このテイラー多項式 $f_{n,0}(x)$ を使って，実数の平方根を数値的に求めることを考えます．例えば $x := 16$ として，$f(16) = \sqrt{1+16} = \sqrt{17}$ を $f_{n,0}(16)$ で近似します．近似の誤差を R とすると，(13.25) より $R = f(x) - f_{n,0}(x) = o(x^n)$ です．

次の2点を調べます．

① 　x が 0 に近ければ，$|R|$ は小さいのか．
② 　x が 0 から遠くても，n を大きくすれば $|R|$ は小さくなるのか．

第1の疑問について，$R = o(x^n)$ なので，$x \to 0$ とすると R は 0 に近づきます．
第2の疑問については

$$\lim_{n\to\infty} f_{n,0}(x) = \sum_{k=0}^{\infty} \frac{f^{(k)}(0)}{k!} x^k \tag{13.29}$$

を調べることで答えます．

(13.29) が $f(x)$ と等しくなる条件を求めて，$-1 \leq x \leq 1$ を得ます．

```
                        Mathematica
fn[n_, a_, x_] := Sum[Derivative[k][f][a] (x - a)^k/k!, {k, 0, n},
  GenerateConditions -> True]
Reduce[f[x] == fn[Infinity, 0, x], Reals]
```

収束するかどうかは x によるので，(13.29) の値を求めるときには，x に関する条件を出力するためのオプション GenerateConditions -> True が必要です[*5]．

$f(16)$ を $f_{n,0}(16)$ で近似しようとしても，$x = 16$ は $-1 \leq x \leq 1$ を満たさないので，(13.29) は発散します．ですから，$f(16)$ の近似値を (13.28) のようなテイラー多項式から直接求めることはできません[*6]．

[*5]　先の Wolfram|Alpha の結果にも，収束する条件 $|x| < 1 \vee x = 1 \vee x = -1$ が含まれています．この条件は，x を実数に限定すれば $-1 \leq x \leq 1$ になります．

[*6]　$\sqrt{1+16} = \sqrt{16(1/16+1)} = 4\sqrt{1+1/16}$ で，$-1 \leq 1/16 \leq 1$ なので，$f(16)$ を $4f_{n,0}(1/16)$ で近似することはできそうです（詳細は割愛）．

$\displaystyle\sum_{k=0}^{\infty} c_k x^k$ を「x のベキ級数（**整級数**，power series）」，$\displaystyle\sum_{k=0}^{\infty} c_k (x-a)^k$ を「$x-a$ のベキ級数」

といいます（$c_0, c_1, \ldots$ は定数）．

$\displaystyle\sum_{k=0}^{\infty} \frac{f^{(k)}(0)}{k!} x^k$ を $f(x)$ の**マクローリン級数**，$\displaystyle\sum_{k=0}^{\infty} \frac{f^{(k)}(a)}{k!} (x-a)^k$ を $f(x)$ の $x=a$ におけ

る**テイラー級数**といいます．$f(x)$ のマクローリン級数は，$f(x)$ の $x=0$ におけるテイラー級数です．

x のベキ級数には，**収束半径**という非負の実数あるいは ∞ が対応します[★7]．x のベキ級数の収束半径を r とすると，そのベキ級数は，$|x| < r$ なら収束し，$|x| > r$ なら発散します．$|x| = r$ の場合については個別に調べなければなりません．$x-a$ のベキ級数についても同様で，$|x-a| < r$ なら収束，$|x-a| > r$ なら発散です．$f(x) := \sqrt{1+x}$ に対応する x のベキ級数の収束半径は 1 でした．

マクローリン級数が $f(x)$ に収束するとき

$$f(x) = \sum_{k=0}^{\infty} \frac{f^{(k)}(0)}{k!} x^k \tag{13.30}$$

を $f(x)$ の**マクローリン展開**といいます．

テイラー級数が $f(x)$ に収束するとき

$$f(x) = \sum_{k=0}^{\infty} \frac{f^{(k)}(a)}{k!} (x-a)^k \tag{13.31}$$

を $f(x)$ の $x=a$ における**テイラー展開**といいます．$f(x)$ のマクローリン展開は，$f(x)$ の $x=0$ におけるテイラー展開です．

マクローリン級数やテイラー級数が収束する場合でも，$f(x)$ に収束するとは限りません．マクローリン級数が $f(x)$ とは異なる値に収束する例として

$$f(x) := \begin{cases} \exp\left(-\dfrac{1}{x^2}\right) & (x \neq 0), \\ 0 & (x = 0) \end{cases} \tag{13.32}$$

を挙げます（図 13.4）．

$f(x)$ とそのマクローリン級数が等しくなる条件を求めて，$x=0$ を得ます．

```Mathematica
f[x_] := Piecewise[{{Exp[-1/x^2], x != 0}}, 0]
Plot[f[x], {x, -1, 1}]
Reduce[f[x] == fn[Infinity, 0, x], Reals]
```

$f(x)$ とそのマクローリン級数が $x=0$ でしか等しくならない理由を調べるために，$f^{(k)}(0)$ を求めて，0 を得ます．

[★7]　「半径」といっているのは，定義域を複素数全体の部分集合にしたときに，収束する条件が複素平面上の円で表されるからです．

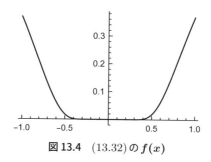

図 13.4　(13.32) の $f(x)$

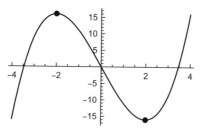

図 13.5　$y = f(x) := x^3 - 12x$

Mathematica

```
Derivative[k][f][0]
```

$f^{(k)}(0) = 0$ なので，任意の x に対して $f_{n,0}(x) = 0$ です[*8].

しかし，$x \neq 0$ では $f(x) \neq 0$ なので，マクローリン級数が $f(x)$ と等しくなるのは $x = 0$ のときだけです．対象が滑らかな関数でも，テイラー近似式が役に立たないことはあるのです．

🔲 13.2.3　極大と極小

関数 $f(x) := x^3 - 12x$ について調べます（図 13.5）．

$x = -2$ の近くに限れば，f の最大値は $f(-2)$ です．このことを「f は -2 で**極大**となり，**極大値**は $f(-2) = 16$」といいます．

同様に，$x = 2$ の近くに限れば，f の最小値は $f(2)$ です．このことを「f は 2 で**極小**となり，**極小値**は $f(2) = -16$」といいます（正確な定義は (13.36)）．

極大値と極小値をまとめて**極値**（local extremum）といいます．

> **例 13.7**　$f(x) := x^3 - 12x$ の極値を求めて，極大値 $f(-2) = 16$ と極小値 $f(2) = -16$ を得ます．

[*8]　このことは，fn[n, 0, x] が 0 になることからもわかります．

```
                       Wolfram|Alpha
local_extrema_of_x^3-12x
```

```
                        Mathematica
f[x_] := x^3 - 12 x
ResourceFunction["LocalExtrema"][f[x], x]
```

■漸近展開による確認♠

例 13.7 の結果を，(13.25) で $n := 2$ とした

$$f(x) = f(a) + f'(a)(x-a) + \frac{1}{2!}f''(a)(x-a)^2 + o((x-a)^2) \tag{13.33}$$

を使って確認します.

微分可能な点 a で極値をとるなら $f'(a) = 0$ です. このような，$f'(x) = 0$ となる点を**停留点**といいます[*9]. 極値となる点は停留点ですが，停留点だからといって必ずしもそこで極値をとるわけではありません. 例えば，$f(x) := x^3$ において，$x = 0$ は $f'(x) = 0$ となる停留点ですが，f はそこで極値にはなりません.

停留点 a では $f'(a) = 0$ なので，(13.33) は

$$f(x) = f(a) + \frac{1}{2!}f''(a)(x-a)^2 + o((x-a)^2) \tag{13.34}$$

となります.

x が a に近いとき，$f''(a) \neq 0$ であれば，$f''(a)(x-a)^2$ と比べて $o((x-a)^2)$ は無視できます. $(x-a)^2$ は正なので

- $f''(a) > 0$ なら $f(x) > f(a)$，つまり $f(a)$ は極小値，
- $f''(a) < 0$ なら $f(x) < f(a)$，つまり $f(a)$ は極大値

が成り立ちます. $f''(a) = 0$ の場合は個別に調べなければなりません.

例 13.8　$f(x) := x^3 - 12x$ の停留点，つまり，$f'(x) = 0$ となる x は -2 と 2 です. $x = -2$ における 2 次テイラー多項式を求めて，$16 - 6(x+2)^2$ を得ます.

この結果から，$f(-2) = 16$ が極大値であることがわかります. 同様にして，$f(2) = -16$ が極小値であることもわかります.

```
                         Python
f = lambda x: x**3 - 12 * x; var('x')
sol = solve(diff(f(x), x), x); print(sol)
series(f(x), x0=sol[0], n=3)
```

```
                      Mathematica
sol = SolveValues[f'[x] == 0, x]
Series[f[x], {x, sol[[1]], 2}]
```

[*9]　停留点の定義がこれとは異なる文献もあります.

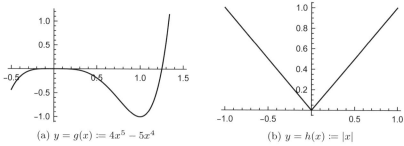

(a) $y = g(x) := 4x^5 - 5x^4$　　　　(b) $y = h(x) := |x|$

図 13.6　極値を調べる関数

■極値の定義♠

2次テイラー近似式 (13.33) を使う方法では極値を得られない例を三つ紹介します.

① (13.32) の関数 f の極小値は $f(0) = 0$ である（図 13.4）.
② $g(x) := 4x^5 - 5x^4$ の極大値は $g(0) = 0$, 極小値は $g(1) = -1$ である（図 13.6(a)）.
③ $h(x) := |x|$ の極小値は $h(0) = 0$ である（図 13.6(b)）.

f と g は, 停留点 $x = 0$ で2次導関数の値が0になります. g の極値は4次テイラー多項式を使えば調べられますが, f の極値はそういう方法では調べられません. h は $x = 0$ で微分可能でないため, 停留点や2次導関数を求められません.

一般に, $f: D \to \mathbb{R}$ の極小値が $f(a)$ だというのは

$$\delta > 0 \text{ が存在して,} \tag{13.35}$$
$$\text{「任意の } x \in D \text{ について, } 0 < |x - a| < \delta \text{ ならば } f(a) < f(x)\text{」}$$

ということです. これを**論理式**で書くと

$$\exists \delta > 0 \, (\forall x \in D \, (0 < |x - a| < \delta \Rightarrow f(a) < f(x))) \tag{13.36}$$

となります. これが極小値の定義です. この定義の $f(a) < f(x)$ を $f(a) \leq f(x)$ に換えた場合を広義の極小値ということがあります. また, $f(a) \leq f(x)$ の場合を極小値といって, $f(a) < f(x)$ の場合を狭義の極小値ということもあります. 極大値についても同様です.

> **例 13.9**　極小値の定義 (13.36) の論理式を評価して, $a = 0$ を得ます.

```Mathematica
Clear[a, delta];
f[x_] := Piecewise[{{Exp[-1/x^2], x != 0}}, 0]
Reduce[Exists[delta, delta > 0, ForAll[x, Element[x, Reals],
   Implies[0 < Norm[x - a] < delta, f[a] < f[x]]]], Reals]
```

極大値を求める場合は, `f[a] < f[x]` を `f[a] > f[x]` に換えます.
g と h の極値もこの方法で求められます.

## 第 14 章

積　分

■ **14.1　定積分**

連続関数 f に対して，$y = f(x)$, $x = a$, $x = b$, x 軸で囲まれる領域の面積を求めるという問題を考えます．$f(x) := -x^2 + 4x + 1$, $a := 1$, $b := 4$ の場合を図 14.1 に示します．求めたいのは，図 14.1(b) の灰色の部分，つまり，$y = f(x)$, $x = 1$, $x = 4$, x 軸で囲まれる領域の面積 S です．

区間 $[a, b]$ を n 分割します（図 14.1 では $n = 5$）．

図 14.1(a) では，各分割における f の最小値を高さとする長方形を考え，その面積の和を S_m とします．図 14.1(c) では，各分割における f の最大値を高さとする長方形を考え，その面積の和を S_M とします．

S_m, S, S_M の大小関係は

$$S_m \leq S \leq S_M \tag{14.1}$$

です．ここで，$n \to \infty$，つまり分割数を無限に大きくしたときに S_m と S_M が同じ値に収束するなら，「f は $[a, b]$ で**積分可能**」といいます．求めたい面積 S はその極限値で，それを f の a から b までの**定積分**（definite integral）といい

$$\int_a^b f(x)\,\mathrm{d}x \tag{14.2}$$

と表します．また，$[a, b]$ を**積分区間**（**積分範囲**），a をその下端，b をその上端，f を**被積分関数**，変数 x を**積分変数**といいます．(14.2) の値を求めることを，「$f(x)$ を x について a から b まで**積分する**」といいます．

例 14.1　$\displaystyle\int_1^4 (-x^2 + 4x + 1)\,\mathrm{d}x$ を求めて，12 を得ます．

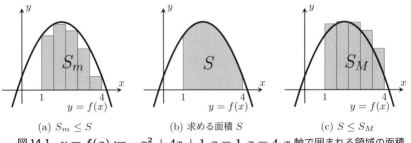

(a) $S_m \leq S$　　(b) 求める面積 S　　(c) $S \leq S_M$

図 14.1　$y = f(x) := -x^2 + 4x + 1$, $x = 1$, $x = 4$, x 軸で囲まれる領域の面積

```
Wolfram|Alpha
int_1^4_(-x^2+4x+1)dx
```

```
Python
var('x')
integrate(-x**2 + 4 * x + 1, (x, 1, 4))
```

```
R
f <- function(x) { -x^2 + 4 * x + 1 }
integrate(f, 1, 4)
```

```
Mathematica
Integrate[-x^2 + 4 x + 1, {x, 1, 4}]
```

区分求積法

区間 $[a, b]$ を n 等分すると長方形の幅は $h = \dfrac{b-a}{n}$ になります. そこで, (14.2) を

$$\int_a^b f(x)\,\mathrm{d}x := \lim_{n \to \infty} \sum_{k=1}^n f(a + hk)h \tag{14.3}$$

と定義します[*1].

■定義にもとづく計算♠

例 14.2 (14.3) にもとづいて例 14.1 の定積分を求めて, 12 を得ます.

$$\sum_{k=1}^n f(a + hk)h = 12 - \frac{9}{2n} - \frac{9}{2n^2} \text{ です. これを } s \text{ とすると,} \lim_{n \to \infty} s = 12 \text{ です. このよう}$$

にして面積を求める方法を**区分求積法**といいます.

```
Python
f = lambda x: -x**2 + 4 * x + 1; var('k n')
a = 1; b = 4; h = (b - a) / n
s = simplify(Sum(f(a + h * k) * h, (k, 1, n)).doit()); print(s)
limit(s, n, oo)
```

[*1]　この定義は定積分の概念を理解するためのものです. 例えば

$$\int_a^b f(x)\,\mathrm{d}x = \int_a^c f(x)\,\mathrm{d}x + \int_c^b f(x)\,\mathrm{d}x \tag{14.4}$$

という定積分の性質の, $a := 1, c := \sqrt{2}, b := 4$ の場合を納得するためには, もっと精密な定義が必要です. ($(b-a)/n = c$ となる整数 n は存在しないので, $[a, b]$ の n 等分割を $[a, c]$ と $[c, b]$ には分けられません.)

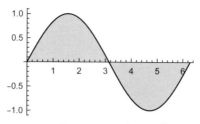

図14.2 $y = \sin x \ (0 \le x \le 2\pi)$ と x 軸で囲まれる領域

```Mathematica
f[x_] := -x^2 + 4 x + 1
Clear[x]; a = 1; b = 4; h = (b - a)/n;
s = Sum[f[a + k h] h, {k, 1, n}] // Expand
Limit[s, n -> Infinity]
```

■符号付きの面積

定義を (14.3) とすると，定積分は面積とは言えなくなります．例えば，$f(x) := -x^2 + 4x + 1$ のとき

$$\int_4^1 f(x)\,\mathrm{d}x = -\int_1^4 f(x)\,\mathrm{d}x = -12 \tag{14.5}$$

は，$y = f(x)$, $x = 1$, $x = 4$, x 軸で囲まれる領域の面積の (-1) 倍です．$f(x)$ を x について b から a まで積分すると，a から b まで積分した結果の (-1) 倍になります．

また，関数の値が負になる区間での定積分は，面積の (-1) 倍になります．例えば，$\int_0^\pi \sin x\,\mathrm{d}x = -\int_\pi^{2\pi} \sin x\,\mathrm{d}x$ なので，(14.4) より

$$\int_0^{2\pi} \sin x\,\mathrm{d}x = \int_0^\pi \sin x\,\mathrm{d}x + \int_\pi^{2\pi} \sin x\,\mathrm{d}x = 0 \tag{14.6}$$

です（図14.2）．

14.2 不定積分と原始関数

14.2.1 不定積分

(14.2) の区間を $[a, b]$ から $[a, x]$ に変更した

$$\int_a^x f(t)\,\mathrm{d}t \tag{14.7}$$

を f の**不定積分** (indefinite integral) といいます．(14.2) の $f(x)\,\mathrm{d}x$ が (14.7) では $f(t)\,\mathrm{d}t$ となっているのは，区間 $[a, x]$ の x と積分変数を混同しないようにするためです．

例 14.3　$\displaystyle\int_a^x (-t^2 + 4t + 1)\,dt$ を求めて，$-\dfrac{1}{3}x^3 + 2x^2 + x + \dfrac{1}{3}a^3 - 2a^2 - a$ を得ます.

Wolfram|Alpha

```
simplify_int_a^x_(-t^2+4t+1)dt
```

Python

```
var('a t x'); integrate(-t**2 + 4 * t + 1, (t, a, x))
```

Mathematica

```
Integrate[-t^2 + 4 t + 1, {t, a, x}]
```

(14.7) の下端 a は積分可能な区間内で勝手に設定できます．(14.4) より

$$\int_c^x f(t)\,dt = \int_c^a f(t)\,dt + \int_a^x f(t)\,dt = 定数 + \int_a^x f(t)\,dt \tag{14.8}$$

なので，下端を a から c に換えた場合の変化は定数です．ですから，「下端の違いによる差を考慮しない」という意味で，f の不定積分を $\displaystyle\int^x f(t)\,dt$，あるいは $\displaystyle\int f(x)\,dx$ と表すこともあります.

例 14.4　$\displaystyle\int (-x^2 + 4x + 1)\,dx$ を求めて，$-\dfrac{1}{3}x^3 + 2x^2 + x$ を得ます.

Wolfram|Alpha

```
int_-x^2+4x+1_dx
```

Python

```
integrate(-x**2 + 4 * x + 1, x)
```

Mathematica

```
Integrate[-x^2 + 4 x + 1, x]
```

下端の違いによる差がありうることを明示するために，不定積分を

$$\int (-x^2 + 4x + 1)\,dx = -\frac{1}{3}x^3 + 2x^2 + x + 定数 \tag{14.9}$$

のように表すことがあります．この定数を**積分定数**といいます．積分定数を表す記号は何でもよいのですが，慣習的に C がよく使われます[*2]．例 14.4 の表記のように，積分定数を省略することもあります．

14.2.2　原始関数

関数 G の導関数 G' が関数 f と等しいとき，G を f の**原始関数** (primitive function) といいます．例えば，$f(x) := -x^2 + 4x + 1$，$G(x) := -\dfrac{1}{3}x^3 + 2x^2 + x$ とすると，$G'(x) = -x^2 + 4x + 1 = f(x)$ なので（13.1.2 項），G は f の原始関数です．

f の原始関数の一つを G とすると，f の任意の原始関数は

$$x \mapsto G(x) + 定数 \tag{14.10}$$

という形式で表せます[*3]．

■微分方程式♠

$f(x) := -x^2 + 4x + 1$ の原始関数の一つを y とします．関数 y を求めるというのは

$$y'(x) = -x^2 + 4x + 1 \tag{14.11}$$

を満たす $y(x)$ を求めるということです．

このような，導関数（の値）を含む方程式を**微分方程式** (differential equation) といいます．原始関数を求める例を使って，微分方程式を解く方法を説明します．

例 14.5　(14.11) の解を求めて，例 14.4 と同様の結果 $y(x) = -\dfrac{1}{3}x^3 + 2x^2 + x + 定数$ を得ます．

Wolfram|Alpha

```
y'(x)=-x^2+4x+1
```

Python

```
var('x'); y = Function('y')
dsolve(Eq(diff(y(x), x), -x**2 + 4 * x + 1), y(x))
```

Mathematica

```
Clear[x, y];
DSolveValue[y'[x] == -x^2 + 4 x + 1, y[x], x]
```

[*2]　(14.7) の a は積分可能な区間に属していなければならないので，積分定数 C を任意の実数にできるとは限りません．その一方で，原始関数 (14.10) における定数は，微分して 0 になればいいので，任意の実数です．

[*3]　G_1 を f の原始関数の一つとします．$H(x) := G_1(x) - G(x)$ とすると，$H'(x) = G_1'(x) - G'(x) = f(x) - f(x) = 0$ です．メモ 13.2 の 3 より $H(x)$ は定数なので，$G_1(x) = G(x) + 定数$ です．

例 14.6 (14.11)の解で，$y(0) = 1$ となるものを求めて，$y(x) = -\dfrac{1}{3}x^3 + 2x^2 + x + 1$ を得ます．

　このように，ある点 x_0 での値 $y(x_0)$ を指定して，それを満たす微分方程式の解を求める問題を**初期値問題**といいます．

```
Wolfram|Alpha
y'(x)=-x^2+4x+1,y(0)=1
```

```
Python
dsolve(Eq(diff(y(x), x), -x**2 + 4 * x + 1), y(x), ics={y(0): 1})
```

```
Mathematica
DSolveValue[{y'[x] == -x^2 + 4 x + 1, y[0] == 1}, y[x], x]
```

正規分布の確率密度関数が満たす微分方程式♠

　微分方程式を解く技術は，原始関数を求めるためだけのものではありません．例えば，誤差についての考察から**正規分布**の確率密度関数を導出する際に，次のような微分方程式が現れます[22, 30]．

例 14.7 微分方程式

$$y'(x) = -xy(x) \tag{14.12}$$

を解いて，$y(x) = C \exp\left(-\dfrac{x^2}{2}\right)$ （C は定数）を得ます．

```
Wolfram|Alpha
y'(x)=-x␣y(x)
```

```
Python
tmp = dsolve(Eq(diff(y(x), x), -x * y(x)), y(x)); tmp
```

```
Mathematica
tmp = DSolveValue[y'[x] == -x y[x], y[x], x]
```

　y が確率密度関数なら $\displaystyle\int_{-\infty}^{\infty} y(x)\,\mathrm{d}x = 1$ になるはずで，このことから定数 C を $\dfrac{1}{\sqrt{2\pi}}$ と決められます．

```
Python
solve(Eq(integrate(tmp.rhs, (x, -oo, oo)), 1), 'C1')
```

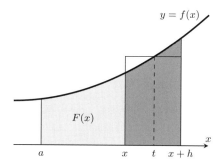

図14.3 色の濃い部分の面積と長方形の面積が等しくなるような t が存在する.

```
Reduce[Integrate[tmp, {x, -Infinity, Infinity}] == 1]
```

14.2.3 微分積分学の基本定理

連続関数 f について

$$\left(x \mapsto \int_a^x f(t)\,\mathrm{d}t \right)' = \left(x \mapsto \int f(t)\,\mathrm{d}t \right)' = f \tag{14.13}$$

が成り立ちます. (14.13) の代わりに

$$\frac{\mathrm{d}}{\mathrm{d}x}\left(\int_a^x f(t)\,\mathrm{d}t \right) = \frac{\mathrm{d}}{\mathrm{d}x}\left(\int f(x)\,\mathrm{d}x \right) = f(x) \tag{14.14}$$

と表すこともできます. (14.13) は関数が等しいという主張, (14.14) は関数の値が等しいという主張で, 本質的には同じ主張です.

(14.13) や (14.14) を**微分積分学の基本定理**といいます.

■**微分積分学の基本定理が成り立つ理由♠**

(14.14) が成り立つ理由を図 14.3 を使って説明します. $F(x) := \int_a^x f(t)\,\mathrm{d}t$ の値は色の薄い部分の面積です. 色の濃い部分の面積は $F(x+h) - F(x)$ で, 平均値の定理 (メモ 13.1) から, 長方形の面積 $f(t)h$ がこれと等しくなるような t $(x < t < x+h)$ が存在します.

$$F'(x) = \lim_{h \to 0} \frac{F(x+h) - F(x)}{h} = \lim_{h \to 0} \frac{f(t)h}{h} = \lim_{h \to 0} f(t) = f(x) \tag{14.15}$$

なので, (14.14) が成り立ちます.

$F(x) := \int f(x)\,\mathrm{d}x$ とすると, (14.13) は

$$F' = f \tag{14.16}$$

と表せます. これは「f の原始関数の導関数は f である」という主張 (原始関数の定義) ではなく, 「(14.7) で定義される f の不定積分を $F(x)$ とすると, $x \mapsto F(x)$ の導関数は f である」という主張です.

■ $\int f(x)\,\mathrm{d}x$ と $x \mapsto \int f(x)\,\mathrm{d}x$ の区別♠

本書では原則として，次の二つを区別します．

$\displaystyle\int f(x)\,\mathrm{d}x$ 　　　　$f(x)$ の不定積分（関数ではない.）

$\displaystyle x \mapsto \int f(x)\,\mathrm{d}x$ 　不定積分から作られる関数（f が連続関数の場合は f の原始関数）

　これらを区別しないと，(14.13) と (14.14) は本質的にというだけでなく，形式的にも同じということになります．しかし，(14.13) と (14.14) では，対応するコードが異なります（例 14.8 と例 14.9 を参照）．ですから本書では，コードだけでなく，文章や数式でも，両者を区別します．

例 14.8　(14.13) の左辺を評価して，右辺つまり f を得ます．（f は記号です．）

```Python
f = Function('f'); var('a t x')
Lambda(x, diff(Lambda(x, integrate(f(t), (t, a, x)))(x), x))
```

```Mathematica
Clear[a, f, t, x];
Function[x, Evaluate[Integrate[f[t], {t, a, x}]]]'
```

　不定積分は関数ではないので，Python では `Lambda`，Mathematica では `Function` を使って関数にしています．また，Mathematica では，先に不定積分を確定させるために，`Evaluate` を使っています．

例 14.9　(14.14) の左辺を評価して，右辺つまり $f(x)$ を得ます．（f は記号です．）

```Wolfram|Alpha
d/dx(int_a^x_f(t)dt)
```

```Python
diff(integrate(f(t), (t, a, x)), x)
```

```Mathematica
D[Integrate[f[t], {t, a, x}], x]
```

　f が記号のままで求めた例 14.8 と例 14.9 の結果から，どんな関数 f でも (14.13) や (14.14) が成り立つようにみえますが，そういうわけではありません．(14.13) や (14.14) が成り立つのは，f が連続関数のときだけです．例えば

$$f(x) := \begin{cases} 0 & (x \leq 0), \\ 1 & (x > 0) \end{cases} \tag{14.17}$$

については (14.13) や (14.14) は成り立ちません．（確認のためのコードは割愛します．f は連続関数ではありません．$x \mapsto \displaystyle\int f(x)\,dx$ は $x = 0$ で微分できません．）

■ 14.2.4　定積分の計算

連続関数 f の原始関数の一つを G とします．微分積分学の基本定理 (14.13) より，$F(x) := \displaystyle\int_a^x f(t)\,dt$ は f の原始関数です．ですから，(14.10) より，$F(x)$ は C を定数として $G(x) + C$ という形で表せるはずです．$F(a) = \displaystyle\int_a^a f(t)\,dt = 0$ なので，$F(a) = G(a) + C = 0$，よって $C = -G(a)$ です．つまり

$$\int_a^b f(x)\,dx = F(b) = G(b) + C = G(b) - G(a) \tag{14.18}$$

です．$G(a) - G(b)$ を $[G(x)]_a^b$ あるいは $G(x)\Big|_a^b$ と表すことがあります．

(14.18) を**微分積分学の基本公式**といいます．(14.13)，(14.14)，(14.18) は，微分と積分を結び付ける重要な定理です．

例 14.10　$f(x) := -x^2 + 4x + 1$ の不定積分を $F(x)$ とします．$F(x)\Big|_1^4$ を求めて，$\displaystyle\int_1^4 f(x)\,dx = 12$ を得ます．

これは微分積分学の基本公式を使う練習です．例 14.1 の方法が実用的です．

```Python
var('x')
F = integrate(-x**2 + 4 * x + 1, x)
F.subs(x, 4) - F.subs(x, 1)
```

```Mathematica
F = Integrate[-x^2 + 4 x + 1, x];
(F /. x -> 4) - (F /. x -> 1)
```

原始関数が見つかれば，連続関数の定積分は，区分求積法 (14.3) のような計算をしなくても求められるということです．

では，原始関数はどうすれば見つかるかというと，特定の場合を除いて，「こうすれば必ず求まる」という一般的な方法はありません．紙とペンでは，さまざまなテクニックと知識を組み合わせる試行錯誤が必要になるのですが，数式処理システムにはそれらの多くが組み込まれています．

例 14.11　次の式の，左辺を求めて，右辺を得ます．

$$\int \frac{x^2 + 2x + 1 + (3x + 1)\sqrt{x + \log x}}{x\sqrt{x + \log x}\left(x + \sqrt{x + \log x}\right)} \, \mathrm{d}x$$

$$= 2\sqrt{x + \log(x)} + 2\log\left(x + \sqrt{x + \log(x)}\right). \tag{14.19}$$

$$\int_0^{\pi/2} \log\sin x \, \mathrm{d}x = -\frac{1}{2}\pi\log 2. \quad \text{(Euler)}^{\star 4} \tag{14.20}$$

(14.20) は広義積分（14.4 節）ですが，紙とペンでは比較的難しいと思われる積分の例として，ここで紹介します．Python で (14.19)，Wolfram|Alpha と Mathematica で (14.20) を試します．

Wolfram|Alpha
```
int_0^(pi/2)_log(sin(x))_dx
```

Python
```
var('x'); integrate((x**2 + 2 * x + 1 + (3 * x + 1) * sqrt(x + log(x))) /
                    (x * sqrt(x + log(x)) * (x + sqrt(x + log(x)))), x)
```

Mathematica
```
Integrate[Log[Sin[x]], {x, 0, Pi/2}]
```

■微分積分学の基本公式の使用上の注意♠

(14.18) を使って定積分を求めるときは，積分する区間で (14.16) つまり $F' = f$ が成り立っていなければなりません．数式処理を盲目的に利用すると，これが成り立っていないことに気付かないまま計算を進めて，誤った結果を得る危険があります．

例 14.12　図 14.4 の面積を求めるために，$f(x) := \dfrac{1}{2 + \cos x}$ についての定積分 $\displaystyle\int_0^{2\pi} f(x)\,\mathrm{d}x$ を計算して，$\dfrac{2\pi}{\sqrt{3}}$ を得ます．

例 14.1 の方法で正しい結果を得ます（確認のためのコードは割愛）．

(14.18) を使おうとして，次のコードのように f の不定積分 $F_1(x)$ を得てから，$F_1(x)\big|_0^{2\pi}$ を求めると，Mathematica の結果は 0 になります（不正解）．

★4　出典は文献 [26] の 34 節例 3，文献 [23] の第 IV 章 § 11 例 6.

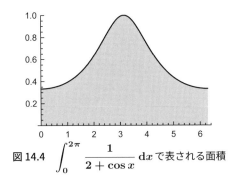

図 14.4 $\displaystyle\int_0^{2\pi} \dfrac{1}{2 + \cos x}\,\mathrm{d}x$ で表される面積

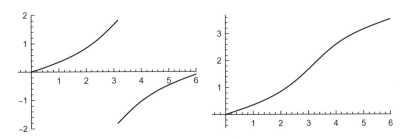

図 14.5 左は $y = F_1(x)$，右は $y = F_2(x)$

```Mathematica
f[x_] := 1/(2 + Cos[x])
F1x = Integrate[f[x], x];
(F1x /. x -> 2 Pi) - (F1x /. x -> 0) (* 不正解 *)
```

不定積分の計算方法を変え，変数についての条件を生成するようにして，正しい結果を得ます．

```Mathematica
F2x = Integrate[f[t], {t, 0, x}, GenerateConditions -> True];
(F2x /. x -> 2 Pi) - (F2x /. x -> 0) (* 正解 *)
```

$y = F_1(x)$ と $y = F_2(x)$ のグラフを描くと，$F_1(x)\big|_0^{2\pi}$ ではダメな理由がわかります（図 14.5）．

```Mathematica
GraphicsRow[{Plot[F1x, {x, 0, 2 Pi}], Plot[F2x, {x, 0, 2 Pi}]}]
```

関数 $x \mapsto F_1(x)$ は $[0, 2\pi]$ で連続でないため (14.16) が成り立ちません．よって (14.18) も成り立ちません．それにもかかわらず (14.18) を使ったため，誤った結果を得たのです．

■ 14.3　積分変数の変換

> **メモ 14.1（変数変換公式）**
>
> 関数 f は区間 I 上で連続, 関数 g は区間 J で微分可能とする. また, $g(t) \in I$ $(t \in J)$ とする. このとき, 任意の $\alpha, \beta \in J$ に対して
>
> $$\int_a^b f(x)\,\mathrm{d}x = \int_\alpha^\beta f(g(t))g'(t)\,\mathrm{d}t \tag{14.21}$$
>
> が成り立つ. ここで, $a := g(\alpha)$, $b := g(\beta)$ である. このように変数 (ここでは x) を別の関数値 (ここでは $g(t)$) で置換して行う積分を**置換積分**, (14.21) を**変数変換公式**という.

例 14.13　p, q は実数の定数で $p \neq 0$ とします. $\displaystyle\int (px + q)^{100}\,\mathrm{d}x$ を, 変数 $u := px + q$ を使って求めて, $\dfrac{(px + q)^{101}}{101p}$ を得ます.

　例 14.4 の方法で正解を得ます. 置換積分であることを明示する必要はありません. Wolfram|Alpha の「ステップごとの解説 (Step-by-step solution)」の結果を図 14.6 に掲載します[*5].

```
                        Wolfram|Alpha
int_(p_x+q)^100_dx
```

```
                        Mathematica
Integrate[(p x + q)^100, x]
```

　置換積分を行う場合は, メモ 14.1 で $g(u) := \dfrac{u - q}{p}$, $g'(u) = \dfrac{1}{p}$ とするのですが, 図 14.6 のように形式的に行うのが簡単です[*6].

　Mathematica で $\displaystyle\int \dfrac{u^{100}}{p}\,\mathrm{d}u$ を得てから, その結果の u を $px + q$ に置換して, $\dfrac{(px + q)^{101}}{101p}$ を得ます.

[*5]　ステップごとの解説は, Mathematica (Raspberry Pi 版を含む. 「=」あるいは「==」を入力すると現れる Wolfram|Alpha 用のセルに, Wolfram|Alpha への問合せを入力した結果の中の「ステップごとの解説」をクリック), WolframAlpha Classic (iOS, iPadOS, Android 用の有料アプリ) で同じであることを確認しました (2024 年 3 月).

[*6]　$u := px + q$ なので, $\dfrac{\mathrm{d}u}{\mathrm{d}x} = p$, よって $\mathrm{d}x = \dfrac{\mathrm{d}u}{p}$ です.

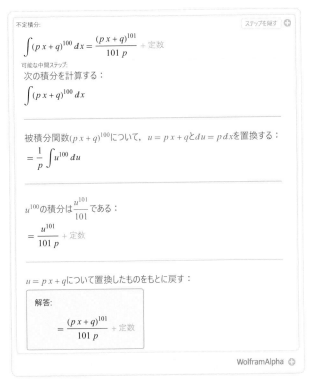

図 14.6 Wolfram|Alpha の「ステップごとの解説」（2024 年 3 月取得）

```Mathematica
tmp = IntegrateChangeVariables[
  Inactive[Integrate][(p x + q)^100, x], u, u == p x + q]
Activate[tmp] /. u -> p x + q
```

確率変数の変換と積分変数の変換♠

本書で置換積分が重要になるのは，確率変数を変換するときです．

8.3.3項で，$X \sim \mathrm{U}(0,1)$のとき，$Y := X^2$が従う確率分布の確率密度関数を求めて$f_Y(y) := \dfrac{1}{2\sqrt{y}}$ $(0 \leq y \leq 1)$を得ました．

このことは，累積密度$P(X \leq t)$を求める積分が

$$P(X \leq t) = \int_0^t f_X(x)\,\mathrm{d}x = \int_0^t 1\,\mathrm{d}x \tag{14.22}$$

$$= \int_0^{t^2} \frac{1}{2\sqrt{y}}\,\mathrm{d}y = \int_0^{t^2} f_Y(y)\,\mathrm{d}y = P(Y \leq t^2) \tag{14.23}$$

と変換されることからもわかります．ここで，f_X は X が従う確率分布の確率密度関数で，$f_X(x) \coloneqq 1\,(0 \leq x \leq 1)$ です．

　置換積分で (14.23) を得ます．

```
                        Mathematica
Clear[x, y];
IntegrateChangeVariables[
 Inactive[Integrate][1, {x, 0, t}], y, x == Sqrt[y]]
```

■ 14.4　広義積分

例 14.14　$\displaystyle\int_0^1 \frac{1}{x^a}\,\mathrm{d}x$ の値を求めて，「$\dfrac{1}{1-a}$ if Re $a < 1$」を得ます．

$a < 1$ なら定積分の値が求められて，それは $\dfrac{1}{1-a}$ だということです[*7].

```
                        Wolfram|Alpha
int_1/x^a_x=0..1
```

```
                        Python
var('a x')
simplify(integrate(1/x**a, (x, 0, 1)))
```

```
                        Mathematica
Integrate[1/x^a, {x, 0, 1}]
```

例 14.15　$\displaystyle\int_1^\infty \frac{1}{x^a}\,\mathrm{d}x$ の値を求めて，「$\dfrac{1}{a-1}$ if Re $a > 1$」を得ます．

$a > 1$ なら定積分の値が求められて，それは $\dfrac{1}{a-1}$ だということです．

```
                        Wolfram|Alpha
int_1/x^a_x=1..infinity
```

```
                        Python
integrate(1/x**a, (x, 1, oo))
```

[*7]　「Re $a < 1$」は「a の実数部分が 1 未満」ということです．本書では複素数がかかわる積分は扱わないので，これは $a < 1$ と同じ意味だと考えてかまいません．

Mathematica

```
Integrate[1/x^a, {x, 1, Infinity}]
```

広義積分の定義♠

例 14.14 や例 14.15 のような定積分は，(14.3) の定義どおりには求められません．そこで，積分の定義を拡張します．

例 14.14 の定積分を，被積分関数が有限でない点（$x = 0$）に注意して

$$\int_0^1 \frac{1}{x^a} \, dx := \lim_{t \to 0+0} \int_t^1 \frac{1}{x^a} \, dx \tag{14.24}$$

と定義します．$a < 1$ のとき，(14.24) の右辺は $\dfrac{1}{1-a}$ に収束します．

例 14.15 の定積分を，積分限界が無限区間であることに注意して

$$\int_1^\infty \frac{1}{x^a} \, dx := \lim_{t \to \infty} \int_1^t \frac{1}{x^a} \, dx \tag{14.25}$$

と定義します．$a > 1$ のとき，(14.24) の右辺は $\dfrac{1}{a-1}$ に収束します．

このように拡張された積分を**広義積分**といいます．

広義積分の重要な例に**ガウス積分**があります．

メモ 14.2（ガウス積分）

$$\int_{-\infty}^\infty \exp\left(-x^2\right) dx = \sqrt{\pi}. \tag{14.26}$$

$$\frac{1}{\sqrt{2\pi}} \int_{-\infty}^\infty \exp\left(-\frac{x^2}{2}\right) dx = 1. \tag{14.27}$$

例 14.15 の方法で (14.26) の左辺を求めて，右辺を得ます[*8].

Wolfram|Alpha

```
int_exp(-x^2)_x=-infinity..infinity
```

Python

```
var('x'); integrate(exp(-x**2), (x, -oo, oo))
```

Mathematica

```
Integrate[Exp[-x^2], {x, -Infinity, Infinity}]
```

[*8]　ガウス積分は2変数関数に変換して計算することもできます（15.3.2項）．因みに，$x \mapsto \exp(-x^2)$ の原始関数は**初等関数**では表せません（文献 [14] の 8.5 節）．初等関数は，有理関数・指数関数・対数関数から出発して，①加減乗除，②合成関数を作る，③代数方程式を解く，の操作を何度か繰り返して作られる関数の総称です[10]．例えば，変数を複素数の範囲に広げると指数関数を使って表せるので，三角関数は初等関数です．

## 第15章

多変数関数の微分積分

本章では，多変数関数の微分積分について説明します．

2.3.3 項で説明したように，多変数関数には 2 種類の実装方法があります（表 2.2）．原則として説明・数式・コードが簡潔になる方法を使いますが，実装の参考になるように，あえて簡潔ではない方法を使うこともあります．

■ 15.1 多変数関数の極限と連続性

15.1.1 多変数関数の極限

ベクトル x をベクトル a に近づけたときに，$f(x)$ が実数 α に近づくことを

$$\lim_{x \to a} f(x) = \alpha \tag{15.1}$$

と表します．これを多変数関数の極限といいます．多変数関数の極限は 1 変数関数の極限と同じ方法（12.1 節）で求められます．

例 15.1 $x := (x_1, x_2), f(x) = f((x_1, x_2)) := \dfrac{x_1 x_2^2}{x_1^2 + x_2^2}$ とします．$\displaystyle\lim_{x \to (0,0)} f(x)$ を求めて，0 を得ます．

Wolfram|Alpha
```
lim_f(x1,x2)_as_(x1,x2)->(0,0)_where_f(x1,x2)=x1_x2^2/(x1^2+x2^2)
```

Mathematica
```
x = {x1, x2}; f[{x1_, x2_}] := x1 x2^2/(x1^2 + x2^2)
Limit[f[x], x -> {0, 0}]
```

■ イプシロン・デルタ論法♠

(15.1) を **イプシロン・デルタ論法** の論理式で表すと

$$\forall \varepsilon > 0 \, (\exists \delta > 0 \, (\forall x \in D \, (0 < |x - a| < \delta \Rightarrow |f(x) - \alpha| < \varepsilon))) \tag{15.2}$$

となります．ここで，D は f の定義域です．(15.2) は，1 変数関数の場合の (12.6) の実数 x, a を，ベクトル x, a にしたものです．$|x - a|$ はユークリッド距離で，$x := (x_1, x_2), a := (a_1, a_2)$ の場合は $\sqrt{(x_1 - a_1)^2 + (x_2 - a_2)^2}$ です．

コードを見やすくするために，(15.2) を二つの部分

$$A := \forall \varepsilon > 0 \, (\exists \delta > 0 \, (B)) \tag{15.3}$$

$$B := \forall x \in D \, (0 < |x - a| < \delta \Rightarrow |f(x) - \alpha| < \varepsilon) \tag{15.4}$$

に分けます．ここでは $D = \mathbb{R}^2$ とします．次の二つの例では，D は $\mathbb{R}^2$ ではなく $\mathbb{R}^2 \setminus \{\mathbf{0}\}$ なのですが，$0 < |\boldsymbol{x} - \mathbf{0}|$ つまり $\boldsymbol{x} \neq \mathbf{0}$ の場合を調べればよいので，コードの修正は不要です．

```Mathematica
A := ForAll[epsilon, epsilon > 0, Exists[delta, delta > 0, B]];
B := ForAll[Evaluate[x], Element[x, Reals],
  Implies[0 < Norm[x - a] < delta, Norm[f[x] - alpha] < epsilon]]
```

例 15.2 例 15.1 の結果を表す (15.2) が真かどうかを求めて，真を得ます．

```Mathematica
a = {0, 0}; alpha = 0;
Reduce[A, Reals]
```

例 15.3 α を実数として，(15.2) と同値な条件を求めて，極限値 $\alpha = 0$ を得ます．

```Mathematica
Clear[alpha];
Reduce[A, Reals]
```

■極限値が存在しない例♠

$f(x, y) := \dfrac{x^2 y}{x^4 + y^2}$ とします．$\displaystyle\lim_{(x,y) \to (0,0)} f(x, y)$ は存在しません．実際，Wolfram|Alpha と Mathematica で試すと，不定（indeterminate）となります．

```Wolfram|Alpha
lim␣f(x,y)␣as␣(x,y)->(0,0)␣where␣f(x,y)=x^2␣y/(x^4+y^2)
```

```Mathematica
Clear[x, y]; f[x_, y_] := x^2 y/(x^4 + y^2)
Limit[f[x, y], {x, y} -> {0, 0}]
```

$\boldsymbol{x} := (x, y)$ の $\boldsymbol{a} := (0, 0)$ への近づけ方を限定すると，値が決まることがあります．例を示します．

① $y \to 0$ としてから $x \to 0$ とする．$\displaystyle\lim_{x \to 0}\left(\lim_{y \to 0} f(x, y)\right) = 0.$

② $x \to 0$ としてから $y \to 0$ とする．$\displaystyle\lim_{y \to 0}\left(\lim_{x \to 0} f(x, y)\right) = 0.$

③ $x = r\cos\theta, y = r\sin\theta$ と置換して $r \to 0$ とする．$\displaystyle\lim_{r \to 0} f(r\cos\theta, r\sin\theta) = 0.$

④ $y = x^2$ として $x \to 0$ とする．$\displaystyle\lim_{x \to 0} f(x, x^2) = \dfrac{1}{2}.$

$\boldsymbol{x}$ の $\boldsymbol{a}$ への近づけ方を①，②，③に限定すると，極限値は 0 のようにみえます．その一方で，近づけ方を④に限定すると，極限値は 1/2 のようにみえます．$\boldsymbol{x}$ の $\boldsymbol{a}$ への近づけ方にはよらな

いものが極限値ですから，この例の極限値は存在しないということです．

```Python
f = lambda x, y: x**2 * y / (x**4 + y**2); var('x y r theta')
(limit(limit(f(x, y), x, 0), y, 0),                    # ①
 limit(limit(f(x, y), y, 0), x, 0),                    # ②
 limit(f(r * cos(theta), r * sin(theta)), r, 0),       # ③
 limit(f(x, x**2), x, 0))                              # ④
```

```Mathematica
Clear[x, y, r, theta];
{Limit[Limit[f[x, y], x -> 0], y -> 0],                (* ① *)
 Limit[Limit[f[x, y], y -> 0], x -> 0],                (* ② *)
 Limit[f[r Cos[theta], r Sin[theta]], r -> 0],         (* ③ *)
 Limit[f[x, x^2], x -> 0]}                             (* ④ *)
```

15.1.2　多変数関数の連続性

関数 $f\colon \mathbb{R}^n \to \mathbb{R}$ について

$$\lim_{\bm{x}\to\bm{a}} f(\bm{x}) = f(\bm{a}) \tag{15.5}$$

が成り立つとき，「f は $\bm{a}$ で連続」といいます．

例 15.4　$\bm{x} := (x_1, x_2)$ とします．関数 f を

$$f(\bm{x}) = f((x_1, x_2)) := \begin{cases} \dfrac{x_1 x_2^2}{x_1^2 + x_2^2} & (\bm{x} \neq (0,0)), \\ 0 & (\bm{x} = (0,0)) \end{cases} \tag{15.6}$$

で定義します．f の $(0,0)$ での連続性を求めて，真（連続）を得ます．

```Mathematica
f[{x1_, x2_}] := Piecewise[{{0, x1 == x2 == 0}}, x1 x2^2/(x1^2 + x2^2)]
x = {x1, x2};
FunctionContinuous[f[x], x]              (* 方法1 *)
Limit[f[x], x -> {0, 0}] == f[{0, 0}]    (* 方法2 *)
```

例 15.5 関数 f を

$$f(x,y) := \begin{cases} \dfrac{x^2 y}{x^4 + y^2} & ((x,y) \neq (0,0)), \\ 0 & ((x,y) = (0,0)) \end{cases} \tag{15.7}$$

で定義します．f の $(0,0)$ での連続性を求めて，偽（不連続）を得ます（文献 [23] の第 I 章 § 6 例 10，文献 [24] の例題 2.17）．

15.1.1 項で述べたように，$\displaystyle\lim_{(x,y)\to(0,0)} f(x,y)$ は存在しないので，$f(x,y)$ は $(0,0)$ で連続ではありません．

```Mathematica
f[x_, y_] := Piecewise[{{0, x == y == 0}}, x^2 y/(x^4 + y^2)]
Clear[x, y]; FunctionContinuous[f[x, y], {x, y}]
```

15.2 多変数関数の微分

$f\colon (x,y) \mapsto f(x,y)$ に対して，$f_x(x_0,y_0)$, $f_y(x_0,y_0)$ を

$$f_x(x_0,y_0) := \lim_{h\to 0} \frac{f(x_0+h,y_0) - f(x_0,y_0)}{h}, \tag{15.8}$$

$$f_y(x_0,y_0) := \lim_{h\to 0} \frac{f(x_0,y_0+h) - f(x_0,y_0)}{h} \tag{15.9}$$

と定義します．

$f_x(x_0,y_0)$ は，x だけが変数で y は定数として求めた，f の (x_0,y_0) における微分係数です．これを f の (x_0,y_0) における x についての**偏微分係数**といいます．$f_x\colon (x,y) \mapsto f_x(x,y)$ を，f の x に関する**偏導関数**といいます．$f_x(x,y)$ を $\dfrac{\partial f(x,y)}{\partial x}$ や $\dfrac{\partial f}{\partial x}$（読み方はディーエフディーエックス）と表すこともあります．

同様に，$f_y(x_0,y_0)$ は，f の (x_0,y_0) における y についての偏微分係数です．$f_y\colon (x,y) \mapsto f_y(x,y)$ を，f の y に関する偏導関数といいます．$f_y(x,y)$ を $\dfrac{\partial f(x,y)}{\partial y}$ や $\dfrac{\partial f}{\partial y}$ と表すこともあります．

偏微分係数や偏導関数を求めることを**偏微分する**といいます．

このように，2 変数関数 $f\colon (x,y) \mapsto f(x,y)$ では，2 個の偏導関数 f_x, f_y が考えられます．それら全てが存在して連続であるとき，「f は $\boldsymbol{C^1}$ **級**」といいます．n 回偏微分可能で，n 次偏導関数が連続な関数を $\boldsymbol{C^n}$ **級**といいます．

例 15.6 $f(x,y) := 2 - x^2 - y^2$ とします．$f_x(x,y)$ と $f_y(x,y)$ を求めて，$-2x$ と $-2y$ を得ます．

Wolfram|Alpha

```
d/dx_2-x^2-y^2,d/dy_2-x^2-y^2
```

Python

```
f = lambda x, y: 2 - x**2 - y**2; var('x y')
(diff(f(x, y), x), diff(f(x, y), y))
```

Mathematica

```
f[x_, y_] := 2 - x^2 - y^2
{D[f[x, y], x], D[f[x, y], y]}
```

■偏微分係数と偏導関数♠

$f_x(x,y)$ と $f_y(x,y)$ は偏微分係数であって，偏導関数ではありません．

偏導関数を求めるときには，引数として $f(x,y)$ ではなく f を与えるので，偏微分する変数の指定方法に注意が必要です．例として，$f(x,y) := 2 - x^2 - y^2$ の偏導関数 f_x と f_y を求めて，関数 $(x,y) \mapsto -2x$ と $(x,y) \mapsto -2y$ を得ます．

Mathematica

```
f[x_, y_] := 2 - x^2 - y^2
{Derivative[1, 0][f], Derivative[0, 1][f]}
```

$g(\boldsymbol{x}) = g((x_1, x_2)) := 2 - x_1^2 - x_2^2$ の偏導関数 g_{x_1} と g_{x_2} を求めて，関数 $\boldsymbol{x} \mapsto -2x_1$ と $\boldsymbol{x} \mapsto -2x_2$ を得ます．

Mathematica

```
g[{x1_, x2_}] := 2 - x1^2 - x2^2
{Derivative[{1, 0}][g], Derivative[{0, 1}][g]}
```

$f: \mathbb{R}^n \to \mathbb{R}$ の $\boldsymbol{x} := (x_1, \ldots, x_n)$ における $x_1, \ldots, x_n$ に関する偏微分係数のベクトル

$$\left(\frac{\partial f(\boldsymbol{x})}{\partial x_1}, \ldots, \frac{\partial f(\boldsymbol{x})}{\partial x_n} \right) = (f_{x_1}(\boldsymbol{x}), \ldots, f_{x_n}(\boldsymbol{x})) \tag{15.10}$$

を，$f(\boldsymbol{x})$ の**勾配** (gradient) といい，$\dfrac{\partial f(\boldsymbol{x})}{\partial \boldsymbol{x}}$，$\mathrm{grad}\, f$，$\boldsymbol{\nabla} f$ （読み方はナブラエフ）などと表します．

例 15.7　$\boldsymbol{x} := (x, y), f(x, y) := 2 - x^2 - y^2$ に対して，$\dfrac{\partial f(\boldsymbol{x})}{\partial \boldsymbol{x}} := \left(\dfrac{\partial f(\boldsymbol{x})}{\partial x}, \dfrac{\partial f(\boldsymbol{x})}{\partial y} \right)$ を求めて，$(-2x, -2y)$ を得ます[1]．

---

[1]　Python では derive_by_array でも似たような結果を得ますが，diff を使ったほうが結果をベクトルとして扱いやすいです（応用例が例 17.11 にあります）．

Wolfram|Alpha

```
grad(2-x^2-y^2)
```

Python

```
diff(f(x, y), Matrix([x, y]))
```

Mathematica

```
D[f[x, y], {{x, y}}]  (* 方法1 *)
Grad[f[x, y], {x, y}]  (* 方法2 *)
```

■微分♠

1変数関数について13.1.3項で述べたのと同様のことが，多変数関数についても言えます．

定数ベクトル $\boldsymbol{a}$ に対して，多変数関数 f の $\boldsymbol{a}+\boldsymbol{h}$ における値 $f(\boldsymbol{a}+\boldsymbol{h})$ が，定数ベクトル $\boldsymbol{P}$ を使って

$$f(\boldsymbol{a}+\boldsymbol{h}) = f(\boldsymbol{a}) + \boldsymbol{P}\cdot\boldsymbol{h} + o(|\boldsymbol{h}|) \tag{15.11}$$

と書けるとき，「f は $\boldsymbol{a}$ で**微分可能**」といいます．$\boldsymbol{P} = \left.\dfrac{\partial f(\boldsymbol{x})}{\partial \boldsymbol{x}}\right|_{\boldsymbol{x}=\boldsymbol{a}}$ です．

また

$$z - f(\boldsymbol{a}) = \left.\frac{\partial f(\boldsymbol{x})}{\partial \boldsymbol{x}}\right|_{\boldsymbol{x}=\boldsymbol{a}}\cdot(\boldsymbol{x}-\boldsymbol{a}) \tag{15.12}$$

は，$z = f(\boldsymbol{x})$ の $\boldsymbol{a}$ における**接空間**（$n := 2$ なら**接平面**）です．これを

$$\mathrm{d}z = \left.\frac{\partial f(\boldsymbol{x})}{\partial \boldsymbol{x}}\right|_{\boldsymbol{x}=\boldsymbol{a}}\cdot(\mathrm{d}x_1,\dots,\mathrm{d}x_n) \tag{15.13}$$

と表して，$\mathrm{d}z$ を $\boldsymbol{a}$ での z の**微分**（**全微分**）といいます．$\boldsymbol{a}$ を $\boldsymbol{x}$ とすると，(15.13) は

$$\mathrm{d}z = \frac{\partial f(\boldsymbol{x})}{\partial \boldsymbol{x}}\cdot(\mathrm{d}x_1,\dots,\mathrm{d}x_n) = \frac{\partial f}{\partial x_1}\,\mathrm{d}x_1 + \dots + \frac{\partial f}{\partial x_n}\,\mathrm{d}x_n \tag{15.14}$$

となります．

■2次偏微分係数と2次偏導関数♠

偏導関数を偏微分したものを**2次偏導関数**（**2階偏導関数**），2次偏導関数による $\boldsymbol{x}$ の像を，$\boldsymbol{x}$ における2次偏微分係数といいます．$f:(x,y)\mapsto f(x,y)$ には，次の4個の2次導関数があります．

- f_x の x に関する偏導関数を f_{xx} と表す．$f_{xx}(x,y) = \dfrac{\partial}{\partial x}\left(\dfrac{\partial f(x,y)}{\partial x}\right) = \dfrac{\partial^2 f(x,y)}{\partial x \partial x}$．

- f_x の y に関する偏導関数を f_{xy} と表す．$f_{xy}(x,y) = \dfrac{\partial}{\partial y}\left(\dfrac{\partial f(x,y)}{\partial x}\right) = \dfrac{\partial^2 f(x,y)}{\partial y \partial x}$．

- f_y の x に関する偏導関数を f_{yx} と表す．$f_{yx}(x,y) = \dfrac{\partial}{\partial x}\left(\dfrac{\partial f(x,y)}{\partial y}\right) = \dfrac{\partial^2 f(x,y)}{\partial x \partial y}$．

- f_y の y に関する偏導関数を f_{yy} と表す．$f_{yy}(x,y) = \dfrac{\partial}{\partial y}\left(\dfrac{\partial f(x,y)}{\partial y}\right) = \dfrac{\partial^2 f(x,y)}{\partial y \partial y}$．

これらをひとまとめにする**ヘッセ行列**（Hessian matrix）を導入します．関数 $f:(\boldsymbol{x})\mapsto f(\boldsymbol{x})$

の，$\boldsymbol{x} := (x_1, \ldots, x_n)$ におけるヘッセ行列を

$$H := [f_{x_i x_j}(\boldsymbol{x})] = \left[\frac{\partial^2 f(\boldsymbol{x})}{\partial x_i \partial x_j}\right] \quad (i = 1, \ldots, n, \quad j = 1, \ldots, n) \tag{15.15}$$

と定義します．例えば，$f: (x, y) \mapsto f(x, y)$ の (x, y) におけるヘッセ行列は

$$H = \begin{bmatrix} f_{xx}(x, y) & f_{xy}(x, y) \\ f_{yx}(x, y) & f_{yy}(x, y) \end{bmatrix} \tag{15.16}$$

です．

例 15.8 $f(x, y) := 2x^3 + 5xy + 2y^2$ の (x, y) におけるヘッセ行列を求めて，$\begin{bmatrix} 12x & 5 \\ 5 & 4 \end{bmatrix}$ を得ます[*2].

Wolfram|Alpha
```
hessian_matrix_of_2x^3+5xy+2y^2
```

Python
```
f = lambda x, y: 2 * x**3 + 5 * x * y + 2 * y**2; var('x y')
hessian(f(x, y), Matrix([x, y]))
```

Mathematica
```
f[x_, y_] := 2 x^3 + 5 x y + 2 y^2
D[f[x, y], {{x, y}, 2}] // MatrixForm
```

15.2.1 多変数関数のテイラー近似

テイラー多項式 (13.18) の多変数関数版を求めます．

例 15.9 $\sqrt{x_1^2 + x_2^2}$ の $(x_1, x_2) = (1, 1)$ における 2 次のテイラー多項式を求めて

$$\frac{1}{4\sqrt{2}}\left(x_1^2 - 2x_1(x_2 - 2) + x_2(x_2 + 4)\right) \tag{15.17}$$

を得ます．

$\boldsymbol{x} := (x_1, x_2)$，$\boldsymbol{a} := (1, 1)$，$\boldsymbol{h} := \boldsymbol{x} - \boldsymbol{a}$，$F(t) := f(\boldsymbol{a} + t\boldsymbol{h})$ とすると，$F(0) = f(\boldsymbol{a})$，$F(1) = f(\boldsymbol{a} + \boldsymbol{h}) = f(\boldsymbol{x})$ です．例 13.6 の方法で $F(t)$ の $t = 0$ におけるテイラー多項式を得て，$t := 1$ とします．

[*2] Python のコードの表記を例 15.7 に合わせています．Matrix([x, y]) の部分はリスト，タプル，アレイ，シリーズでもかまいません．

```
                          Python
f = lambda x: sqrt(x[0]**2 + x[1]**2); var('x1 x2 t');
x = Matrix([x1, x2]); a = Matrix([1, 1]); h = x - a;
F = lambda t: f(a + t * h)
expr = series(F(t), t, x0=0, n=3).removeO().subs(t, 1)
simplify(expr)
```

```
                       Mathematica
Clear[f, F];
f[{x1_, x2_}] := Sqrt[x1^2 + x2^2]
x = {x1, x2}; a = {1, 1}; h = x - a;
F[t_] := f[a + t h]
expr := Normal[Series[F[t], {t, 0, 2}]] /. t -> 1
expr // Simplify
```

(15.17) が $(x_1, x_2) = (1, 1)$ におけるテイラー多項式，つまり $(x_1 - 1)$ と $(x_2 - 1)$ の多項式であることは，この式を

$$\sqrt{2} + \frac{(x_1 - 1) + (x_2 - 1)}{\sqrt{2}} + \frac{(x_1 - 1)^2 - 2(x_1 - 1)(x_2 - 1) + (x_2 - 1)^2}{4\sqrt{2}} \tag{15.18}$$

と変形するとわかります．次のコードで (15.18) を得ます．

```
                       Mathematica
Block[{h = {h1, h2}}, expr /. Thread[h -> Map[HoldForm, x - a]]]
```

定義にもとづく計算♠

$f(\boldsymbol{x})$ は

$$f(\boldsymbol{x}) = f(\boldsymbol{a}) + \left.\frac{\partial f(\boldsymbol{x})}{\partial \boldsymbol{x}}\right|_{\boldsymbol{x} = \boldsymbol{a} + \theta(\boldsymbol{x} - \boldsymbol{a})} \cdot (\boldsymbol{x} - \boldsymbol{a}) \tag{15.19}$$

$$= f(\boldsymbol{a}) + \left.\frac{\partial f(\boldsymbol{x})}{\partial \boldsymbol{x}}\right|_{\boldsymbol{x} = \boldsymbol{a}} \cdot (\boldsymbol{x} - \boldsymbol{a}) + o(|\boldsymbol{x} - \boldsymbol{a}|) \tag{15.20}$$

と表せます．(15.19) は平均値の定理（メモ 13.1）の多変数関数版，(15.20) は $\dfrac{\partial f(\boldsymbol{x})}{\partial \boldsymbol{x}}$ の定義と言えます．

また，$f(\boldsymbol{x})$ は

$$f(\boldsymbol{x}) = f(\boldsymbol{a}) + \left.\frac{\partial f(\boldsymbol{x})}{\partial \boldsymbol{x}}\right|_{\boldsymbol{x} = \boldsymbol{a}} \cdot (\boldsymbol{x} - \boldsymbol{a}) + \frac{1}{2}(\boldsymbol{x} - \boldsymbol{a}) \cdot H\bigg|_{\boldsymbol{x} = \boldsymbol{a} + \theta(\boldsymbol{x} - \boldsymbol{a})} (\boldsymbol{x} - \boldsymbol{a}) \quad (0 < \theta < 1) \tag{15.21}$$

$$= f(\boldsymbol{a}) + \left.\frac{\partial f(\boldsymbol{x})}{\partial \boldsymbol{x}}\right|_{\boldsymbol{x} = \boldsymbol{a}} \cdot (\boldsymbol{x} - \boldsymbol{a}) + \frac{1}{2}(\boldsymbol{x} - \boldsymbol{a}) \cdot H\bigg|_{\boldsymbol{x} = \boldsymbol{a}} (\boldsymbol{x} - \boldsymbol{a}) + o(|\boldsymbol{x} - \boldsymbol{a}|^2) \tag{15.22}$$

とも表せます．ここで，H は f の $\boldsymbol{x}$ におけるヘッセ行列 (15.16) です．(15.22) は，13.2.3 項の (13.33) の多変数関数版です．

$\sqrt{x_1^2 + x_2^2}$ の $(x_1, x_2) = (1, 1)$ での2次のテイラー多項式を (15.22) にもとづいて求めて，(15.17) を得ます．

```Python
gradf = diff(f(x), x).subs(zip(x, a))
H = hessian(f(x), x).subs(zip(x, a))
simplify(f(a) + gradf.dot(x - a) + (x - a).dot(H @ (x - a)) / 2)
```

```Mathematica
gradf = D[f[x], {x}] /. Thread[x -> a];
H = D[f[x], {x, 2}] /. Thread[x -> a];
f[a] + gradf . (x - a) + (x - a) . H . (x - a)/2 // Simplify
```

15.2.2　多変数関数の極大・極小

1変数関数の極値をその2次微分係数を使って調べる方法を 13.2.3 項で説明しました．本項では，その多変数関数版を説明します．

例 15.10　$f(\boldsymbol{x}) = f((x_1, x_2)) := 2x_1{}^3 + x_1 x_2^2 + 5x_1^2 + x_2^2$ の極値を求めて，極大値 $f((-5/3, 0)) = 125/27$，極小値 $f((0, 0)) = 0$ を得ます．

```Wolfram|Alpha
local_extrema_of_2x1^3+x1_x2^2+5x1^2+x2^2
```

```Mathematica
x = {x1, x2}; f[{x1_, x2_}] := 2 x1^3 + x1 x2^2 + 5 x1^2 + x2^2
ResourceFunction["LocalExtrema"][f[x], x]
```

■多変数関数の極値♠

メモ 15.1（多変数関数の極大・極小）

$f : \mathbb{R}^n \to \mathbb{R}$ は C^2 級とする．$\boldsymbol{a}$ を f の停留点（$\left.\dfrac{\partial f}{\partial \boldsymbol{x}}\right|_{\boldsymbol{x}=\boldsymbol{a}} = \boldsymbol{0}$ となる $\boldsymbol{a}$），H を f の $\boldsymbol{a}$ におけるヘッセ行列とすると，次が成り立つ（正定値行列などについては 19.3.1 項を参照）．

- $\boldsymbol{a}$ における H が**正定値行列**なら，f は $\boldsymbol{a}$ で極小である．
- $\boldsymbol{a}$ における H が**負定値行列**なら，f は $\boldsymbol{a}$ で極大である．
- $\boldsymbol{a}$ における H が**不定値行列**なら，f は $\boldsymbol{a}$ で極値ではない．

ヘッセ行列を使う理由は，1変数の場合の例 13.7，(15.22)，19.3.1 項からわかります．

メモ 15.1 にもとづいて，$f(\boldsymbol{x}) = f((x_1, x_2)) := 2x_1{}^3 + x_1 x_2^2 + 5x_1^2 + x_2^2$ の極値を求めて，例 15.10 と同じ結果を得ます．

まず，停留点を求めて，次に，各停留点における H の性質を調べます．

```Python
f = lambda x: 2 * x[0]**3 + x[0] * x[1]**2 + 5 * x[0]**2 + x[1]**2
var('x1 x2', real=True); x = Matrix([x1, x2])          # x1, x2は実数
points = solve(diff(f(x), x), x)                        # 停留点
H = hessian(f(x), x)                                    # ヘッセ行列
def check(H, a):
    h = H.subs(zip(x, a))                               # 停留点でのヘッセ行列
    if h.is_positive_definite: return (a, f(a), -1)     # 極小
    if h.is_negative_definite: return (a, f(a), 1)      # 極大
    if h.is_indefinite: return (a, f(a), 0)             # 極値ではない
    else: return (a, f(a), None)                        # 不明
[check(H, a) for a in points]
```

```Mathematica
points := Solve[D[f[x], {x}] == 0 x, x, Reals];   (* 停留点 *)
H := D[f[x], {x, 2}];                             (* ヘッセ行列 *)
Table[With[{h = H /. p},                          (* 停留点でのヘッセ行列 *)
  {p, f[x] /. p, Which[
    PositiveDefiniteMatrixQ[h], -1,               (* 極小 *)
    NegativeDefiniteMatrixQ[h], 1,                (* 極大 *)
    IndefiniteMatrixQ[h], 0,                      (* 極値ではない *)
    True, Null]}],                                (* 不明 *)
 {p, points}]
```

1変数関数の極値を2次微分係数を使って調べる方法は，2次微分係数が求められない場合やそれが0になる場合には使えませんでした（13.2.3項を参照）．それと同様の理由で，ここで説明したヘッセ行列を使う方法では，$f(\boldsymbol{x}) = f((x_1, x_2)) := x_1^2 + x_2^4$ の極値を求められません．明らかに f は $(0,0)$ で極小ですが，そこでの H は正定値行列ではありません．極値を求めたい場合には，まずは次のようにライブラリを使うことを勧めます．

```Mathematica
x = {x1, x2}; f[{x1_, x2_}] := x1^2 + x2^4
PositiveDefiniteMatrixQ[H /. Thread[x -> {0, 0}]] (* False *)
ResourceFunction["LocalExtrema"][f[x], x]
```

■ 15.3 多変数関数の積分

15.3.1 多重積分と累次積分

$D := \{(x,y) \mid 0 \le x \le 1,\ 0 \le y \le x\}$ とし（図15.1），関数 $f\colon D \to \mathbb{R}$ を $f(x,y) := x^2 + y^2$ で定義します．

$z = f(x,y)$ と xy 平面の間の空間の体積を，図15.2 のように求めます[3]．まず，図15.2(a) のように定義域を分割して，求める体積を有限個の直方体の体積の和で近似します．次に，図15.2(b) のように分割を無限に細かくしたときに，直方体の体積の和

---

[3] 体積は符号付きで，$f(x,y) < 0$ なら負とします．

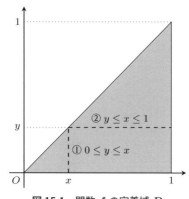

図 15.1 関数 f の定義域 D

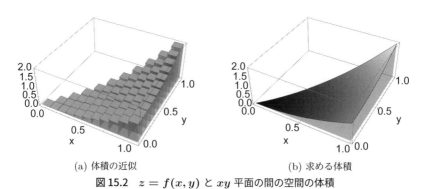

(a) 体積の近似   (b) 求める体積

図 15.2 $z = f(x, y)$ と xy 平面の間の空間の体積

が収束するなら，その収束値を

$$\iint_D f(x, y)\, \mathrm{d}x\, \mathrm{d}y \tag{15.23}$$

と表します．このような積分を **2 重積分**，D のような領域のことを**積分範囲**といいます．この積分は，底面積が $\mathrm{d}x\,\mathrm{d}y$，高さが $f(x, y)$ の直方体の体積の和だと思ってください．3 変数関数の場合を 3 重積分，一般の場合を**多重積分**といいます．

> **例 15.11** (15.23) の 2 重積分の値を求めて，$1/3$ を得ます．

領域 D を定義して，その領域上で $f(x, y)$ を積分します．

```Mathematica
d = ImplicitRegion[And[0 <= x <= 1, 0 <= y <= x], {x, y}];
f[x_, y_] := x^2 + y^2
Integrate[f[x, y], Element[{x, y}, d]]
```

領域 D で x は 0 から 1 まで動きます．x を固定すると，y は 0 から x まで動きます（図 15.1 の①）．そこで，(15.23) の 2 重積分の値を

$$\int_0^1 \left(\int_0^x f(x, y)\, \mathrm{d}y \right) \mathrm{d}x = \int_0^1 \int_0^x f(x, y)\, \mathrm{d}y\, \mathrm{d}x \tag{15.24}$$

のように求めて，1/3 を得ます．積分の順番は左辺のとおりですが，右辺のように括弧を省略してもかまいません．

Wolfram|Alpha
```
int_f(x,y)_dy_dx_y=0..x,x=0..1_where_f(x,y)=x^2+y^2
```

Python
```
f = lambda x, y: x**2 + y**2; var('x y')
integrate(integrate(f(x, y), (y, 0, x)), (x, 0, 1))
```

Mathematica
```
Integrate[Integrate[f[x, y], {y, 0, x}], {x, 0, 1}]
```

このような 1 変数の積分の繰り返しを**累次積分**といいます．ここで扱っているような，面積の定まった領域 D での連続関数の多重積分の値は，累次積分で求められます．

領域 D で y は 0 から 1 まで動きます．y を固定すると，x は y から 1 まで動きます（図 15.1 の②）．ですから，(15.23) の 2 重積分の値は，次の累次積分でも求められます．

$$\int_0^1 \left(\int_y^1 f(x, y)\, \mathrm{d}x \right) \mathrm{d}y = \int_0^1 \int_y^1 f(x, y)\, \mathrm{d}x\, \mathrm{d}y \tag{15.25}$$

Wolfram|Alpha
```
int_f(x,y)_dx_dy_x=y..1,y=0..1_where_f(x,y)=x^2+y^2
```

Python
```
integrate(integrate(f(x, y), (x, y, 1)), (y, 0, 1))
```

Mathematica
```
Integrate[Integrate[f[x, y], {x, y, 1}], {y, 0, 1}]
```

15.3.2 積分変数の変換（多変数）

14.3 節で，1 変数関数の積分の積分変数の変換について説明しました．ここでは，多変数関数の積分の積分変数の変換について説明します．

(15.23) の積分変数 x, y が，変数 u, v によって

$$x = 2u, \quad y = 3v \tag{15.26}$$

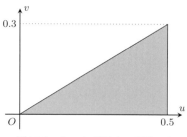

図 15.3　(u, v) が属する領域 D'

と表される場合を考えます[*4].

変数 u, v は, x, y によって

$$u = \frac{x}{2}, \quad v = \frac{y}{3} \tag{15.27}$$

と表されます.

(x, y) が属する領域 D は $\{(x, y) \mid 0 \le x \le 1,\ 0 \le y \le x\}$ です (図 15.1). (15.27) より, (u, v) が属する領域 D' は $\left\{(u, v) \mid 0 \le u \le \dfrac{1}{2},\ 0 \le v \le \dfrac{2u}{3}\right\}$ です (図 15.3).

(15.23) の値は, 底面積が $dx\,dy$, 高さが $f(x, y)$ の直方体の体積の和です. これは, 底面積が $du\,dv$, 高さが $f(2u, 3v)$ の直方体の体積の 6 倍の和です. この「6」は, (15.26) のもとでの行列

$$J := \begin{bmatrix} \dfrac{\partial x}{\partial u} & \dfrac{\partial x}{\partial v} \\ \dfrac{\partial y}{\partial u} & \dfrac{\partial y}{\partial v} \end{bmatrix} \tag{15.28}$$

の行列式 (17.7 節) の絶対値です. この行列 J を (15.26) の**ヤコビ行列** (**関数行列**, Jacobian matrix), $\det J$ を**ヤコビ行列式** (**関数行列式**, **ヤコビアン**, Jacobian determinant) といいます[*5].

(15.23) の積分変数 x, y を u, v に変換すると

$$\iint_D f(x, y)\,dx\,dy = \iint_{D'} f(x, y)|\det J|\,du\,dv \tag{15.29}$$

$$= \int_0^{1/2} \int_0^{2u/3} f(2u, 3v) 6\,dv\,du = \frac{1}{3} \tag{15.30}$$

[*4]　これは積分変数の変換について説明するための例です. この変換で積分が簡単になるわけではありません.

[*5]　ヤコビ行列を $\dfrac{\partial(x, y)}{\partial(u, v)}$ と表す文献と, ヤコビ行列式を $\dfrac{\partial(x, y)}{\partial(u, v)}$ と表す文献があります. 「ヤコビアン」がヤコビ行列を表すこともあります.

となります．(15.29) の左辺の D を D' に，$dx\,dy$ を $|\det J|\,du\,dv$ に置き換えたのが (15.29) の右辺です．その値を求める累次積分が (15.30) です．

次のコードで (15.29) の左辺と (15.30) の右辺，それぞれの値（1/3）を得ます．

```Mathematica
Clear[u, v, x, y];
lhs = Inactive[Integrate][f[x, y], Element[{x, y}, d]]
rhs = IntegrateChangeVariables[lhs, {u, v}, {x == 2 u, y == 3 v}]
{Activate[lhs], Activate[rhs]}
```

数式どおりの計算♠

> **例 15.12**　(15.26) のヤコビ行列式を求めて，6 を得ます．その結果を使って (15.29) の右辺の値を求めて，1/3 を得ます．

```Python
f = lambda x, y: x**2 + y**2; var('u v')
x, y = 2 * u, 3 * v
J = Matrix([x, y]).jacobian((u, v))
detJ = J.det(); print(detJ)
integrate(integrate(f(x, y) * abs(detJ),
                (v, 0, 2 * u / 3)), (u, 0, sym.S(1) / 2))
```

```Mathematica
f[x_, y_] := x^2 + y^2
{x, y} = {2 u, 3 v};
J = D[{x, y}, {{u, v}}];
detJ = Det[J]
Integrate[Integrate[f[x, y] Abs[detJ], {v, 0, 2 u/3}], {u, 0, 1/2}]
```

■ヤコビ行列式の意味♠

積分変数の変換の際に，ヤコビ行列式の絶対値を掛ける理由を説明します．

(15.26) は

$$\begin{pmatrix} x \\ y \end{pmatrix} = J \begin{pmatrix} u \\ v \end{pmatrix} \qquad \left(J := \begin{bmatrix} 2 & 0 \\ 0 & 3 \end{bmatrix} \right) \tag{15.31}$$

という線形変換です．この線形変換で uv 平面の図形を変換すると，その図形の面積は $|\det J|$ 倍になります（18.3.3 項を参照）．これが，(15.29) で $dx\,dy$ と $|\det J|\,du\,dv$ が対応している理由です．

(u, v) から (x, y) への変換が線形変換でない場合は，(15.14) のような微分

$$dx = \frac{\partial x}{\partial u}\,du + \frac{\partial x}{\partial v}\,dv, \quad dy = \frac{\partial y}{\partial u}\,du + \frac{\partial y}{\partial v}\,dv \tag{15.32}$$

を考えます．ヤコビ行列 (15.28) を使うと，(15.32) は

$$
\begin{pmatrix} \mathrm{d}x \\ \mathrm{d}y \end{pmatrix} = J \begin{pmatrix} \mathrm{d}u \\ \mathrm{d}v \end{pmatrix} \qquad (J := \begin{bmatrix} \dfrac{\partial x}{\partial u} & \dfrac{\partial x}{\partial v} \\ \dfrac{\partial y}{\partial u} & \dfrac{\partial y}{\partial v} \end{bmatrix}) \tag{15.33}
$$

となります．ですから，(u, v) から (x, y) への変換が線形変換でない場合も，$\mathrm{d}x\,\mathrm{d}y$ と $|\det J|\,\mathrm{d}u\,\mathrm{d}v$ を対応させればよいのです．

■ガウス積分♠

積分変数を変換することで積分が簡単になる例として，メモ 14.2 の**ガウス積分**

$$
I = \int_{-\infty}^{\infty} \exp\left(-x^2\right) \mathrm{d}x = \sqrt{\pi} \tag{15.34}
$$

を計算します．

I を求める代わりに I^2 を求めます（計算のための工夫です）．累次積分を使います．

$$
I^2 = \left(\int_{-\infty}^{\infty} \exp\left(-x^2\right) \mathrm{d}x \right) \left(\int_{-\infty}^{\infty} \exp\left(-y^2\right) \mathrm{d}y \right) \tag{15.35}
$$

$$
= \int_{-\infty}^{\infty} \int_{-\infty}^{\infty} \exp\left(-\left(x^2 + y^2\right)\right) \mathrm{d}x\,\mathrm{d}y \tag{15.36}
$$

$$
= \int_{0}^{\infty} \int_{0}^{2\pi} \exp\left(-r^2\right) r\,\mathrm{d}\theta\,\mathrm{d}r = \int_{0}^{2\pi} \mathrm{d}\theta \int_{0}^{\infty} \exp\left(-r^2\right) r\,\mathrm{d}r \tag{15.37}
$$

$$
= 2\pi \times \frac{1}{2} = \pi \tag{15.38}
$$

$\exp(-x^2) > 0$ だから $I > 0$ なので，$I = \sqrt{\pi}$ です．これで (15.34) を得ました．

(15.36) から (15.37) では，積分変数を

$$
x = r\cos\theta, \quad y = r\sin\theta \tag{15.39}
$$

と変換しています．ここで，$0 \le r,\ 0 \le \theta \le 2\pi$ です．

(15.39) のヤコビ行列式を求めて，r を得ます．

```Python
var('r theta'); x, y = r * cos(theta), r * sin(theta)
J = Matrix([x, y]).jacobian((r, theta))
simplify(J.det())
```

```Mathematica
{x, y} = {r Cos[theta], r Sin[theta]};
J = D[{x, y}, {{r, theta}}];
Det[J] // Simplify
```

(15.36) は**直交座標**（Cartesian coordinates）での積分，(15.37) は**極座標**（polar coordinates）での積分です．直交座標から極座標への変換のような，よく行われる変換は，Mathematica にはあらかじめ組み込まれています[*6]．その変換によって，(15.36) が (15.37) になることを確認

---

*6　サポートされる座標系は CoordinateChartData で確認できます．

します.

```
                        Mathematica
Clear[x, y];
lhs = Inactive[Integrate][Exp[-(x^2 + y^2)],
  {y, -Infinity, Infinity}, {x, -Infinity, Infinity}]
rhs = IntegrateChangeVariables[lhs, {r, theta}, "Cartesian" -> "Polar"]
{Activate[lhs], Activate[rhs]}
```

(15.37) から (15.38) では,積分変数を $u = -r^2, du = -2r\, dr$ と変換しています.紙とペンでの計算では,exp の定義の一部とも言える,exp が exp の原始関数だという知識が必要です.

厳密には,(15.36) の積分範囲は面積の定まった領域ではないので,広義積分(14.4 節)のような議論が必要なのですが,詳説は割愛します.安易に計算すると誤る例を挙げます(文献 [2] の第 IV 章 (5.47)).

$$\int_1^\infty \int_1^\infty \frac{x-y}{(x+y)^3}\, dx\, dy = \frac{1}{2} \neq \int_1^\infty \int_1^\infty \frac{x-y}{(x+y)^3}\, dy\, dx = -\frac{1}{2}. \tag{15.40}$$

IV 線形代数

第IV部では，大学教養レベルの線形代数を扱います．数は実数に限定します．

第II部，第III部と同様，本書単独で読めるように書いたつもりですが，標準的な教科書が手もとにあると，命題の証明を確認したり，練習問題で自分の理解度を確認したりできて便利かもしれません．

第16章「ベクトル」から第19章「固有値と固有ベクトル」までの内容は，多くの線形代数の教科書で扱われています．大学等で線形代数の講義を受講している場合は，そこで指定される教科書や参考書があればそれで十分でしょう．

第20章「特異値分解と擬似逆行列」の内容は，多くの教科書で扱われているというわけではありません．ですから，教科書を手もとに置きたいという場合には，候補となる教科書の索引で「特異値分解」と「擬似逆行列」を確認してください[*1]．これらを扱っている初学者向けの教科書の例としては，ページの少ない順に，文献[15]，文献[4]，文献[8]が挙げられます．好みに合うものを参照するとよいでしょう．

第IV部で使用するシステムを表16.1にまとめます．Pythonでは，線形代数の理論的な計算には，SymPyによる数式処理が便利です．その一方で，実践では数値計算が向くことが多く，そういう場面ではNumPy・SciPyが便利です．SymPyとNumPy・SciPyでは，コードの書き方がかなり異なり，一方がわかればもう一方もわかるというわけにはいきません．そのため，第IV部ではSymPyとNumPy・SciPyの両方を使います．

表16.1　第IV部で使用するシステム

システム	主な用途
Wolfram|Alpha	数式処理・数値計算
Python (SymPy)	数式処理
Python (NumPy・SciPy)	数値計算
R	数値計算
Mathematica	数式処理・数値計算

NumPyとSciPyには，同じ名前の関数がたくさんあってまぎらわしいのですが，数値計算だという意味で，これ以降，両者をまとめて「NumPy」ということにします．また，第IV部のコードでは，SymPyとNumPyを区別するために，NumPy用の変数の名前にnを付けることがあります（例：行列AをAnで表す）．

[*1]　「特異値分解」という用語を使わずに特異値分解を扱っている教科書もあります（例：文献[20]の第IV章 §3例2）．

## 第 16 章

ベクトル

■ 16.1 ベクトルの記法

数ベクトルは，1 個以上の数（本書では実数）を並べたものです．**ベクトル**といわれるものは数ベクトル以外にもありますが[*2]，本書では，ベクトルは数ベクトルのことです．

数ベクトルの例を示します．

$$\begin{pmatrix} 0 \\ 0 \end{pmatrix}, \quad \begin{pmatrix} 1 \\ 2 \end{pmatrix}, \quad \begin{pmatrix} 3 \\ 1 \end{pmatrix}, \quad \begin{pmatrix} 0 \\ 0 \\ 0 \end{pmatrix}, \quad \begin{pmatrix} 1 \\ 2 \\ 3 \end{pmatrix}, \quad \begin{pmatrix} 3 \\ 1 \\ -1 \end{pmatrix}. \tag{16.1}$$

左の三つは**成分**（**要素**）が 2 個なので 2 次元ベクトル，右の三つは成分が 3 個なので 3 次元ベクトルです．

このように，本書ではベクトルを丸括弧 ( ) で表します[*3]．

成分が全て 0 のベクトルを**零ベクトル**といい，2 次元の零ベクトルを $\mathbf{0}_2$，3 次元の零ベクトルを $\mathbf{0}_3$ と表します．ただし，混乱の恐れがない場合は，単に $\mathbf{0}$ と表します．

$(1, 2)$ や $(1, 2, 3)$ のように，数を横に並べてベクトルとすることもあります．数を縦に並べたベクトルと横に並べたベクトルを区別する場合は，前者を**列ベクトル**（**縦ベクトル**），後者を**行ベクトル**（**横ベクトル**）といいます．

SymPy 以外のシステムでは列ベクトルと行ベクトルを区別しないので，本書の説明や数式でも，原則として両者を区別しません．両者を区別する場合は，列ベクトルを $\boldsymbol{a}$，行ベクトルを $\tilde{\boldsymbol{a}}$ のように表します．また，列ベクトル $\boldsymbol{a}$ と成分が同じ行ベクトルを $\boldsymbol{a}^\top$ と表します．行ベクトル $\tilde{\boldsymbol{a}}$ と成分が同じ列ベクトルを $\tilde{\boldsymbol{a}}^\top$ と表します．例えば，$\begin{pmatrix} 1, 2 \end{pmatrix}^\top = \begin{pmatrix} 1 \\ 2 \end{pmatrix}$ です[*4]．

■ 16.2 ベクトルの扱い方

ベクトルの基本的な扱い方はすでに 3.1 節で説明しています．本節では主に，3.1 節で説明していないことを扱います．

[*2] ベクトル空間（第 18 章）の要素がベクトルです．

[*3] ベクトルを角括弧 [ ] で表す文献もあります．

[*4] 「$^\top$」は転置行列（17.3 節）を表す記号です．

🔲 16.2.1 SymPyのベクトル♠

SymPyでは，n次元列ベクトルを$n \times 1$行列，n次元行ベクトルを$1 \times n$行列で表します（行列については第17章を参照）．

本書ではSymPyではベクトルを通常`Matrix([10, 20])`のように表します．これは`Matrix([[10], [20]])`と同じ2×1行列 $\begin{bmatrix} 10 \\ 20 \end{bmatrix}$ です．あえて行ベクトルを表すなら`Matrix([[10, 20]])`で，これは1×2行列 $\begin{bmatrix} 10 & 20 \end{bmatrix}$ です．

■ベクトルのサイズ（例3.1）

$(2, 3, 5)$のサイズ（成分の個数）を求めて，3を得ます．

```python
a = Matrix([2, 3, 5]); len(a)
```
Python (SymPy)

■ベクトルのスカラー倍（例3.6）

$10 \begin{pmatrix} 2 \\ 3 \end{pmatrix}$ を求めて，$\begin{pmatrix} 20 \\ 30 \end{pmatrix}$ を得ます．

```python
10 * Matrix([2, 3])
```
Python (SymPy)

■ベクトルの和（例3.7）

$u = \begin{pmatrix} 10 \\ 20 \end{pmatrix}, v = \begin{pmatrix} 2 \\ 3 \end{pmatrix}$ に対して，$u + v$を求めて，$\begin{pmatrix} 12 \\ 23 \end{pmatrix}$ を得ます．

```python
u = Matrix([10, 20]); v = Matrix([2, 3]); u + v
```
Python (SymPy)

🔲 16.2.2 ベクトルの比較

$a := (a_1, \ldots, a_n)$, $b := (b_1, \ldots, b_n)$ とします．a と b の同じ位置にある成分が全て等しい，つまり $a_i = b_i$ $(1 \leq i \leq n)$ のとき，「a と b は等しい」といい，$a = b$ と表します．

> **例16.1** $a := \left(\dfrac{1}{10} + \dfrac{2}{10}, \dfrac{1}{10} + \dfrac{2}{10} - \dfrac{3}{10} \right)$ と $b := \left(\dfrac{3}{10}, 0 \right)$ が等しいかどうかを求めて，真（等しい）を得ます．

Wolfram|Alpha，SymPy，Mathematica では厳密な比較，NumPy と R では近似

表16.2　ベクトル a, b の比較
（◆は np.allclose(np.double(a), np.double(b)))

	厳密な比較	近似的な比較
Python（リスト，タプル）	a == b	np.allclose(a, b)
Python（アレイ，シリーズ）	all(a == b)	np.allclose(a, b)
Python（Matrix）	a == b	◆
R	all(a == b)	all.equal(a, b)
Mathematica	a == b	Chop[N[a] - N[b]] == 0 a

的な比較を行います．ベクトルの比較方法を表 16.2 にまとめます[*5],[*6].

```
Wolfram|Alpha
{1/10+2/10,1/10+2/10-3/10}=={3/10,0}
```

```
Python (SymPy)
t = sym.S(10)
a = Matrix([1 / t + 2 / t, 1 / t + 2 / t - 3 / t]); b = Matrix([3 / t, 0])
a == b
```

```
Python (NumPy)
a = np.array([1/10 + 2/10, 1/10 + 2/10 - 3/10]); b = np.array([3/10, 0])
np.allclose(a, b)
```

```
R
a <- c(1/10 + 2/10, 1/10 + 2/10 - 3/10); b <- c(3/10, 0)
all.equal(a, b)
```

```
Mathematica
a = {1/10 + 2/10, 1/10 + 2/10 - 3/10}; b = {3/10, 0};
a == b
```

🔲 16.2.3　ベクトルの図形的な意味

　ベクトルには図形的な意味があります．2 次元ベクトルの場合を例に，図 16.1 の①～
⑩で説明します．

[*5]　SymPy では，成分が記号を含む場合は Eq を使います．数式が複雑な場合は，式全体
　　　を簡約します．それでうまくいかない場合は，$a - b$ を簡約してから 0 と比較します
　　　（例 17.11 を参照）．

[*6]　Mathematica では，成分が厳密値の場合の比較は厳密に，成分が近似値の場合の比較
　　　は近似的に行われます．しかし，近似的な比較をするときは Chop[] の中で引き算をし
　　　て，その結果を零ベクトルと比較することを勧めます（2.5.3 項を参照）．

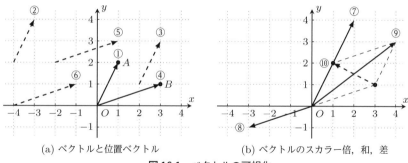

(a) ベクトルと位置ベクトル　　　　(b) ベクトルのスカラー倍，和，差

図16.1　ベクトルの可視化

① 原点 O を始点にすると，ベクトル $\boldsymbol{a} := (1, 2)$ は点 $(1, 2)$ を指す．ベクトルと点を同一視することがあり，その場合はこの $\boldsymbol{a}$ を**位置ベクトル**という．

② ①のベクトルと同じ**大きさ（長さ）**と**向き**をもつベクトルである[*7]．

③ ②と同様である．

④ $\boldsymbol{b} := (3, 1)$ は位置ベクトルである．

⑤ ④のベクトルと同じ大きさと向きをもつベクトルである．

⑥ ⑤と同様である．

⑦ ベクトルに 2 を掛けると，大きさが 2 倍になる．向きは変わらない．$2\boldsymbol{a} = (2, 4)$.

⑧ ベクトルに -1 を掛けると，大きさは変わらず，向きが反対になる．$-\boldsymbol{b} = (-3, -1)$.

⑨ $\boldsymbol{a} + \boldsymbol{b}$ は，$\boldsymbol{a}$ と $\boldsymbol{b}$ で作る平行四辺形の対角線と，大きさと向きが同じベクトルである．$\boldsymbol{a} + \boldsymbol{b} = (4, 3)$.

⑩ $A(1, 2)$, $B(3, 1)$ とする．$\boldsymbol{a} - \boldsymbol{b}$ は，B から A に向かう，大きさが AB のベクトルである．

16.2.4　ベクトルの線形結合

ベクトルのスカラー倍の和を**線形結合**といいます．

> **例 16.2**　$(1, 2)$ の 100 倍と $(3, 1)$ の 10 倍の和を求めて，$(130, 210)$ を得ます．
>
> $$100 \begin{pmatrix} 1 \\ 2 \end{pmatrix} + 10 \begin{pmatrix} 3 \\ 1 \end{pmatrix} = \begin{pmatrix} 130 \\ 210 \end{pmatrix}, \quad 100 \big(1, 2\big) + 10 \big(3, 1\big) = \big(130, 210\big) \quad (16.2)$$

[*7]　「長さ」は成分の個数の意味でも使われるので，本書では「大きさ」といいます．

```
                    Wolfram|Alpha
100{1,2}+10{3,1}
```

```
                    Python (SymPy)
100 * Matrix([1, 2]) + 10 * Matrix([3, 1])
```

```
                    Python (NumPy)
100 * np.array([1, 2]) + 10 * np.array([3, 1])
```

```
                         R
100 * c(1, 2) + 10 * c(3, 1)
```

```
                    Mathematica
100 {1, 2} + 10 {3, 1}
```

16.2.5　ベクトルのノルム

ベクトル a の**ノルム**を

$$|a| := \sqrt{a \cdot a} \tag{16.3}$$

で定義します[*8]．$a := (x, y)$ とすると，$|a| = \sqrt{a \cdot a} = \sqrt{x^2 + y^2}$ は，ピタゴラスの定理より，a の大きさです．

例 16.3　$a := (3, 4)$ のノルムを求めて，5 を得ます．

```
                    Wolfram|Alpha
norm_{3,4}
```

```
                    Python (SymPy)
a = Matrix([3, 4])
a.norm()
```

```
                    Python (NumPy)
a = np.array([3, 4])
linalg.norm(a)
```

```
                         R
a <- c(3, 4)
norm(a, type = "2")
```

[*8]　ベクトル a のノルムを $\|a\|$ と表す文献もあります．

```Mathematica
a = {3, 4};
Norm[a]
```

■ノルムを求めるときの注意♠

x, y が記号のとき，$\boldsymbol{a} := (x, y)$ のノルムを SymPy の a.norm() や Mathematica の Norm[a] で求めて，$\sqrt{|x|^2 + |y|^2}$ を得ます．結果が $\sqrt{x^2 + y^2}$ にならないのは，x, y が複素数の場合が考慮されるからです．このままでは計算を進めにくいので，(16.3) をそのまま使ってノルムを求めて，$\sqrt{x^2 + y^2}$ を得ます．

```Wolfram|Alpha
sqrt({x,y}.{x,y})
```

```Python (SymPy)
var('x y'); a = Matrix([x, y]); sqrt(a.dot(a))
```

```Mathematica
Clear[x, y]; a = {x, y}; Sqrt[a . a]
```

SymPy には，x と y を**実数**（real number）として宣言する方法もあります．

```Python (SymPy)
var('x y', real=True); a = Matrix([x, y]); a.norm()
```

Mathematica には，成分が実数だという仮定のもとでノルムを簡約する方法もあります．

```Mathematica
Simplify[Norm[{x, y}], Element[x | y, Reals]]
```

16.2.6　単位ベクトルと正規化

ノルムが 1 のベクトルを**単位ベクトル**（unit vector）といいます[*9]．ノルムが 0 でないベクトル $\boldsymbol{a}$ に，$1/|a|$ を掛けると，向きが同じ単位ベクトルになります．単位ベクトルを求めることを**正規化**（normalize）するといいます．

例16.4　$a := (3, 4)$ を正規化して，$\left(\dfrac{3}{5}, \dfrac{4}{5}\right) = (0.6, 0.8)$ を得ます[*10]．

[*9]　標準基底（18.2.5 項）を構成するベクトルのことを単位ベクトルという文献もあります．

[*10]　SymPy と Mathematica の方法には，ベクトルの成分が記号を含む場合のノルムと同じ問題があります（解決策も同じです）．

```
                        Wolfram|Alpha
normalize_{3,4}
```

```
                        Python (SymPy)
a = Matrix([3, 4])
a.normalized()
```

```
                        Python (NumPy)
a = np.array([3, 4])
a / linalg.norm(a)
```

```
                        R
a = c(3, 4)
a / norm(a, type = "2")
```

```
                        Mathematica
a = {3, 4};
Normalize[a]
```

16.2.7　ベクトルのなす角

零ベクトルでない a, b に対して

$$\cos\theta = \frac{a \cdot b}{|a||b|}, \quad 0 \leq \theta \leq \pi \tag{16.4}$$

となる $\theta = \arccos\left(\dfrac{a \cdot b}{|a||b|}\right)$ を，a と b の**なす角**といいます[11]．特に，$a \cdot b = 0$，つまり $\cos\theta = 0, \theta = \dfrac{\pi}{2}$ のとき，「a と b は**直交**する」といいます．

例 16.5　$a := (1, 0)$ と $b := (1, 1)$ のなす角を求めて，$\dfrac{\pi}{4} = \simeq 0.785$ を得ます．

---

[11]　arccos（読み方はアークコサイン）は cos の逆関数で，$\arccos x$ の値は $x = \cos\theta$，$0 \leq \theta \leq \pi$ となる θ です．シュワルツの不等式 (7.5) より $-1 \leq \dfrac{a \cdot b}{|a||b|} \leq 1$ なので，(16.4) を満たす θ が存在します．直観的には (16.4) は，x 軸方向の単位ベクトルを e_x，y 軸方向の単位ベクトルを e_y として，内積を変えないような変換で

$$a \mapsto a' = |a|e_x, \quad b \mapsto b' = |b|((\cos\theta)e_x + (\sin\theta)e_y) \tag{16.5}$$

とできて，$e_x \cdot e_y = 0$ より $a \cdot b = a' \cdot b' = |a||b|\cos\theta$ となることから納得できます．

```
Wolfram|Alpha
arccos(a.b/norm(a)/norm(b)) where a={1,0},b={1,1}
```

```
Python (SymPy)
a = Matrix([1, 0]); b = Matrix([1, 1])
acos(a.dot(b) / (a.norm() * b.norm()))
```

```
Python (NumPy)
a = np.array([1, 0]); b = np.array([1, 1])
np.arccos(a @ b / (linalg.norm(a) * linalg.norm(b)))
```

```
R
a <- c(1, 0); b <- c(1, 1)
acos(sum(a * b) / (norm(a, type = "2") * norm(b, type = "2")))
```

```
Mathematica
a = {1, 0}; b = {1, 1};
ArcCos[a . b/(Norm[a] Norm[b])]
```

Wolfram|Alpha と Mathematica には，角度を直接求める手段も用意されています．

```
Wolfram|Alpha
vector angle {1,0},{1,1}
```

```
Mathematica
VectorAngle[a, b]
```

17.1 行列の記法

行列（matrix）は，次のように数（本書では実数）を長方形に並べたものです[*1].

$$A := \begin{bmatrix} 1 & 2 & 0 \\ 0 & 3 & 4 \end{bmatrix} = \begin{bmatrix} 1 & 2 & \\ & 3 & 4 \end{bmatrix}. \tag{17.1}$$

(17.1) の右辺のように，行列を 0 以外の数だけで表すことがあります．

本書では，角括弧 [] で行列を表します．ベクトルと行列で同じ括弧を使うのが一般的なのですが，本書では，ベクトルは丸括弧 ( )，行列は角括弧 [] と，括弧を使い分けます．その理由は 17.6.2 項で説明します．

本書では原則として，行列の名前はアルファベットの大文字 1 文字とします．

例 17.1 (17.1) の行列 A を作ります．

成分を行ごとに入力して A を作ります[*2].

Wolfram|Alpha
```
{{1,2,0},{0,3,4}}
```

Python (SymPy)
```
A = Matrix([[1, 2, 0], [0, 3, 4]]); A
```

Python (NumPy)
```
A = np.array([[1, 2, 0], [0, 3, 4]]); A
```

R
```
(A <- rbind(c(1, 2, 0), c(0, 3, 4)))
```

Mathematica
```
MatrixForm[A = {{1, 2, 0}, {0, 3, 4}}]
```

[*1] 「長方形は正方形を含まない」としている国語辞典もありますが，数学では，長方形は正方形を含みます．

[*2] Mathematica の MatrixForm は，行列を見やすく表示するためのものです．この結果は行列ではないので，行列を変数に代入する前に使わないように注意してください．

R では，成分を列ごとに入力することもできます[*3].

```R
(A <- cbind(c(1, 0), c(2, 3), c(0, 4)))
```

本書では，m 行 n 列の行列を「$m \times n$ 行列」と表します．(17.1) の A は 2×3 行列です．行列の行数と列数を合わせて**サイズ（型，次元）**といいます．

行列の，上から i 行目，左から j 列目にある成分を，(i, j) **成分（要素）**といいます．例えば，(17.1) の A の，$(2, 3)$ 成分は 4 です．Python では順番を 0 から数えるので，行列 A の値が 4 の成分を参照するコードは A[2, 3] ではなく A[1, 2] なのですが，本書の文章や数式ではこのことを考慮しません．

本書では，(i, j) 成分が a_{ij} である $m \times n$ 行列を $[a_{ij}]_{\substack{1 \le i \le m \\ 1 \le j \le n}}$ と表します．ただし，文脈からサイズがわかる場合や，サイズを明示する必要がない場合には，$[a_{ij}]$ と表します．

行数と列数が等しい行列を**正方行列**，行数（列数）が n の正方行列を n 次正方行列といいます．正方行列でない行列を**矩形行列**といいます[*4]．

二つの $m \times n$ 行列 $A := [a_{ij}]$, $B := [b_{ij}]$ について，同じ位置にある成分が全て等しい，つまり $a_{ij} = b_{ij}$ $(1 \le i \le m, 1 \le j \le n)$ のとき，「A と B は等しい」といい，$A = B$ と表します．行列の比較方法はベクトルの場合（表 16.2）と同じです．

■ 17.2 行列にかかわるさまざまな機能

各システムに備わっている，行列にかかわるさまざまな機能を表 17.1，表 17.2，表 17.3 にまとめます[*5]．

■ 17.3 特殊な行列

名前の付いた特殊な行列を紹介します．それらは簡単に作れるようになっていますが（表 17.1，表 17.2，表 17.3），例 17.1 の方法で作ってもかまいません．

行列の行と列を交換することを**転置**，転置によってできる行列を**転置行列**（transposed matrix）といいます．行列 A の転置行列を $A^{\top}$ と表します[*6]．例を示します．

[*3] ほかのシステムで成分を列ごとに入力したい場合は，転置を使うとよいでしょう．

[*4] 一般には矩形は長方形のことですが，矩形行列は正方行列を含みません．

[*5] Wolfram|Alpha に行列を入力すると，その行列のさまざまな性質をまとめたレポートが表示されます．例えば，行列のサイズはそのレポートに掲載されるので，それでよいなら「dimensions」を入力する必要はありません．

[*6] 文献によって，転置行列を A^T, A^T, A^T, ${}^t\!A$ などと表すこともあります．

表 **17.1**　行列にかかわる計算の例（Wolfram|Alpha）

	Wolfram|Alpha
A と B の積	`{{2,3},{5,7}}.{{1,1},{2,3}}`
A のサイズ	`dimensions {{2,3},{5,7}}`
A の転置行列	`transpose {{2,3},{5,7}}`
A のトレース	`tr {{2,3},{5,7}}`
A の行列式	`det {{2,3},{5,7}}`
A の逆行列	`inverse {{2,3},{5,7}}`
A の既約階段形	`rref {{2,3},{5,7}}`
A のランク（階数）	`rank {{2,3},{5,7}}`
A の行空間	`row space {{2,3},{5,7}}`
A の列空間	`column space {{2,3},{5,7}}`
A の QR 分解	`QR decomposition {{2,3},{5,7}}`
A の核	`null space {{2,3},{5,7}}`
A の固有系	`eigensystem {{2,3},{5,7}}`
A の固有値	`eigenvalues {{2,3},{5,7}}`
A の固有ベクトル	`eigenvectors {{2,3},{5,7}}`
A の特異値分解	`svd {{2,3},{5,7}}`
A の擬似逆行列	`pseudoinverse {{1,0},{1,1},{0,1}}`
A は対称行列	`symmetric {{2,3},{5,7}}`
A は半正定値行列	`positive semidefinite {{4,2},{2,1}}`
r 行 c 列の零行列	`zero matrix 2x3`
n 次の単位行列	`IdentityMatrix[3]`
$\mathrm{diag}(d_1,\dots,d_n)$	`DiagonalMatrix[{5,7}]`

$$\begin{bmatrix} 1 & 2 & 0 \\ 0 & 3 & 4 \end{bmatrix} \text{ の転置行列は } \begin{bmatrix} 1 & 2 & 0 \\ 0 & 3 & 4 \end{bmatrix}^{\top} = \begin{bmatrix} 1 & 0 \\ 2 & 3 \\ 0 & 4 \end{bmatrix}. \tag{17.2}$$

成分が全て 0 の行列を**零行列**といいます．2×3 の零行列は $\begin{bmatrix} 0 & 0 & 0 \\ 0 & 0 & 0 \end{bmatrix}$ です．サイズが $n \times n$ の零行列を 0_n（誤解の恐れがないときは 0）と表します．

(i, j) 成分が δ_{ij} の正方行列を**単位行列**（identity matrix）といいます．サイズが 2×2 の単位行列は $\begin{bmatrix} 1 & 0 \\ 0 & 1 \end{bmatrix}$ です．サイズが $n \times n$ の単位行列を I_n（混乱の恐れがないときは I）と表します[*7]．

行列 $[a_{ij}]$ の $a_{11}, \dots, a_{nn}$ を**対角成分**（diagonal elements）といいます．例えば，$A := \begin{bmatrix} 1 & 2 \\ 3 & 4 \end{bmatrix}$ の対角成分は $(1, 4)$ です．

[*7]　単位行列を E と表す文献もあります．

表17.2　行列にかかわる計算（Python）

	Python (SymPy)	Python (NumPy)
A と B の積	A @ B	A @ B
A のサイズ	A.shape	A.shape
A の転置行列	A.T	A.T
A の対角成分	A.diagonal()	A.diagonal()
A のトレース	A.trace()	A.trace()
A の行列式	A.det()	linalg.det(A)
A の逆行列	A.inv()	linalg.inv(A)
A の既約行階段形	A.rref()[0]	
A のランク（階数）	A.rank()	np.linalg.matrix_rank(A)
A の行空間	A.rowspace()	
A の列空間	A.columnspace()	
A の QR 分解	A.QRdecomposition()	linalg.qr(A)
A の核	A.nullspace()	linalg.null_space(A)
A の固有系	A.eigenvects()	linalg.eig(A)
A の固有値	A.eigenvals()	linalg.eigvals(A)
A の固有ベクトル	A.eigenvects()	linalg.eig(A)[1]
A の特異値分解	A.singular_value_decomposition()	linalg.svd(A)
A の擬似逆行列	A.pinv()	linalg.pinv(A)
A の (r, c) 成分	A[r - 1, c - 1]	A[r - 1, c - 1]
A の第 r 行ベクトル	A[r - 1, :]	A[r - 1, :]
A の第 c 列ベクトル	A[:, c - 1]	A[:, c - 1]
A の部分行列	A[r1:r2, c1:c2]	A[r1:r2, c1:c2]
A は対称行列	A.is_symmetric()	np.allclose(A.T, A)
A は半正定値行列	A.is_positive_semidefinite	
r 行 c 列の零行列	zeros(r, c)	np.zeros([r, c])
n 次の単位行列	eye(n)	np.eye(n)
$\mathrm{diag}(d_1, \ldots, d_n)$	例：diag(5, 7)	例：np.diag([5, 7])

対角成分以外の成分が 0 の正方行列を**対角行列**（diagonal matrix）といいます．対角成分が $d_1, \ldots, d_n$ である対角行列を $\mathrm{diag}(d_1, \ldots, d_n)$ と表します．

例 17.2　対角成分が $\boldsymbol{x} := (5, 7)$ の 2×2 行列を求めて，$\begin{bmatrix} 5 & 0 \\ 0 & 7 \end{bmatrix}$ を得ます．

Wolfram|Alpha

```
DiagonalMatrix[{5,7}]
```

Python (SymPy)

```
x = [5, 7]; diag(*x) # diag(x)はNG. diag(5, 7)はOK.
```

表 17.3　行列にかかわる計算（R, Mathematica）
◆は matrixcalc::，■は ResourceFunction．★：厳密値と近似値で仕様が異なる．

	R	Mathematica
A と B の積	A %*% B	A . B
A のサイズ	dim(A)	Dimensions[A]
A の転置行列	t(A)	Transpose[A]
A の対角成分	diag(A)	Diagonal[A]
A のトレース	sum(diag(A))	Tr[A]
A の行列式	det(A)	Det[A]
A の逆行列	solve(A)	Inverse[A]
A の既約行階段形	pracma::rref(A)	RowReduce[A]
A のランク（階数）	Matrix::rankMatrix(A)	MatrixRank[A]
A の行空間		■ ["RowSpace"][A]
A の列空間		■ ["ColumnSpace"][A]
A の QR 分解	qr(A)	QRDecomposition[A] ★
A の核	MASS::Null(t(A))	NullSpace[A] ★
A の固有系	eigen(A)	Eigensystem[A] ★
A の固有値	eigen(A)$values	Eigenvalues[A]
A の固有ベクトル	eigen(A)$vectors	Eigenvectors[A] ★
A の特異値分解	svd(A)	SingularValueDecomposition[A]
A の擬似逆行列	MASS::ginv(A)	PseudoInverse[A]
A の (r,c) 成分	A[r, c]	A[[r, c]]
A の第 r 行ベクトル	A[r,]	A[[r, All]]
A の第 c 列ベクトル	A[, c]	A[[All, c]]
A の部分行列	A[r1:r2, c1:c2, drop = FALSE]	A[[r1 ;; r2, c1 ;; c2]]
A は対称行列	isSymmetric(A)	SymmetricMatrixQ[A]
A は半正定値行列	◆ is.positive.semi.definite	PositiveSemidefiniteMatrixQ[A]
r 行 c 列の零行列	matrix(0, r, c)	Table[0, r, c]
n 次の単位行列	diag(n)	IdentityMatrix[n]
$\mathrm{diag}(d_1,\ldots,d_n)$	例：diag(c(5, 7), 2, 2)	例：DiagonalMatrix[{5, 7}]

Python (NumPy)
```
x = [5, 7]; np.diag(x) # np.diag(*x)はNG. np.diag([5, 7])はOK.
```

R
```
x <- c(5, 7); diag(x, 2)
# diag(x)は非推奨. x <- c(n) (xの要素が一つ) のときに，n行n列の単位行列になる.
```

Mathematica
```
x = {5, 7}; DiagonalMatrix[x] // MatrixForm
```

正方行列の対角成分の和を**トレース**といい，A のトレースを $\mathrm{tr}\,A$ と表します．例え

ば, $\begin{bmatrix} 1 & 2 \\ 3 & 4 \end{bmatrix}$ のトレースは $1 + 4 = 5$ です.

$A^\top = A$ を満たす行列 A を**対称行列**（symmetric matrix）といいます.

例 17.3 $\begin{bmatrix} 1 & 2 \\ 2 & 3 \end{bmatrix}$ が対称行列かどうかを求めて，真（対称行列である）を得ます.

Wolfram|Alpha
```
symmetric_matrix_{{1,2},{2,3}}
```

Python (SymPy)
```
Matrix([[1, 2], [2, 3]]).is_symmetric()
```

Python (NumPy)
```
A = np.array([[1, 2], [2, 3]])
np.allclose(A.T, A)
```

R
```
isSymmetric(rbind(c(1, 2), c(2, 3)))
```

Mathematica
```
SymmetricMatrixQ[{{1, 2}, {2, 3}}]
```

17.4 行列の部分抽出

$A := \begin{bmatrix} 11 & 12 & 13 \\ 21 & 22 & 23 \\ 31 & 32 & 33 \end{bmatrix}$ を使って，行列の一部を取り出す方法を説明します.

Python (SymPy)
```
A = Matrix([[11, 12, 13], [21, 22, 23], [31, 32, 33]]); A
```

Python (NumPy)
```
An = np.array([[11, 12, 13], [21, 22, 23], [31, 32, 33]]); An
```

R
```
(A = rbind(c(11, 12, 13), c(21, 22, 23), c(31, 32, 33)))
```

```Mathematica
MatrixForm[A = {{11, 12, 13}, {21, 22, 23}, {31, 32, 33}}]
```

例 17.4　左上の 2 行 2 列の**部分行列**を求めて，$\begin{bmatrix} 11 & 12 \\ 21 & 22 \end{bmatrix}$ を得ます[*8].

```Python (SymPy)
A[0:2, 0:2], A[:2, :2] # 二つの方法
```

```Python (NumPy)
An[0:2, 0:2], An[:2, :2] # 二つの方法
```

```R
A[1:2, 1:2, drop = FALSE] # ここでは「, drop = FALSE」は省略可.
```

```Mathematica
A[[1 ;; 2, 1 ;; 2]] // MatrixForm
```

17.4.1　列ベクトルの抽出

A の各列をベクトルとみなして，A を次のように表します.

$$A = \begin{bmatrix} a_1 & a_2 & a_3 \end{bmatrix}. \text{ ここで，} a_1 = \begin{pmatrix} 11 \\ 21 \\ 31 \end{pmatrix}, a_2 = \begin{pmatrix} 12 \\ 22 \\ 32 \end{pmatrix}, a_3 = \begin{pmatrix} 13 \\ 23 \\ 33 \end{pmatrix}. \quad (17.3)$$

例 17.5　a_3 を求めて，$(13, 23, 33)$ を得ます.

SymPy の結果は 1×3 行列で，ほかのシステムの結果は（縦横の区別のない）サイズが 3 のベクトルです.

```Python (SymPy)
A[:, 2]
```

```Python (NumPy)
An[:, 2]
```

[*8]　R の「drop = FALSE」については 17.4.3 項を参照.

```
                              R
A[, 3]
```

```
                         Mathematica
A[[All, 3]]
```

SymPy を除くシステムで，第 3 列を 1×3 行列 $\begin{bmatrix} 13 & 23 & 33 \end{bmatrix}^{\top}$ として抽出します．

```
                     Python (NumPy)
An[:, [2]]
```

```
                              R
A[, 3, drop = FALSE]
```

```
                         Mathematica
A[[All, {3}]]
```

17.4.2 行ベクトルの抽出

A の各行をベクトルとみなして，A を次のように表します．

$$A = \begin{bmatrix} \tilde{a}_1 \\ \tilde{a}_2 \\ \tilde{a}_3 \end{bmatrix}. \ \text{ここで，} \begin{cases} \tilde{a}_1 = \Big(11, 12, 13 \Big), \\ \tilde{a}_2 = \Big(21, 22, 23 \Big), \\ \tilde{a}_3 = \Big(31, 32, 33 \Big). \end{cases} \tag{17.4}$$

例 17.6 $\tilde{a}_2$ を求めて，$(21, 22, 23)$ を得ます．

SymPy の結果は 3×1 行列で，ほかのシステムの結果は（縦横の区別のない）サイズが 3 のベクトルです．

```
                     Python (SymPy)
A[1, :]
```

```
                     Python (NumPy)
An[1, :]
```

```
                              R
A[2, ]
```

Mathematica

```
A[[2, All]] (* 方法1 *)
A[[2]]      (* 方法2 *)
```

SymPy を除くシステムで，第 2 行を 1×3 行列 $\begin{bmatrix} 21 & 22 & 23 \end{bmatrix}$ として抽出します．

Python (NumPy)

```
An[[1], :]
```

R

```
A[2, , drop = FALSE]
```

Mathematica

```
A[[{2}, All]] (* 方法1 *)
A[[{2}]]      (* 方法2 *)
```

17.4.3 Rについての三つの注意

R でスカラー，ベクトル，行列を扱う際の注意点を三つ挙げます．

第 1 に，スカラーと要素数が 1 のベクトルを区別できません．例えば，「2」と「c(2)」は同じです．本書では，対角行列を作るときにこれが問題になります．v <- c(2, 3); diag(v) の結果は $\begin{bmatrix} 2 & 0 \\ 0 & 3 \end{bmatrix}$ ですが，v <- c(2); diag(v) の結果は $\begin{bmatrix} 2 \end{bmatrix}$ ではなく，diag(2) つまり $I_2 = \begin{bmatrix} 2 & 0 \\ 0 & 2 \end{bmatrix}$ となります．v が実行時に決まる場合には，diag(v, length(v)) として，行列のサイズを明示しなければなりません．

第 2 に，行列の部分抽出において，結果の行数や列数が実行時に決まる場合は，「drop = FALSE」が必要です．これを付けないと，結果が 1 行または 1 列のときはベクトル，それ以外の場合は行列になります（結果のデータ構造が変わってしまいます）．Python で，行列 A の第 2 列を，ベクトルとして取り出すときは A[:, 2]（引数はスカラー），行列として取り出すときは A[:, [2]]（引数はリスト）と区別できるのは，2 と [2] が別物だからです（Mathematica も同様）．R では「2」と「c(2)」は同じなので，このような区別ができません．

第 3 に，1×1 行列とスカラーを同一視できることがあります．例えば，$u = (10, 29)$，$v = (2, 3)$ の内積 $u \cdot v$ は，sum(u * v) で求めて 80（スカラー）を得るのがわかりやすいのですが，u, v を行列とみなし，$uv^\top$ を「u %*% v」で計算した結果の $\begin{bmatrix} 80 \end{bmatrix}$（$1 \times 1$ 行列）を，80（スカラー）として扱えることがあります．しかし，1×1 行列とスカラーが常に同一視できるわけではないので（例 11.10 を参照），問題ないことが確かな場合のみ，この同一視を利用してください（例 17.10 のコードの①）．

■ 17.5 行列のスカラー倍と和

17.5.1 行列のスカラー倍

行列に数（本書では実数）を掛けたものを行列の**スカラー倍**といいます．行列 $A := [a_{ij}]$ に数 c を掛けた結果を

$$cA := [ca_{ij}] \tag{17.5}$$

で定義します．

> **例 17.7** $10\begin{bmatrix} 2 & 3 \\ 5 & 7 \end{bmatrix}$ を求めて，$\begin{bmatrix} 20 & 30 \\ 50 & 70 \end{bmatrix}$ を得ます．

Wolfram|Alpha
```
10{{2,3},{5,7}}
```

Python (SymPy)
```
10 * Matrix([[2, 3], [5, 7]])
```

Python (NumPy)
```
10 * np.array([[2, 3], [5, 7]])
```

R
```
10 * rbind(c(2, 3), c(5, 7))
```

Mathematica
```
10 {{2, 3}, {5, 7}}
```

17.5.2 行列の和

行列 $A := [a_{ij}]$ と $B := [b_{ij}]$ の**和**を

$$A + B := [a_{ij} + b_{ij}] \tag{17.6}$$

で定義します．$A + B$ が定義されるのは，A と B のサイズが等しいときだけです．本書ではこれを，$A + B$ という表記における暗黙の前提とします．

> **例 17.8** $\begin{bmatrix} 10 & 20 \\ 30 & 40 \end{bmatrix} + \begin{bmatrix} 2 & 3 \\ 4 & 5 \end{bmatrix}$ を求めて，$\begin{bmatrix} 12 & 23 \\ 34 & 45 \end{bmatrix}$ を得ます．

Wolfram|Alpha
```
{{10,20},{30,40}}+{{2,3},{4,5}}
```

Python (SymPy)

```
Matrix([[10, 20], [30, 40]]) + Matrix([[2, 3], [4, 5]])
```

Python (NumPy)

```
np.array([[10, 20], [30, 40]]) + np.array([[2, 3], [4, 5]])
```

R

```
rbind(c(10, 20), c(30, 40)) + rbind(c(2, 3), c(4, 5))
```

Mathematica

```
{{10, 20}, {30, 40}} + {{2, 3}, {4, 5}}
```

17.6 行列やベクトルの積

17.6.1 行列と行列の積

$p \times q$ 行列 $A := [a_{ij}]$ と $q \times r$ 行列 $B := [b_{ij}]$ の積 $AB = [c_{ij}]$ を

$$c_{ij} := \sum_{k=1}^{q} a_{ik}b_{kj} \tag{17.7}$$

で定義します．AB が定義されるのは，A の列数と B の行数が等しいときだけです．本書ではこれを，AB という表記における暗黙の前提とします．

例 17.9　$A := \begin{bmatrix} 2 & 3 \\ 5 & 7 \end{bmatrix}$ と $B := \begin{bmatrix} 1 & 2 \\ 3 & 4 \end{bmatrix}$ の積 AB を求めて，$\begin{bmatrix} 11 & 16 \\ 26 & 38 \end{bmatrix}$ を得ます．

Wolfram|Alpha

```
{{2,3},{5,7}}.{{1,2},{3,4}}
```

Python (SymPy)

```
A = Matrix([[2, 3], [5, 7]]); B = Matrix([[1, 2], [3, 4]])
A @ B
```

Python (NumPy)

```
A = np.array([[2, 3], [5, 7]]); B = np.array([[1, 2], [3, 4]])
A @ B
```

R

```
A <- rbind(c(2, 3), c(5, 7)); B <- rbind(c(1, 2), c(3, 4))
A %*% B
```

```
                          Mathematica
A = {{2, 3}, {5, 7}}; B = {{1, 2}, {3, 4}};
A . B
```

AB が定義されるのは，A の列数と B の行数が等しいときだけです．ですから，AB が定義できるからといって，必ずしも BA が定義できるわけではありません．また，AB と BA の両方が定義できたとしても，$AB = BA$ とは限りません．例えば，例 17.9 の A, B では，$AB \neq BA$ です（確認のためのコードは割愛）．

メモ 17.1（行列の積の性質）

行列 A, B, C に対して，次が成り立つ．

$$(AB)C = A(BC), \qquad \text{（行列の積の結合律）} \tag{17.8}$$

$$(AB)^\top = B^\top A^\top, \tag{17.9}$$

$$\mathrm{tr}(AB) = \mathrm{tr}(BA). \qquad \text{（A が $m \times n$ 行列，B が $n \times m$ 行列のとき）} \tag{17.10}$$

(17.8) が成り立つので，$(AB)C$ や $A(BC)$ を ABC と表せます[9]．

■ **$1 \times n$ 行列と $n \times 1$ 行列の積**

$1 \times n$ 行列 $A := \begin{bmatrix} a_1 & \cdots & a_n \end{bmatrix}$ と $n \times 1$ 行列 $B := \begin{bmatrix} b_1 \\ \vdots \\ b_n \end{bmatrix}$ の積は

$$AB = \begin{bmatrix} a_1 b_1 + \cdots + a_n b_n \end{bmatrix} \qquad (1 \times 1 \text{ 行列}) \tag{17.11}$$

です．これは，ベクトル $\boldsymbol{a} := \left(a_1, \ldots, a_n \right)$ とベクトル $\boldsymbol{b} := \begin{pmatrix} b_1 \\ \vdots \\ b_n \end{pmatrix}$ の内積

$$\boldsymbol{a} \cdot \boldsymbol{b} = a_1 b_1 + \cdots + a_n b_n \qquad \text{（スカラー）} \tag{17.12}$$

と似ています．

数学の文献では，$1 \times n$ 行列や $n \times 1$ 行列とベクトル（先の例では A と $\boldsymbol{a}$，B と $\boldsymbol{b}$），1×1 行列とスカラー（先の例では AB と $\boldsymbol{a} \cdot \boldsymbol{b}$）を同一視することがよくあります．これらの同一視は，数式では便利なので本書でも採用することがありますが，コードでは混乱のもとです．混乱を避けるために，本書では行列とベクトルを表す括弧を別々にしています[10]．

---

[9]　$(AB)C$ と $A(BC)$ では，結果は同じでも計算にかかる時間は異なるかもしれません．

[10]　SymPy では n 次元ベクトルを $n \times 1$ 行列で表すので，n 次元ベクトルと $n \times 1$ 行列は常に同一視されていると言えます．しかし，(17.11) と (17.12) は使い分けられるようになっていて，(17.11) としたい場合は「a @ b」，(17.12) としたい場合は「a.dot(b)」です．

■列ベクトルと行ベクトルの積

$n \times 1$ 行列 $A := \begin{bmatrix} a_1 \\ \vdots \\ a_n \end{bmatrix}$ と $1 \times n$ 行列 $B := \begin{bmatrix} b_1 & \cdots & b_n \end{bmatrix}$ の積は

$$AB = \begin{bmatrix} a_i b_j \end{bmatrix} = \begin{bmatrix} a_1 b_1 & \cdots & a_1 b_n \\ \vdots & \ddots & \vdots \\ a_n b_1 & \cdots & a_n b_n \end{bmatrix} \quad (n \times n \text{ 行列}) \tag{17.13}$$

です.

🔲 17.6.2　行列とベクトルの積，ベクトルと行列の積

$m \times n$ 行列 $A = \begin{bmatrix} \boldsymbol{a}_1 & \cdots & \boldsymbol{a}_n \end{bmatrix}$ とサイズ n のベクトル $\boldsymbol{b} := \begin{pmatrix} b_1 \\ \vdots \\ b_n \end{pmatrix}$ の積を

$$A\boldsymbol{b} := b_1 \boldsymbol{a}_1 + \cdots + b_n \boldsymbol{a}_n \tag{17.14}$$

で定義します[*11]. $A\boldsymbol{b}$ が定義されるのは，A の列数と $\boldsymbol{b}$ のサイズが等しいときだけです. 本書ではこれを，$A\boldsymbol{b}$ という表記における暗黙の前提とします.

サイズ n のベクトル $\tilde{\boldsymbol{a}} = (a_1, \ldots, a_n)$ と $n \times m$ 行列 $B = \begin{bmatrix} \tilde{\boldsymbol{b}}_1 \\ \vdots \\ \tilde{\boldsymbol{b}}_n \end{bmatrix}$ の積を

$$\tilde{\boldsymbol{a}}B := a_1 \tilde{\boldsymbol{b}}_1 + \cdots + a_n \tilde{\boldsymbol{b}}_n \tag{17.15}$$

で定義します[*12]. $\tilde{\boldsymbol{a}}B$ が定義されるのは，$\tilde{\boldsymbol{a}}$ のサイズと B の行数が等しいときだけです. 本書ではこれを，$\tilde{\boldsymbol{a}}B$ という表記における暗黙の前提とします.

　以上のように，行列とベクトルの積やベクトルと行列の積は，ベクトルです. 縦ベクトル $\boldsymbol{a}_1, \ldots, \boldsymbol{a}_n$ の線形結合を $A\boldsymbol{b}$ で，横ベクトル $\tilde{\boldsymbol{b}}_1, \ldots, \tilde{\boldsymbol{b}}_n$ の線形結合を $\tilde{\boldsymbol{a}}B$ で表せるのはとても便利です.

　この「行列とベクトルの積」と別のベクトルの内積について，よく使う関係式を挙げます.

[*11]　$A\boldsymbol{b}$ の結果は，SymPy と R では $m \times 1$ 行列, Wolfram|Alpha と NumPy と Mathematica ではサイズ m のベクトルです.

[*12]　$\tilde{\boldsymbol{a}}B$ の結果は，Wolfram|Alpha と SymPy と R では $1 \times n$ 行列, NumPy と Mathematica ではサイズ n のベクトルです. SymPy では $\tilde{\boldsymbol{a}}^\top B$ で計算します.

> **メモ 17.2（内積の性質）**
>
> M を行列，a, b をベクトルとすると
>
> $$a \cdot Mb = M^\top a \cdot b \tag{17.16}$$
>
> が成り立つ.

⊞ 17.6.3　行列の積の四つの見方♠

A を $p \times q$ 行列 $\begin{bmatrix} \tilde{a}_1 \\ \vdots \\ \tilde{a}_p \end{bmatrix} = \begin{bmatrix} a_1 & \cdots & a_q \end{bmatrix}$, B を $r \times s$ 行列 $\begin{bmatrix} \tilde{b}_1 \\ \vdots \\ \tilde{b}_r \end{bmatrix} = \begin{bmatrix} b_1 & \cdots & b_s \end{bmatrix}$ としま

す. AB が定義できるのは $q = r$ のときです.

　AB には次の四つの見方があります.

① 　$AB = [\tilde{a}_i \cdot b_j]$ 　　　　　　AB の定義 (17.7)

② 　$AB = a_1 \tilde{b}_1 + \cdots + a_q \tilde{b}_q$ 　AB は q 個の $p \times r$ 行列 (17.13) の和. a_i を $p \times 1$ 行列, $\tilde{b}_j$ を $1 \times s$ 行列とみなす.

③ 　$AB = \begin{bmatrix} \cdots & Ab_j & \cdots \end{bmatrix}$ 　AB の各列は $a_1, \ldots, a_q$ の線形結合 (17.14)

④ 　$AB = \begin{bmatrix} \vdots \\ \tilde{a}_i B \\ \vdots \end{bmatrix}$ 　　　　AB の各行は $\tilde{b}_1, \ldots, \tilde{b}_s$ の線形結合 (17.15)

例 17.10 　$A := \begin{bmatrix} 2 & 3 \\ 5 & 7 \end{bmatrix}$ と $B := \begin{bmatrix} 1 & 2 & 3 \\ 4 & 5 & 6 \end{bmatrix}$ の積 $S := AB$ を①から④の方法で計算して，

全て同じ結果になることを確認します.

```
                          Python (SymPy)
A = Matrix([[2, 3], [5, 7]]); B = Matrix([[1, 2, 3], [4, 5, 6]]); S = A @ B
p, q = A.shape; r, s = B.shape
S1 = Matrix([[A[i, :].dot(B[:, j]) for j in range(s)] for i in range(p)]) # ①
S2 = sum((A[:, j] @ B[j, :] for j in range(q)), zeros(p, s))              # ②
S3 = Matrix.hstack(*[A @ B[:, j] for j in range(s)])                      # ③
S4 = Matrix.vstack(*[A[i, :] @ B for i in range(p)])                      # ④
S == S1, S == S2, S == S3, S == S4
```

```Python (NumPy)
A = np.array([[2, 3], [5, 7]]); B = np.array([[1, 2, 3], [4, 5, 6]]); S = A @ B
p, q = A.shape; r, s = B.shape
S1 = np.array(
    [[A[i, :].dot(B[:, j]) for j in range(s)] for i in range(p)])          # ①
S2 = sum((A[:, [j]] @ B[[j], :] for j in range(q)), np.zeros([p, s]))   # ②
S3 = np.vstack([A @ B[:, j] for j in range(s)]).T                        # ③
S4 = np.vstack([A[i, :] @ B for i in range(p)])                         # ④
np.allclose(S, S1), np.allclose(S, S2), np.allclose(S, S3), np.allclose(S, S4)
```

```R
A <- rbind(c(2, 3), c(5, 7)); B <- rbind(c(1, 2, 3), c(4, 5, 6))
p <- nrow(A); q <- ncol(A); r <- nrow(B); s <- ncol(B); zero <- matrix(0, p, s)
S = A %*% B; S1 <- zero; S2 <- zero; S3 <- zero; S4 <- zero
for (i in 1:p) for (j in 1:s) S1[i, j] = A[i, ] %*% B[, j]               # ①
for (j in 1:q) S2 = S2 + A[, j, drop = FALSE] %*% B[j, , drop = FALSE] # ②
for (j in 1:s) S3[, j] = A %*% B[, j]                                    # ③
for (i in 1:p) S4[i, ] = A[i, ] %*% B                                    # ④
c(all.equal(S, S1), all.equal(S, S2), all.equal(S, S3), all.equal(S, S4))
# ①では1行1列の行列（A[i, ] %*% B[, j]）とスカラーを同一視する.
```

```Mathematica
A = {{2, 3}, {5, 7}}; B = {{1, 2, 3}, {4, 5, 6}}; S = A . B;
{p, q} = Dimensions[A]; {r, s} = Dimensions[B];
S1 = Table[Table[A[[i, All]] . B[[All, j]], {j, 1, s}], {i, 1, p}]; (* ① *)
S2 = Sum[A[[All, {j}]] . B[[{j}, All]], {j, 1, q}];                 (* ② *)
S3 = Transpose[Table[A . b, {b, Transpose[B]}]];                    (* ③ *)
S4 = Table[a . B, {a, A}];                                          (* ④ *)
{S == S1, S == S2, S == S3, S == S4}
```

🔲 17.6.4　行列やベクトルの積で表される数の勾配♠

aを定数ベクトル，$x := (x_1, \ldots, x_n)$ とします．内積$a \cdot x$を関数$\mathbb{R}^n \to \mathbb{R}; x \mapsto a \cdot x$とみなして，勾配(15.10)を求めます．同様にして求められる，行列やベクトルの積で表される数の勾配を表17.4にまとめます[13]．

例17.11　$n := 2$の場合に，表17.4の左の三つの式が成り立つかどうかを求めて，真（成り立つ）を得ます．

$$x := \begin{pmatrix} x_1 \\ x_2 \end{pmatrix}, a := \begin{pmatrix} a_1 \\ a_2 \end{pmatrix}, G := \begin{bmatrix} p & q \\ q & s \end{bmatrix}, A := \begin{bmatrix} p & q \\ r & s \end{bmatrix} \text{ とします．}$$

---

[13]　表17.4を導くのに，メモ17.1，メモ17.2が役立ちます．

表 17.4 行列やベクトルの積で表される数の勾配（G は対称行列）

a, x が n 次元ベクトルの場合	a, x を $n \times 1$ 行列，1×1 行列を数とみなす場合
$\dfrac{\partial(a \cdot x)}{\partial x} = a$	$\dfrac{\partial(a^\top x)}{\partial x} = a$
$\dfrac{\partial(x \cdot Gx)}{\partial x} = 2Gx$	$\dfrac{\partial(x^\top Gx)}{\partial x} = 2Gx$
$\dfrac{\partial(Ax \cdot Ax)}{\partial x} = 2A^\top Ax$	$\dfrac{\partial(x^\top A^\top Ax)}{\partial x} = 2A^\top Ax$

Python (SymPy)
```
var('a1 a2 x1 x2 p q r s')
x = Matrix([x1, x2]); a = Matrix([a1, a2])
G = Matrix([[p, q], [q, s]]); A = Matrix([[p, q], [r, s]])
(Eq(diff(a.dot(x), x), a),
 Eq(diff(x.dot(G @ x), x), 2 * G @ x),
 Eq(simplify(diff((A @ x).dot(A @ x), x) - 2 * A.T @ A @ x), zeros(2, 1)))
```

Mathematica
```
Clear[a1, a2, x1, x2, p, q, r, s];
x = {x1, x2}; a = {a1, a2};
G = {{p, q}, {q, s}}; A = {{p, q}, {r, s}};
D[a . x, {x}] == a
D[x . G . x, {x}] == 2 G . x // Simplify
D[(A . x) . (A . x), {x}] == 2 Transpose[A] . A . x // Simplify
```

17.7 行列式

任意の行列 A に対して，**行列式**（determinant）という数を対応させられます（行列式の定義はメモ 17.3）．A の行列式を $\det A$ あるいは $|A|$ と表します．

例えば，$A := \begin{bmatrix} a & b \\ c & d \end{bmatrix}$ の行列式は $\det A = |A| = \begin{vmatrix} a & b \\ c & d \end{vmatrix} = ad - bc$ です．

例 17.12 $\begin{bmatrix} 3 & 2 \\ 1 & 2 \end{bmatrix}$ の行列式を求めて，4 を得ます．

Wolfram|Alpha
```
det_{{3,2},{1,2}}
```

Python (SymPy)
```
Matrix([[3, 2], [1, 2]]).det()
```

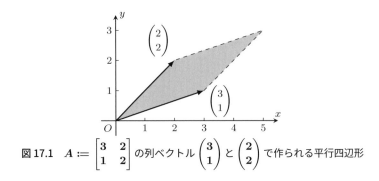

図17.1 $A := \begin{bmatrix} 3 & 2 \\ 1 & 2 \end{bmatrix}$ の列ベクトル $\begin{pmatrix} 3 \\ 1 \end{pmatrix}$ と $\begin{pmatrix} 2 \\ 2 \end{pmatrix}$ で作られる平行四辺形

Python (NumPy)

```
linalg.det(np.array([[3, 2], [1, 2]]))
```

R

```
det(rbind(c(3, 2), c(1, 2)))
```

Mathematica

```
Det[{{3, 2}, {1, 2}}]
```

行列式の定義と図形的意味♠

メモ 17.3（行列式の定義）
正方行列を実数に対応させる写像 D：正方行列 $\to \mathbb{R}$ で，次の性質をもつものが一意に定まる．そのような D による正方行列 A の像が A の行列式である．

① c_1, c_2 をスカラー，A の行ベクトルを $\tilde{a}_1, \ldots, \tilde{a}_n$ とする．A の第 j 列を b_j で置き換えた行列を B，$c_1 a_j + c_2 b_j$ で置き換えた行列を M とすると，$D(M) = c_1 D(A) + c_2 D(B)$.
② A の列ベクトルが線形独立（18.1節）でないとき，$D(A) = 0$.
③ A が単位行列のとき，$D(A) = 1$.

$\begin{bmatrix} 3 & 2 \\ 1 & 2 \end{bmatrix}$ の行列式の絶対値 $|\det A|$ は，A の列ベクトル $\begin{pmatrix} 3 \\ 1 \end{pmatrix}$ と $\begin{pmatrix} 2 \\ 2 \end{pmatrix}$ で作られる平行四辺形の面積です（図 17.1）．この面積を求めて，（行列式の絶対値と同じ値）4 を得ます．

Mathematica

```
RegionMeasure[Parallelepiped[{0, 0}, {{3, 1}, {2, 2}}]]
```

2 次正方行列の列ベクトルが線形従属（少なくとも一方が **0**，あるいは，列ベクトルが平行）だと，列ベクトルが作る平行四辺形がつぶれてその面積が 0 になるので，行列式も 0 になります．

$$B := \begin{bmatrix} 2 & 0 & 1 \\ 1 & 2 & 1 \\ 0 & 1 & 1 \end{bmatrix}$$ の行列式は 3 です．これを $\det B = |B| = \begin{vmatrix} 2 & 0 & 1 \\ 1 & 2 & 1 \\ 0 & 1 & 1 \end{vmatrix}$ と表します．

$\det B$ の絶対値 $|\det B|$ は，B の列ベクトル $\begin{pmatrix} 2 \\ 1 \\ 0 \end{pmatrix}, \begin{pmatrix} 0 \\ 2 \\ 1 \end{pmatrix}, \begin{pmatrix} 1 \\ 1 \\ 1 \end{pmatrix}$ で作られる平行六面体

（2次元平面における平行四辺形の3次元空間版）の体積です．この体積を求めて，（行列式の絶対値と同じ値）3を得ます．

Mathematica
`RegionMeasure[Parallelepiped[{0, 0, 0}, {{2, 1, 0}, {0, 2, 1}, {1, 1, 1}}]]`

　3次正方行列の列ベクトルが線形従属（18.1節）だと，列ベクトルが作る平行六面体がつぶれてその体積が0になるので，行列式も0になります．

　このことは，4次以上の正方行列にも一般化できます．正方行列の列ベクトルが線形従属であることと，行列式が0であることは同値です．

■ 17.8　逆行列

　正方行列 A に対して，$AB = BA = I$（I は単位行列）となるような B が存在するとき，B を A の**逆行列**（inverse matrix）といい，A^{-1} と表します（読み方はエーインバース）．逆行列が存在することを**正則（可逆）**といい，正則（可逆）な行列を**正則行列（可逆行列）**といいます．

例 17.13　$\begin{bmatrix} 2 & 3 \\ 5 & 7 \end{bmatrix}$ の逆行列を求めて，$\begin{bmatrix} -7 & 3 \\ 5 & -2 \end{bmatrix}$ を得ます．

Wolfram|Alpha
`inverse_{{2,3},{5,7}}`

Python (SymPy)
`Matrix([[2, 3], [5, 7]]).inv()`

Python (NumPy)
`linalg.inv(np.array([[2, 3], [5, 7]]))`

R
`solve(rbind(c(2, 3), c(5, 7)))`

Mathematica
`Inverse[{{2, 3}, {5, 7}}]`

行列式と逆行列の性質をメモ 17.4 にまとめます.

メモ 17.4 （行列式と逆行列の性質）

正方行列 A, B に対して，次が成り立つ.

$$\det(AB) = \det A \det B. \tag{17.17}$$

正則行列 A, B に対して，次が成り立つ.

$$\det A^{-1} = \frac{1}{\det A}, \tag{17.18}$$

$$(AB)^{-1} = B^{-1}A^{-1}. \tag{17.19}$$

■ 17.9　連立 1 次方程式

　線形代数は，連立 1 次方程式について調べる強力な武器になります. 本項ではそれを使いこなすための出発点として，逆行列を使って連立 1 次方程式を解きます.

例 17.14　連立方程式

$$\begin{cases} 3x_1 + 2x_2 = 8, \\ x_1 + 2x_2 = 4 \end{cases} \tag{17.20}$$

の解を逆行列を使って求めて，$(x_1, x_2) = (2, 1)$ を得ます.

$A := \begin{bmatrix} 3 & 2 \\ 1 & 2 \end{bmatrix}$, $\boldsymbol{x} := \begin{pmatrix} x_1 \\ x_2 \end{pmatrix}$, $\boldsymbol{b} := \begin{pmatrix} 8 \\ 4 \end{pmatrix}$ として，(17.20) を

$$A\boldsymbol{x} = \boldsymbol{b} \tag{17.21}$$

と表します. この A のように，連立方程式の未知数の係数を並べた行列を**係数行列**といいます.

　(17.21) の両辺に左から A^{-1} を掛けて

$$A^{-1}A\boldsymbol{x} = \boldsymbol{x} = A^{-1}\boldsymbol{b} = A^{-1}\begin{pmatrix} 8 \\ 4 \end{pmatrix} = \begin{pmatrix} 2 \\ 1 \end{pmatrix} \tag{17.22}$$

という解を得ます[*14].

```
(inverse_{{3,2},{1,2}}).{8,4}
```

[*14]　逆行列を利用して連立方程式を解くのは効率の良い方法ではないのですが，その効率について説明することは本書の範囲を超えています.

| Python (SymPy) |
```
A = Matrix([[3, 2], [1, 2]]); b = Matrix([8, 4])
A.inv() @ b
```

| Python (NumPy) |
```
A = np.array([[3, 2], [1, 2]]); b = np.array([8, 4])
linalg.inv(A) @ b
```

| R |
```
A <- rbind(c(3, 2), c(1, 2)); b <- c(8, 4)
solve(A) %*% b
```

| Mathematica |
```
A = {{3, 2}, {1, 2}}; b = {8, 4};
Inverse[A] . b
```

このように，A^{-1} が存在するときは，(17.21) のような方程式の解は $x = A^{-1}b$ と一意に定まります．これは，a, b が数で a^{-1} が存在するときは，方程式 $ax = b$ の解が $x = a^{-1}b$ と一意に定まることに似ています．

■係数行列の行列式♠

A の列ベクトルを $a_1 = \begin{pmatrix} 3 \\ 1 \end{pmatrix}, a_2 = \begin{pmatrix} 2 \\ 2 \end{pmatrix}$ とすると，$Ax = x_1 a_1 + x_2 a_2$ なので，$Ax = b$ の解が一意に定まるということは

$$b = x_1 a_1 + x_2 a_2 \tag{17.23}$$

となる x_1, x_2 が一意に定まるということです．

任意の 2 次元ベクトル b に対してそういうことができるためには，a_1 と a_2 の線形結合で任意の 2 次元ベクトルを表せなければなりません．

図 17.2 のように，a_1, a_2 が作る平行四辺形がつぶれていなければ，それが可能です．平行四辺形がつぶれていないというのは，その面積が 0 でないということです．平行四辺形の面積は $|\det A|$ なので（17.7 項を参照），結局，$\det A \neq 0$ ならば，$Ax = b$ の解が一意に定まることになります．

■ガウス・ジョルダン消去法♠

$\det A = 0$ のときは $Ax = b$ の解は存在しないかというと，そういうわけではありません．そもそも，係数行列 A の行列式が定義できるのは，A が正方行列の場合だけです．線形代数を使って連立 1 次方程式を調べるためには，行列式以外のものが必要です．

それを説明する例として，次の x_1, x_2 についての連立方程式を調べます．

$$\begin{cases} 4x_1 + 2x_2 = 8, \\ 2x_1 + x_2 = 4. \end{cases} \tag{17.24}$$

$A := \begin{bmatrix} 4 & 2 \\ 2 & 1 \end{bmatrix}, x := \begin{pmatrix} x_1 \\ x_2 \end{pmatrix}, b := \begin{pmatrix} 8 \\ 4 \end{pmatrix}$ とすると，(17.24) は $Ax = b$ となります．

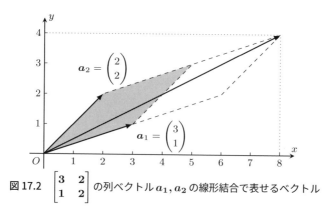

図 17.2 $\begin{bmatrix} 3 & 2 \\ 1 & 2 \end{bmatrix}$ の列ベクトル $\boldsymbol{a}_1, \boldsymbol{a}_2$ の線形結合で表せるベクトル

$\det A = 0$，つまり A^{-1} は存在しないので，$\boldsymbol{x} = A^{-1}\boldsymbol{b}$ ということはできません．しかし，方程式 (17.24) には解があります．それを確認します．

まず，(17.24) の第1式の両辺に $1/4$ を掛けて

$$\begin{cases} x_1 + \dfrac{1}{2}x_2 = 2, \\ 2x_1 + \phantom{\dfrac{1}{2}}x_2 = 4 \end{cases} \tag{17.25}$$

とします．次に，(17.25) の第2式から第1式の2倍を引いて

$$\begin{cases} x_1 + \dfrac{1}{2}x_2 = 2, \\ 0x_1 + \phantom{\dfrac{1}{2}}0x_2 = 0 \end{cases} \tag{17.26}$$

とします．

任意の x_2 に対して $x_1 := 2 - \dfrac{1}{2}x_2$ とすれば (17.26) の第1式は成り立ちます．(17.26) の第2式は常に成り立ちます．よって，$(x_1, x_2) := \left(2 - \dfrac{1}{2}x_2, x_2 \right)$ は (17.24) の解です．x_2 は任意なので，解は無数に存在します．

(17.24) を (17.26) に変形することは

$$\tilde{A} := \begin{bmatrix} A \mid \boldsymbol{b} \end{bmatrix} = \begin{bmatrix} 4 & 2 & \vline & 8 \\ 2 & 1 & \vline & 4 \end{bmatrix} \quad \text{を} \quad B := \begin{bmatrix} 1 & 1/2 & \vline & 2 \\ 0 & 0 & \vline & 0 \end{bmatrix} \tag{17.27}$$

に変形することです．(17.24) に $\tilde{A}$，(17.26) に B が対応します（行列表記中の縦棒は見やすくするためのものです）．

この $\tilde{A}$ のような，係数行列の右端に $\boldsymbol{b}$（方程式の定数部分）を追加してできる行列を**拡大係数行列**，それを B のように変形した結果を**既約行階段形**（行既約階段形，行簡約階段形，既約階段形，簡約階段形，reduced row echelon form; **RREF**）といいます（既約行階段形の定義は後述）．

行列の既約行階段形への変形は，**行基本変形**と総称される，次の操作の繰り返しで実現できます．

① 行列の第 i 行を定数 $c \neq 0$ を掛けたスカラー倍で置き換える.
② 行列の第 i 行のスカラー倍を第 j 行に加える（ただし, $i \neq j$）.
③ 行列の第 i 行と第 j 行を交換する（ただし, $i \neq j$）.

(17.24) から (17.25) への変形で①を, (17.25) から (17.26) への変形で②を行っています. ここでは③は行っていません.

行基本変形の繰り返しで行列を既約行階段形に変形することを, **ガウス・ジョルダン消去法** といいます.

例 17.15 $\begin{bmatrix} 4 & 2 & 8 \\ 2 & 1 & 4 \end{bmatrix}$ の既約行階段形を求めて, $\begin{bmatrix} 1 & 1/2 & 2 \\ 0 & 0 & 0 \end{bmatrix}$ を得ます.

Wolfram|Alpha
```
rref_{{4,2,8},{2,1,4}}
```

Python (SymPy)
```
Matrix([[4, 2, 8], [2, 1, 4]]).rref()[0]
```

R
```
pracma::rref(rbind(c(4, 2, 8), c(2, 1, 4)))
```

Mathematica
```
RowReduce[{{4, 2, 8}, {2, 1, 4}}]
```

$A := \begin{bmatrix} 2 & 0 & 2 \\ 0 & 2 & -2 \\ 2 & 2 & 0 \end{bmatrix}$ の既約行階段形 $B := \begin{bmatrix} \mathbf{1} & 0 & 1 \\ 0 & \mathbf{1} & -1 \\ 0 & 0 & 0 \end{bmatrix}$ を例に, 既約行階段形の定義

を説明します. この行列の太字のところは, 各行を左からみて, 最初に現れる0でない成分です. そういう成分を**ピボット**（**枢軸**）といいます. ピボットに合わせて線を引くと階段のようにみえます.

ピボットの個数を行列 A の**ランク**（**階数**）といい, $\operatorname{rank} A$ と表します.

$\operatorname{rank} A$ を求めて, 2を得ます.

Wolfram|Alpha
```
rank_{{2,0,2},{0,2,-2},{2,2,0}}
```

Python (SymPy)
```
A = Matrix([[2, 0, 2], [0, 2, -2], [2, 2, 0]])
A.rank()
```

Python (NumPy)
```
A = np.array([[2, 0, 2], [0, 2, -2], [2, 2, 0]])
np.linalg.matrix_rank(A)
```

```R
A <- rbind(c(2, 0, 2), c(0, 2, -2), c(2, 2, 0))
Matrix::rankMatrix(A)
```

```Mathematica
A = {{2, 0, 2}, {0, 2, -2}, {2, 2, 0}};
MatrixRank[A]
```

次の①から③を満たす場合を**行階段形**といいます．①から④を満たす場合が既約行階段形です．上記の B は①から④を満たしているので，既約行階段形です．

① 全ての成分が0の行は，ピボットのある行より下にある．
② ピボットの値は1である．
③ $i < j$ なら，第 i 行のピボットは第 j 行のピボットより左にある．
④ ピボットのある列のピボット以外の成分は0である．

$\tilde{A}$ を $m \times n$ の拡大係数行列とします．
$\operatorname{rank} \tilde{A} = m, n = m + 1$ のときは，$c_1, \ldots, c_m$ を数として，$\tilde{A}$ の既約行階段形が

$$\left[\begin{array}{ccc|c} 1 & & & c_1 \\ & \ddots & & \vdots \\ & & 1 & c_m \end{array}\right] \tag{17.28}$$

になり，連立方程式の解が一意に定まります（$x_1 = c_1, \ldots, x_n = c_n$）．
$\tilde{A}$ の既約行階段形のピボットのない行の成分が全て0なら，方程式の解は無数に存在します．
$\tilde{A}$ の既約行階段形の最も右の列にピボットがあるときは，方程式の解は存在しません．

## 第 18 章

ベクトル空間

■ 18.1 線形独立

$a_1 := (3, 1)$, $a_2 := (2, 2)$ とします. a_1, a_2 の線形結合 $c_1 a_1 + c_2 a_2$ が 0 になるのは $c_1 = c_2 = 0$ のときだけです. このように, ベクトル $a_1, \ldots, a_n$ に対して, $c_1 a_1 + \cdots + c_n a_n = 0$ と $c_1 = \cdots = c_n = 0$ が同値なとき, 「$a_1, \ldots, a_n$ は**線形独立**(**一次独立**, linearly independent)」といいます. 線形独立でないとき, 「$a_1, \ldots, a_n$ は**線形従属**」といいます.

> **例 18.1** $a_1 := (3, 1)$, $a_2 := (2, 2)$ が線形独立かどうかを求めて, 真 (線形独立) を得ます.

Wolfram|Alpha
```
linear_independence_{3,1},{2,2}
```

Mathematica
```
a1 = {3, 1}; a2 = {2, 2};
ResourceFunction["LinearlyIndependent"][{a1, a2}]
```

定義にもとづく確認♠

a_1, a_2 が線形独立であることを定義にもとづいて確認するために, $c_1 a_1 + c_2 a_2 = 0$ を c_1, c_2 について解いて, $c_1 = c_2 = 0$ を得ます.

Wolfram|Alpha
```
c1{3,1}+c2{2,2}={0,0}
```

Python (SymPy)
```
a1 = Matrix([3, 1]); a2 = Matrix([2, 2]); var('c1 c2')
solve(c1 * a1 + c2 * a2, (c1, c2))
```

Mathematica
```
Reduce[c1 a1 + c2 a2 == {0, 0}]
```

■ 18.2 ベクトル空間と基底

18.2.1 ベクトル空間

n 次元ベクトルの全体を $\mathbb{R}^n$ と表します. $\mathbb{R}^2$ は 2 次元平面, $\mathbb{R}^3$ は 3 次元空間だと考えてかまいません.

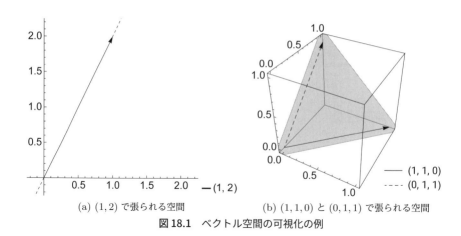

(a) $(1, 2)$ で張られる空間　　　　(b) $(1, 1, 0)$ と $(0, 1, 1)$ で張られる空間

図 18.1　ベクトル空間の可視化の例

$\mathbb{R}^n$ の要素の線形結合は $\mathbb{R}^n$ の要素です．例えば，$\mathbb{R}^2$ の要素 $(1, 0)$, $(0, 1)$ の線形結合 $x(1, 0) + y(0, 1) = (x, y)$ は，$\mathbb{R}^2$ に属しています[*1]．このように，要素の線形結合もその空間に属するような空間を**ベクトル空間**（vector space）といいます．また，ベクトル空間の空でない部分集合で，それ自体がベクトル空間であるものを，**部分ベクトル空間（部分空間）**といいます[*2]．

例えば，$\boldsymbol{a} := (1, 2)$ のスカラー倍の全体 $W := \{r(1, 2) \mid r \in \mathbb{R}\}$ は，$\mathbb{R}^2$ の部分空間です．W の要素 $r_1(1, 2)$ と $r_2(1, 2)$ の線形結合

$$c_1 r_1(1, 2) + c_2 r_2(1, 2) = (c_1 r_1 + c_2 r_2)(1, 2) \tag{18.1}$$

が W に属しているからです．

この例の W を，$\boldsymbol{a}$ の**スパン**（$\boldsymbol{a}$ で**張られる**空間）といい，$\langle \boldsymbol{a} \rangle$ と表します．

W の要素 $c(1, 2)$ $(c \in \mathbb{R})$ を位置ベクトルとみなして，2 次元平面上で可視化すると直線になります（図 18.1(a)）[*3]．

Wolfram|Alpha
`row_space_{{1,2}}`

$\boldsymbol{a}_1 = (1, 1, 0)$, $\boldsymbol{a}_2 = (0, 1, 1)$ とします．$W := \langle \boldsymbol{a}_1, \boldsymbol{a}_2 \rangle$ は $\mathbb{R}^3$ の部分空間です．この空間 W の要素は，c_1, c_2 を実数として，$c_1 \boldsymbol{a}_1 + c_2 \boldsymbol{a}_2 = c_1(1, 1, 0) + c_2(0, 1, 1)$ と表せます．これを位置ベクトルとみなして，3 次元空間内で可視化すると，平面になります（図 18.1(b)）．

[*1]　本書では，ここでの x, y のようなベクトルに掛ける数は実数です．

[*2]　V 自体も V の部分空間です．また，$\boldsymbol{0} \in V$ だけの集合 $\{\boldsymbol{0}\}$ も V の部分空間です．

[*3]　この Wolfram\|Alpha のコードでは行列の行空間（18.2.3 項）を求めています．

Wolfram|Alpha
row_space_{{1,1,0},{0,1,1}}

　ベクトル空間の部分集合が部分空間になるとは限りません．例えば，$S := \{(x, y) \mid x \geq 0 \wedge y \geq 0\}$ はベクトル空間 $\mathbb{R}^2$ の部分集合ですが，部分空間ではありません．部分空間であるためには，要素の線形結合がその空間に属していなければなりませんが，例えば $(1, 0) \in S$ の (-1) 倍である $(-1, 0)$ が S に属していないからです．

🔳 18.2.2　基底と次元

　$a_1 := (1, 1, 0)$, $a_2 := (0, 1, 1)$, $W := \langle a_1, a_2 \rangle$ とします（図 18.1(b)）．

　W は，a_1, a_2 のような，ちょうど 2 個のベクトルで定められます．もしベクトルが 1 個しかなければ，それで張られる空間は直線ですし，a_1, a_2 のほかに $a_3 \in W$ があっても，それは a_1 と a_2 の線形結合で表せるからです．

　この a_1, a_2 のように，線形結合で W の任意の要素を表現できる，線形独立なベクトルの並びを，W の**基底** (basis) といいます．本書では，(a_1, a_2) のように，ベクトルの並びを丸括弧で囲んで基底を表します．W の基底を構成するベクトルの数を，W の**次元** (dimension) といいます．

　$a_3 := (1, 0, -1)$ とします．a_1, a_2, a_3 の任意の 1 個は，残りの 2 個の線形結合で表せます．具体的には

$$a_1 = a_2 + a_3, \quad a_2 = a_1 - a_3, \quad a_3 = a_1 - a_2 \tag{18.2}$$

です．ですから

$$\langle a_1, a_2, a_3 \rangle = \langle a_2, a_3 \rangle = \langle a_3, a_1 \rangle = \langle a_1, a_2 \rangle = W \tag{18.3}$$

です．よって，(a_2, a_3) や (a_3, a_1) も W の基底です．このように，W の基底の選び方はさまざまですが，次元は基底によらず 2 です．

🔳 18.2.3　行列の列空間と行空間

　$m \times n$ 行列 A の列ベクトルを $a_1, \ldots, a_n$, 行ベクトルを $\tilde{a}_1, \ldots, \tilde{a}_m$ とします．$\langle a_1, \ldots, a_n \rangle$ を A の**列空間** (column space)，$\langle \tilde{a}_1, \ldots, \tilde{a}_m \rangle$ を A の**行空間** (row space) といいます．

例 18.2　$A := \begin{bmatrix} 1 & 0 & 1 \\ 1 & 1 & 0 \\ 0 & 1 & -1 \end{bmatrix}$ の列空間の基底を求めて，$\left(\begin{pmatrix} 1 \\ 1 \\ 0 \end{pmatrix}, \begin{pmatrix} 0 \\ 1 \\ 1 \end{pmatrix} \right)$ を得ます．

Wolfram|Alpha
column_space_{{1,0,1},{1,1,0},{0,1,-1}}

```Python (SymPy)
A = Matrix([[1, 0, 1], [1, 1, 0], [0, 1, -1]])
A.columnspace()
```

```Mathematica
A = {{1, 0, 1}, {1, 1, 0}, {0, 1, -1}};
ResourceFunction["ColumnSpace"][A]["Basis"]
```

🔲 18.2.4　既約行階段形♠

$A = \begin{bmatrix} \boldsymbol{a}_1 & \boldsymbol{a}_2 & \boldsymbol{a}_3 \end{bmatrix} := \begin{bmatrix} 1 & 0 & 1 \\ 1 & 1 & 0 \\ 0 & 1 & -1 \end{bmatrix}$ ＝の列空間の基底が $(\boldsymbol{a}_1, \boldsymbol{a}_2)$ であることは，A

の**既約行階段形**が $\begin{bmatrix} \mathbf{1} & 0 & 1 \\ 0 & \mathbf{1} & -1 \\ 0 & 0 & 0 \end{bmatrix}$ であることからわかります（既約行階段形の求め方は

例 17.15 を参照）．

　既約行階段形において，ピボットのある列（第 1 列と第 1 列）の列ベクトルは線形独立です．線形独立な列ベクトルの位置は行基本変形で変わらないので，もとの行列 A の同じ位置の列ベクトル（$\boldsymbol{a}_1$ と $\boldsymbol{a}_2$）も線形独立です．それらが A の列空間の基底になります．基底を構成するベクトルが 2 個なので，列空間の次元は 2 です．

　既約行階段形において，ピボットをもつ行ベクトル（$(1, 0, 1)$ と $(0, 1, -1)$）も線形独立です．線形独立な行ベクトルの数は行基本変形で変わらないので，もとの行列 A の線形独立な行ベクトルも 2 個です．よって，A の行空間の次元も 2 です．

　このように，行列の**ランク**（ピボットの数），列空間の次元，行空間の次元は同じです．

　特に，行列のランクが行数と列数の最小値と等しいとき，その行列は**フルランク**だといいます．全ての列ベクトルが線形独立のとき，その行列はフルランクです．また，全ての行ベクトルが線形独立のときも，その行列はフルランクです．

🔲 18.2.5　正規直交基底

$\left(\begin{pmatrix} 1 \\ 0 \end{pmatrix}, \begin{pmatrix} 0 \\ 1 \end{pmatrix} \right)$ は，ベクトル空間 $\mathbb{R}^2$ の基底です．同様に，$\left(\begin{pmatrix} 1 \\ 0 \\ 0 \end{pmatrix}, \begin{pmatrix} 0 \\ 1 \\ 0 \end{pmatrix}, \begin{pmatrix} 0 \\ 0 \\ 1 \end{pmatrix} \right)$

は，ベクトル空間 $\mathbb{R}^3$ の基底です．

　第 i 成分だけが 1 で，ほかの成分は 0 のベクトルを，$\boldsymbol{e}_i$ と表します．ベクトル空間 $\mathbb{R}^n$ の基底 $(\boldsymbol{e}_1, \ldots, \boldsymbol{e}_n)$ を**標準基底**（**自然基底**）といいます．

　ベクトル空間の基底 $(\boldsymbol{a}_1, \ldots, \boldsymbol{a}_n)$ において

$$\boldsymbol{a}_i \cdot \boldsymbol{a}_j = \delta_{ij} \qquad (\delta_{ij} \text{ はクロネッカーのデルタ}) \tag{18.4}$$

が成り立つとき，つまり基底を構成するベクトルの大きさが 1 で互いに直交するとき，この基底を**正規直交基底**（orthonormal basis）といいます．標準基底は正規直交基底です．

例18.3 例 18.2 の A の列空間の正規直交基底を求めて,

$$\left(\begin{pmatrix} 1/\sqrt{2} \\ 1/\sqrt{2} \\ 0 \end{pmatrix}, \begin{pmatrix} -1/\sqrt{6} \\ 1/\sqrt{6} \\ \sqrt{2/3} \end{pmatrix} \right) \text{ を得ます}^{[*4]}.$$

例 18.2 で求めた列空間の基底をもとに正規直交基底を作ります[*5].

Python (SymPy)
```
A = Matrix([[1, 0, 1], [1, 1, 0], [0, 1, -1]])
tmp = A.columnspace()
basis = GramSchmidt(tmp, orthonormal=True); basis
```

Mathematica
```
A = {{1, 0, 1}, {1, 1, 0}, {0, 1, -1}};
tmp = ResourceFunction["ColumnSpace"][A];
Qt = Orthogonalize[tmp["Basis"]]
```

ベクトルの並びがあって,その要素であるベクトルの大きさが 1 で互いに直交するとき,その並びは**正規直交**(orthonormal)だといいます.

列ベクトルが正規直交である行列 Q では,$Q^\top Q = I$ が成り立ちます.Q が正方行列の場合は,$QQ^\top = I$ も成り立ちます(よって $Q^{-1} = Q^\top$).$Q^{-1} = Q^\top$ となる行列 Q を**直交行列**といいます.

例18.4 例 18.3 で得た二つのベクトルを列ベクトルとする行列を Q とします.$Q^\top Q$ を求めて,$I_2 = \begin{bmatrix} 1 & 0 \\ 0 & 1 \end{bmatrix}$ を得ます.

Python (SymPy)
```
Q = Matrix.hstack(*basis)
Q.T @ Q
```

Mathematica
```
Q = Transpose[Qt];
Qt . Q
```

[*4] Wolfram|Alpha での結果は例 18.2 のコードで得ます.Mathematica のコードの `tmp` には正規直交基底が含まれていて,`tmp[["OrthonormalBasis"]]` で取り出せます.

[*5] ここではグラム・シュミットの直交化法(18.2.7 項)が使われます.Mathematica の `Orthogonalize` は別の方法もサポートしていて,本書のコードにオプション `Method -> "Householder"` を追加すると,性能が上がります.

18.2.6　QR 分解

ベクトルのスパンの正規直交基底を得るのに役立つ QR 分解を紹介します.

メモ 18.1（QR 分解）

$m \times n$ 行列 A は

$$A = QR \tag{18.5}$$

と表せる. ここで, Q は列ベクトルが正規直交の行列, R は上三角行列（$i > j$ なら (i, j) 成分が 0 である行列）である. これを行列の **QR 分解**（QR decomposition）という.

例 18.5　$A := \begin{bmatrix} 1 & 2 \\ 1 & 2 \\ 0 & 0 \end{bmatrix}$, $B := \begin{bmatrix} 1 & 0 \\ 1 & 1 \\ 0 & 1 \end{bmatrix}$ の QR 分解を行い, 次の結果を得ます. （$\boldsymbol{u}_1, \boldsymbol{u}_2, \boldsymbol{v}_1, \boldsymbol{v}_2, \boldsymbol{w}_1$ の符号の違いは無視します.）

$$A = Q_a R_a = \overbrace{\begin{bmatrix} 1/\sqrt{2} \\ 1/\sqrt{2} \\ 0 \end{bmatrix}}^{Q_{a1} =: \begin{bmatrix} \boldsymbol{u}_1 \end{bmatrix}} \overbrace{\begin{bmatrix} \sqrt{2} & 2\sqrt{2} \end{bmatrix}}^{R_{a1}}, \tag{18.6}$$

$$= \overbrace{\begin{bmatrix} -0.707 & -0.707 \\ -0.707 & 0.707 \\ 0. & 0. \end{bmatrix}}^{Q_{a2} =: \begin{bmatrix} \boldsymbol{u}_1 & \boldsymbol{v}_1 \end{bmatrix}} \overbrace{\begin{bmatrix} -1.41 & -2.83 \\ 0. & 0. \end{bmatrix}}^{R_{a2}}, \tag{18.7}$$

$$= \overbrace{\begin{bmatrix} -0.707 & -0.707 & 0. \\ -0.707 & 0.707 & 0. \\ 0. & 0. & 1. \end{bmatrix}}^{Q_{a3} =: \begin{bmatrix} \boldsymbol{u}_1 & \boldsymbol{v}_1 & \boldsymbol{v}_2 \end{bmatrix}} \overbrace{\begin{bmatrix} -1.41 & -2.83 \\ 0. & 0. \\ 0. & 0. \end{bmatrix}}^{R_{a3}}. \tag{18.8}$$

$$B = Q_b R_b = \overbrace{\begin{bmatrix} 1/\sqrt{2} & -1/\sqrt{6} \\ 1/\sqrt{2} & 1/\sqrt{6} \\ 0 & \sqrt{2/3} \end{bmatrix}}^{Q_{b1} =: \begin{bmatrix} \boldsymbol{u}_1 & \boldsymbol{u}_2 \end{bmatrix}} \overbrace{\begin{bmatrix} \sqrt{2} & 1/\sqrt{2} \\ 0 & \sqrt{3/2} \end{bmatrix}}^{R_{b1}}, \tag{18.9}$$

$$
\begin{array}{cc}
\overbrace{\begin{bmatrix} \boldsymbol{u}_1 & \boldsymbol{u}_2 \end{bmatrix}}^{Q_{b2}:=} & \\
= \begin{bmatrix} -0.707 & 0.408 \\ -0.707 & -0.408 \\ 0. & -0.816 \end{bmatrix} & \overbrace{\begin{bmatrix} -1.41 & -0.707 \\ 0. & -1.22 \end{bmatrix}}^{R_{b2}},
\end{array}
\tag{18.10}
$$

$$
\begin{array}{cc}
\overbrace{\begin{bmatrix} \boldsymbol{u}_1 & \boldsymbol{u}_2 & \boldsymbol{w}_1 \end{bmatrix}}^{Q_{b3}:=} & \\
= \begin{bmatrix} -0.707 & 0.408 & 0.557 \\ -0.707 & -0.408 & -0.577 \\ 0. & -0.816 & 0.577 \end{bmatrix} & \overbrace{\begin{bmatrix} -1.41 & -0.707 \\ 0. & -1.22 \\ 0. & 0. \end{bmatrix}}^{R_{b3}}.
\end{array}
\tag{18.11}
$$

全て QR 分解ですが，その結果はシステムによってさまざまです．

Wolfram|Alpha

```
QR_decomposition_{{1,2},{1,2},{0,0}}
```

Python (SymPy)

```
A = Matrix([[1, 2], [1, 2], [0, 0]]); B = Matrix([[1, 0], [1, 1], [0, 1]])
Qa, Ra = A.QRdecomposition()
Qb, Rb = B.QRdecomposition()
display(Qa, Ra, A == Qa @ Ra, Qb, Rb, B == Qb @ Rb)
```

Python (NumPy)

```
A = np.array([[1, 2], [1, 2], [0, 0]]); B = np.array([[1, 0], [1, 1], [0, 1]])
Qa, Ra = linalg.qr(A)
Qb, Rb = linalg.qr(B)
Qa, Ra, np.allclose(A, Qa @ Ra), Qb, Rb, np.allclose(B, Qb @ Rb)
```

R

```
A <- cbind(c(1, 1, 0), c(2, 2, 0)); B <- cbind(c(1, 1, 0), c(0, 1, 1))
qrA <- qr(A); Qa <- qr.Q(qrA); Ra <- qr.R(qrA)
qrB <- qr(B); Qb <- qr.Q(qrB); Rb <- qr.R(qrB)
print(Qa); print(Ra); all.equal(A[, qrA$pivot, drop = FALSE], Qa %*% Ra)
print(Qb); print(Rb); all.equal(B[, qrB$pivot, drop = FALSE], Qb %*% Rb)
```

Mathematica

```
A = {{1, 2}, {1, 2}, {0, 0}}; B = {{1, 0}, {1, 1}, {0, 1}};
{tQa, Ra} = QRDecomposition[A]; Qa = Transpose[tQa]; (* 転置が必要 *)
{tQb, Rb} = QRDecomposition[B]; Qb = Transpose[tQb]; (* 転置が必要 *)
{MatrixForm[Qa], MatrixForm[Ra], A == Qa . Ra,
 MatrixForm[Qb], MatrixForm[Rb], B == Qb . Rb}
```

A の線形独立な列ベクトルは $(1,1,0)^\top$ の 1 個で，そのスパンの正規直交基底は (u_1) です．それに直交する全てのベクトルの集合（**直交補空間**）の正規直交基底は (v_1, v_2) です．両者を合わせた (u_1, v_1, v_2) は $\mathbb{R}^3$ の基底です．

B の線形独立な列ベクトルは $(1,1,0)^\top$ と $(0,1,1)^\top$ の 2 個で，そのスパンの正規直交基底は (u_1, u_2) です．それらに直交する全てのベクトルの集合（直交補空間）の正規直交基底は (w_1) です．両者を合わせた (u_1, u_2, w_1) は $\mathbb{R}^3$ の基底です．

以上をふまえて，各システムの QR 分解の仕様の違いをまとめます．

- Wolfram|Alpha，SymPy，Mathematica の結果が (18.6) と (18.9) である[*6],[*7]．Q_{a1} の列ベクトルは A の列空間の正規直交基底，Q_{b1} の列ベクトルは B の列空間の正規直交基底である．つまり，この QR 分解では，列空間の正規直交基底を得ている．

- R の結果が (18.7) と (18.10) である[*8]．Q_{a2} の列ベクトルは A の列空間の正規直交基底 (u_1)（1 個）とその直交補空間の正規直交基底の一部 (v_1)（1 個）である（全部で 2 個）．Q_{b2} の列ベクトルは B の列空間の正規直交基底 (u_1, u_2) である（全部で 2 個）．つまり，この QR 分解では，列空間の正規直交基底にその直交補空間の正規直交基底を，もとの行列の列数になるまで補ったものを得ている．

- NumPy の結果が (18.8) と (18.11) である[*9]．Q_{a3} の列ベクトルは A の列空間の正規直交基底とその直交補空間の正規直交基底を合わせたもの，Q_{b3} の列ベクトルは B の列空間の正規直交基底とその直交補空間の正規直交基底を合わせたものである．つまり，この QR 分解では，列空間の正規直交基底とその直交補空間の正規直交基底を合わせたもの（$\mathbb{R}^3$ の正規直交基底）を得ている．基底の拡張（18.3.2 項）が完了しているとも言える．

🔲 18.2.7　グラム・シュミットの直交化法♠

QR 分解を求める方法に，例 18.3 で使った**グラム・シュミットの直交化法**があります．ベクトルの並び $a_1, \ldots, a_n$ から，スパン $\langle a_1, \ldots, a_n \rangle$ の正規直交基底を求める方法です．

$a_1, \ldots, a_n$ が線形独立だと仮定します．その場合のグラム・シュミットの直交化法の手順は次のとおりです（仮定により，$v_i \neq \mathbf{0}$ なので，③の $|v_i|$ で割る操作は常に有効です）．

[*6]　Wolfram|Alpha と Mathematica では，$A = Q^\top R$ となる Q を得ます．（最初の「1」を「1.」にして）成分を近似値にして，(18.7) と (18.10) を得ます（A とは近似的に比較します）．また，Mathematica で QRDecomposition の代わりに ResourceFunction["FullQRDecomposition"] を使って，(18.8) と (18.11) と同じサイズの厳密値の結果を得ます．

[*7]　SymPy で成分を近似値にして「.QRdecomposition()」を使うことは，本書では想定しません．

[*8]　R の qr は列の交換を伴うことがあり，コードではそれに対応しています．

[*9]　NumPy で，linalg.qr にオプション mode='economic' を与えて，(18.7) と (18.10) を得ます．（このオプションを 18.3.2 項で使います．）

① $i := 1.$

② $v_i := a_i - \sum_{j=1}^{i-1} (a_i \cdot u_j) u_j.$

③ $u_i := v_i / |v_i|.$

④ $i := i + 1.$

⑤ $i \leq n$ なら②に戻る.

例えば,$v_2 := a_2 - (a_2 \cdot u_1) u_1$ です.$u_1 \cdot u_1 = 1$ なので,$v_2 \cdot u_1 = (a_2 - (a_2 \cdot u_1) u_1) \cdot u_1 = 0$ です(v_2 と u_1 は直交).a_2 から $(a_2 \cdot u_1) u_1$ つまり a_2 の u_1 への正射影を引いて,u_1 に直交するベクトルを得るということです(図 19.2 を参照).

u_1, v_2 が直交するので,$u_1, u_2 := v_2 / |v_2|$ は正規直交です.同様にして,$u_1, \ldots, u_n$ が正規直交であることがわかります.ですから,$a_1, \ldots, a_n$ の線形結合で表される $u_1, \ldots, u_n$ は $\langle a_1, \ldots, a_n \rangle$ の正規直交基底になります.

この手法は,$a_1, \ldots, a_n$ が線形独立でない場合にも使えます(SymPy の GramSchmidt は非対応).その場合は,②で v_i が 0 になることがあるので,そのときは③で $u_i := v_i$ とします[*10].

行列 $A = \begin{bmatrix} a_1 & \ldots & a_n \end{bmatrix}$ の列ベクトルにグラム・シュミットの直交化法を適用して得るベクトル $u_1, \ldots, u_n$ から 0 を除いたものを $q_1, \ldots, q_r$ とします.これは A の列空間の正規直交基底です.$Q := \begin{bmatrix} q_1 & \ldots & q_r \end{bmatrix}, R := Q^\top A$ とすると

$$QR = Q(Q^\top A) = \begin{bmatrix} q_1 & \ldots & q_r \end{bmatrix} [q_i \cdot a_j] = \begin{bmatrix} a_1 & \ldots & a_n \end{bmatrix} = A \tag{18.12}$$

です[*11].

こうして,例 18.5 の QR 分解の結果 (18.6) と (18.9) を得ます[*12].

```
Python (SymPy)

def qrd(A):
    (m, n) = A.shape
    u = [A[:, i].copy() for i in range(n)]; idx = []
    for i in range(n):
        for j in range(i): u[i] -= A[:, i].dot(u[j]) * u[j]
        s = u[i].norm()
        if not np.isclose(np.double(s), 0): u[i] /= s; idx.append(i)
    Q = Matrix.hstack(*[u[i] for i in idx]) if len(idx) != 0 else eye(m)
    return (Q, Q.T @ A)

A = Matrix([[1, 2], [1, 2], [0, 0]]); B = Matrix([[1, 0], [1, 1], [0, 1]])
qrd(A), qrd(B) # 動作確認
```

[*10]　A が零行列だと Q の列ベクトルとして取れるベクトルがないので,$Q := I$ とします.

[*11]　2 番目の等号が成り立つのは,第 j 列が $\sum_{i=1}^{r} (q_i \cdot a_j) q_i = a_j$ になるからです.

[*12]　コードは考え方を示すためのものです.高速化のための工夫や,近似値の場合の正確さを高める工夫は本書の範囲外です.

```
                          Python (NumPy)
def qrdn(An):
    A = An.astype(float) # 成分を浮動小数点数に変換する.
    (m, n) = A.shape
    u = [A[:, i].copy() for i in range(n)]; idx = []
    for i in range(n):
        for j in range(i): u[i] -= A[:, i].dot(u[j]) * u[j]
        s = linalg.norm(u[i])
        if not np.isclose(s, 0): u[i] /= s; idx.append(i)
    Q = np.array([u[i] for i in idx]).T if len(idx) != 0 else np.eye(m)
    return (Q, Q.T @ A)

A = np.array([[1, 2], [1, 2], [0, 0]]); B = np.array([[1, 0], [1, 1], [0, 1]])
qrdn(A), qrdn(B) # 動作確認
```

```
                              R
qrd <- function(A) {
  m <- nrow(A); n <- ncol(A); u <- A; idx <- c()
  for (i in 1:n) {
    if (i > 1) for (j in 1:(i - 1)) {
      u[, i] <- u[, i] - sum(A[, i] * u[, j]) * u[, j]
    }
    s <- norm(u[, i], type = "2")
    if (!isTRUE(all.equal(s, 0))) { u[, i] <- u[, i] / s; idx <- c(idx, i) }
  }
  Q <- if (length(idx) != 0) u[, idx, drop = FALSE] else diag(m)
  list(Q = Q, R = t(Q) %*% A)
}

A <- cbind(c(1, 1, 0), c(2, 2, 0)); B <- cbind(c(1, 1, 0), c(0, 1, 1))
print(qrd(A)); print(qrd(B)) # 動作確認
```

```
                         Mathematica
qrd[A_] := Module[{m, n, u = Transpose[A], idx = {}, s, Q},
  {m, n} = Dimensions[A];
  Do[Do[u[[i]] = Simplify[u[[i]] - A[[All, i]] . u[[j]] u[[j]]], {j, 1, i - 1}];
    s = Chop[Norm[u[[i]]]];
    If[s != 0, u[[i]] /= s; AppendTo[idx, i]], {i, 1, n}];
  Q = If[Length[idx] != 0, Transpose[u[[idx]]], IdentityMatrix[m]];
  {Q, Transpose[Q] . A}]

A = {{1, 2}, {1, 2}, {0, 0}}; B = {{1, 0}, {1, 1}, {0, 1}};
Map[MatrixForm, qrd[A]] // Simplify (* 動作確認 *)
Map[MatrixForm, qrd[B]] // Simplify (* 動作確認 *)
```

■QR分解の結果の確認♠

結果が本当にQR分解になっていることを確認します. 具体的に調べるのは次のことです.

① Q の列ベクトルが正規直交である（$Q^{\top}Q = I$）.
② R は上三角行列である.
③ $QR = B$.

```
Python (SymPy)
```
```
B = Matrix([[1, 0], [1, 1], [0, 1]])
Q, R = qrd(B)                     # QR分解
(Q.T @ Q == eye(Q.shape[1]),      # ①（厳密値を想定）
 R.is_upper,                      # ②（厳密値を想定）
 Q @ R == B)                      # ③（厳密値を想定）
```

```
Python (NumPy)
```
```
B = np.array([[1, 0], [1, 1], [0, 1]])
Q, R = qrdn(B)                              # QR分解
(np.allclose(Q.T @ Q, np.eye(Q.shape[1])),  # ①
 np.allclose(R, np.triu(R)),                # ②
 np.allclose(Q @ R, B))                     # ③
```

```
R
```
```
B <- cbind(c(1, 1, 0), c(0, 1, 1))
tmp <- qrd(B); Q <- tmp$Q; R <- tmp$R          # QR分解
print(c(all.equal(t(Q) %*% Q, diag(ncol(Q))),  # ①
        all(abs(R[lower.tri(R)]) < 10^-10),    # ② 下三角成分はほぼ0.
        all.equal(Q %*% R, B)))                # ③
```

```
Mathematica
```
```
B = {{1, 0}, {1, 1}, {0, 1}};
{Q, R} = qrd[B];                                (* QR分解 *)
tol = 10^-10;
e = IdentityMatrix[Dimensions[Q][[2]]];
{Chop[N[Transpose[Q] . Q] - e, tol] == 0 e,     (* ① *)
 UpperTriangularMatrixQ[R, Tolerance -> tol],   (* ② *)
 Chop[N[B] - Q . R, tol] == 0 B}                (* ③ *)
(* 誤った転置を検出できないから，①でOrthogonalMatrixQは使えない. *)
```

■ 18.3　線形写像

写像 $f: S \to T$ が，任意のスカラー c と任意の $\boldsymbol{x}_1, \boldsymbol{x}_2 \in S$ に対して

$$f(c\boldsymbol{x}_1) = cf(\boldsymbol{x}_1), \tag{18.13}$$

$$f(\boldsymbol{x}_1 + \boldsymbol{x}_2) = f(\boldsymbol{x}_1) + f(\boldsymbol{x}_2) \tag{18.14}$$

を満たすとします．この「線形結合の像が，像の線形結合になる」という性質を**線形性**といい，線形性をもつ写像を**線形写像**といいます．

メモ 18.2（線形写像の表現行列）

A を $m \times n$ 行列とすると，$\mathbb{R}^n \to \mathbb{R}^m$; $\boldsymbol{x} \mapsto A\boldsymbol{x}$ は線形写像である．

また，$f: \mathbb{R}^n \to \mathbb{R}^m$ を線形写像とすると，$\boldsymbol{x} \mapsto f(\boldsymbol{x}) = A\boldsymbol{x}$ となる $m \times n$ 行列 A が存在する．この A を f の**表現行列**という．

表現行列が A である線形写像を単に A と表すことがあります．その場合，A が行列を表すのか写像を表すのかは，文脈から判断します．

線形写像 A と線形写像 B の合成写像 $A \circ B$: $\boldsymbol{x} \mapsto A(B(\boldsymbol{x}))$ の表現行列は，(17.8) より $A(B(\boldsymbol{x})) = (AB)\boldsymbol{x}$ なので，AB です[*13]．

🔲 18.3.1 行列に関する四つの部分空間♠

$A := \begin{bmatrix} 1 & 0 \\ 1 & 1 \\ 0 & 1 \end{bmatrix}$ が表す線形写像 $\mathbb{R}^2 \to \mathbb{R}^3$ を例に，線形写像に関する空間について説明します．

$\boldsymbol{x} := \begin{pmatrix} x_1 \\ x_2 \end{pmatrix}$ とすると

$$A\boldsymbol{x} = \begin{bmatrix} 1 & 0 \\ 1 & 1 \\ 0 & 1 \end{bmatrix} \begin{pmatrix} x_1 \\ x_2 \end{pmatrix} = x_1 \begin{pmatrix} 1 \\ 1 \\ 0 \end{pmatrix} + x_2 \begin{pmatrix} 0 \\ 1 \\ 1 \end{pmatrix} \tag{18.15}$$

つまり，$\boldsymbol{x}$ の像は A の列ベクトルの線形結合です．よって，A による $\mathbb{R}^2$ の像（image）$\{A\boldsymbol{x} \mid \boldsymbol{x} \in \mathbb{R}^2\}$ は A の列空間です．これを $\operatorname{Im} A$ と表します．

次元が 2 なので，$\operatorname{Im} A$ は $\mathbb{R}^3$ の全体ではありません．$\mathbb{R}^3$ の，$\operatorname{Im} A$ に属さない全てのベクトルと零ベクトルの集合（$\operatorname{Im} A$ の**直交補空間**）の要素を $\boldsymbol{z}$ とすると，$\boldsymbol{z}$ は $\operatorname{Im} A$（A の列空間）に直交するので，$\begin{pmatrix} 1 \\ 1 \\ 0 \end{pmatrix} \cdot \boldsymbol{z} = \begin{pmatrix} 0 \\ 1 \\ 1 \end{pmatrix} \cdot \boldsymbol{z} = 0$ です．行列を使ってまとめて表すと

$$\begin{bmatrix} 1 & 1 & 0 \\ 0 & 1 & 1 \end{bmatrix} \boldsymbol{z} = A^\top \boldsymbol{z} = \boldsymbol{0} \tag{18.16}$$

です．

線形写像 f によって $\boldsymbol{0}$ に写るものの集合を，f の**核**（kernel）あるいは**零空間**（null space）といい，$\operatorname{Ker} f$ と表します．(18.16) より，$\boldsymbol{z}$ は $\operatorname{Ker} A^\top$ の要素です．つまり，$\operatorname{Im} A$ の直交補空間は $\operatorname{Ker} A^\top$ です．

例 18.6 $\operatorname{Ker} A^\top$ の基底を求めて，$\big((1, -1, 1)^\top\big)$ を得ます．

SymPy 以外のシステム（Mathematica は近似値の場合のみ）では，正規直交基底 $\big((0.577, -0.577, 0.577)^\top\big)$ を得ます．

[*13] $A \circ B$ の表現行列が AB になるように，行列の積が定義されているとも言えます．

```
                          Wolfram|Alpha
null_space_of_transpose_{{1,0},{1,1},{0,1}}
```

```
                          Python (SymPy)
A = Matrix([[1, 0], [1, 1], [0, 1]])
A.T.nullspace()
```

```
                          Python (NumPy)
A = np.array([[1, 0], [1, 1], [0, 1]])
linalg.null_space(A.T) # 正規直交基底
```

```
                              R
A <- rbind(c(1, 0), c(1, 1), c(0, 1));
MASS::Null(A) # 正規直交基底. MASS::Null(t(A))ではない.
```

```
                          Mathematica
A = {{1, 0}, {1, 1}, {0, 1}};
NullSpace[Transpose[A]]
NullSpace[Transpose[N[A]]] (* 正規直交基底 *)
```

$\operatorname{Im} A$（次元は2）と $\operatorname{Ker} A^\top$（次元は1）を合わせると $\mathbb{R}^3$（次元は3）になります。

同様の議論を $A^\top$ に対して行います。

$\operatorname{Im} A^\top$ は $A^\top$ の列空間（ベクトルの縦横を区別しないなら A の行空間）です。その次元は A の行空間の次元や A のランクと等しく、この場合は2です。$\operatorname{Im} A^\top$ の直交補空間は $\operatorname{Ker}(A^\top)^\top = \operatorname{Ker} A$ です。

$\operatorname{Im} A^\top$（次元は2）と $\operatorname{Ker} A$（次元は0）を合わせると $\mathbb{R}^2$（次元は2）になります。

一般の場合について、図 18.2 を使ってまとめます。

① $\operatorname{Im} A := \{A\boldsymbol{x} \mid \boldsymbol{x} \in \mathbb{R}^n\}$ の次元は A のランク r である。

② $\operatorname{Im} A$ の直交補空間は $\operatorname{Ker} A^\top := \{\boldsymbol{z} \mid A^\top \boldsymbol{z} = \boldsymbol{0}_n\}$ で、その次元は $m - r$ である。

③ $\operatorname{Ker} A := \{\boldsymbol{x} \mid A\boldsymbol{x} = \boldsymbol{0}_m\}$ とする。$\mathbb{R}^n$ の要素を $\boldsymbol{x} = \boldsymbol{x}_r + \boldsymbol{x}_n$（$\boldsymbol{x}_r \in \operatorname{Im} A^\top$, $\boldsymbol{x}_n \in \operatorname{Ker} A$）と表すと、$A\boldsymbol{x}_n = \boldsymbol{0}_m$, $A\boldsymbol{x} = A\boldsymbol{x}_r$ である。つまり、$\boldsymbol{x}_r$ に $\operatorname{Ker} A$ の要素を足しても、写る先は同じ（図の $\boldsymbol{y}$）である。

④ $\operatorname{Ker} A^\top$ の直交補空間が $\operatorname{Im} A$ であるのと同様に、$\operatorname{Ker} A$ の直交補空間は $\operatorname{Im} A^\top$ で、その次元は r である（$\operatorname{Ker} A$ の次元は $n - r$）。

18.3.2　基底の拡張♠

$\mathbb{R}^n$ の部分空間の基底 $(\boldsymbol{u}_1, \dots, \boldsymbol{u}_r)$ の直交補空間の基底 $(\boldsymbol{u}_{r+1}, \dots, \boldsymbol{u}_n)$ を求めて、合わせた $(\boldsymbol{u}_1, \dots, \boldsymbol{u}_r, \boldsymbol{u}_{r+1}, \dots, \boldsymbol{u}_n)$ を $\mathbb{R}^n$ の基底とする方法を説明します。

基本的な考え方は前項で示されています。$A := \begin{bmatrix} \boldsymbol{u}_1 & \cdots & \boldsymbol{u}_r \end{bmatrix}$ とします。$\operatorname{Im} A$（A の列空間）と $\operatorname{Ker} A^\top$（$A^\top$ の零空間）を合わせると $\mathbb{R}^n$ になります（図 18.2）。$\operatorname{Ker} A^\top$ の基底は例 18.6 の方法で得ます。

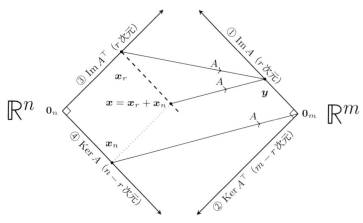

図18.2　$A: \mathbb{R}^n \to \mathbb{R}^m$ に関する四つの部分空間

例18.7　$A := \begin{bmatrix} 1 & 0 \\ 1 & 1 \\ 0 & 1 \end{bmatrix}$ の列空間の基底を拡張して，$Q = \begin{bmatrix} 1/\sqrt{2} & -1/\sqrt{6} & 1/\sqrt{3} \\ 1/\sqrt{2} & 1/\sqrt{6} & -1/\sqrt{3} \\ 0 & \sqrt{2/3} & 1/\sqrt{3} \end{bmatrix}$

を得ます．Q の左の2列が $\mathrm{Im}\,A$（A の列空間）の正規直交基底，第3列が $\mathrm{Ker}\,A^{\top}$（$A^{\top}$ の零空間）の正規直交基底です．$Q^{\top}Q = I_3$ が成り立つはずです[14]．

Python (SymPy)
```
A = Matrix([[1, 0], [1, 1], [0, 1]])
basis1 = A.QRdecomposition()[0]                      # 列空間
basis2 = GramSchmidt(A.T.nullspace(), orthonormal=True) # 直交補空間
Q = Matrix.hstack(basis1, *basis2)
Q, Q.T @ Q == eye(3)
```

Python (NumPy)
```
A = np.array([[1, 0], [1, 1], [0, 1]])
basis1 = linalg.qr(A, mode='economic')[0] # 列空間
basis2 = linalg.null_space(A.T)           # 直交補空間
Q = np.hstack([basis1, basis2])
Q, np.allclose(Q.T @ Q, np.eye(3))
```

---

[14]　NumPy では linalg.qr(A)[0] で同じ結果を得ますが，ここではあえて列空間の正規直交基底を先に求めます．

```R
A <- rbind(c(1, 0), c(1, 1), c(0, 1));
basis1 <- qr.Q(qr(A))   # 列空間
basis2 <- MASS::Null(A) # 直交補空間
Q <- cbind(basis1, basis2); print(Q)
all.equal(t(Q) %*% Q, diag(3))
```

```Mathematica
A = {{1, 0}, {1, 1}, {0, 1}};
basis1 = Orthogonalize[Transpose[A]];               (* 列空間 *)
basis2 = Orthogonalize[NullSpace[Transpose[A]]]; (* 直交補空間 *)
MatrixForm[Q = Transpose[Join[basis1, basis2]]]
Transpose[Q] . Q == IdentityMatrix[3]
```

18.3.3　線形変換

線形写像 $\mathbb{R}^n \to \mathbb{R}^n$，つまり定義域と終域が同じ線形写像を，**線形変換（1 次変換）**といいます.

2 次元正方行列 $A := \begin{bmatrix} a & b \\ c & d \end{bmatrix}$ による線形変換 $f : \boldsymbol{x} \mapsto A\boldsymbol{x}$ を考えます.

$(s, t),\ (s + u, t),\ (s, t + u),\ (s + u, t + u)$ を頂点とする正方形を R とします. $R := \{(x, y) \mid s \le x \le s + u, t \le y \le t + u\}$ で，その面積は u^2 です.

f による R の像 $R' := \{A(x, y) \mid (x, y) \in R\}$ の面積を求めて

$$|ad - bc| u^2 = |\det A| u^2 \tag{18.17}$$

を得ます.

```Mathematica
A = {{a, b}, {c, d}};
f[x_] := A . x
R = ParametricRegion[{x, y}, {{x, s, s + u}, {y, t, t + u}}];
Rp = TransformedRegion[R, f];
{RegionMeasure[Rp], Abs[Det[A]] u^2}
```

このように，A が表す線形変換によって，面積が u^2 の正方形は，面積が $|\det A| u^2$ の図形に写ります. 正方形以外の図形も，細かい正方形に分割して考えれば，面積が $|\det A|$ 倍の図形に写ることがわかります.

3 次元の場合も同様で，3×3 行列 A による線形変換によって，3 次元空間の図形は，体積が $|\det A|$ 倍の図形に写ります.

18.4　正則であることと同値な条件

必要な知識がそろったので，n 次正方行列 A が正則であること（A^{-1} が存在すること）と同値な条件をメモ 18.3 にまとめます.

メモ 18.3（正則であることと同値な条件）

n 次正方行列 A について，以下の項目はいずれも同値である[*15].

① A は正則である.

② 任意の b に対して，$Ax = b$ となる x が唯一つ存在する.

③ $Ax = 0$ ならば $x = 0$ である.

④ $\det A \neq 0$.

⑤ $\mathrm{rank}\, A = n$.

⑥ A の列ベクトルは線形独立である.

⑦ A の列ベクトルは $\mathbb{R}^n$ の基底である.

[*15]　直観的な理解に役立つと思われることを挙げます．②：17.9 節で連立方程式の解が一意に定まることについて説明しています．③：②の特別な場合です．④：連立方程式の解が一意に定まることと行列式の関係について，17.9 節で説明しています．⑤：ランクが n のときの既約行階段形について，17.9 節で説明しています．⑥：線形独立でないとすると③と矛盾します．⑦：$\mathbb{R}^n$ の次元が n であることと⑥からわかります．

## 第 19 章

固有値と固有ベクトル

19.1 固有値と固有ベクトルの定義

正方行列 A に対して

$$Au = \lambda u, \qquad u \neq 0 \tag{19.1}$$

となる λ を**固有値** (eigenvalue)，u を**固有ベクトル** (eigenvector) といいます．また，固有値の集合のことを**スペクトル**といいます．

例 19.1 $A = \begin{bmatrix} 5 & 6 & 3 \\ 0 & 9 & 2 \\ 0 & 6 & 8 \end{bmatrix}$ の固有値と固有ベクトルを求めて，固有値 $12, 5, 5$ と，

それぞれに対応する固有ベクトル $(3,2,3)$, $(0,-1,2)$, $(1,0,0)$ を得ます[1].

Wolfram|Alpha

```
eigensystem_{{5,6,3},{0,9,2},{0,6,8}}
```

Python (SymPy)

```
A = Matrix([[5, 6, 3], [0, 9, 2], [0, 6, 8]])
eigs = A.eigenvects()
vals = [e[0] for e in eigs for _ in range(e[1])] # 固有値（順序不明）
vecs = [v for e in eigs for v in e[2]]           # 固有ベクトル（非正規）
vals, vecs
```

Python (NumPy)

```
An = np.array([[5, 6, 3], [0, 9, 2], [0, 6, 8]])
valsn, vecsn = linalg.eig(An)
valsn, vecsn # 固有値（順序不明），固有ベクトル（正規）
```

---

[1] 固有値だけを求める方法や固有ベクトルだけを求める方法もありますが，固有値と固有ベクトルは対応するものなので，ここで示すようにまとめて求めるのが原則です．また，固有ベクトルのスカラー倍も固有ベクトルなので，固有ベクトルにはスカラー倍の違いがありえます．Mathematica（近似値の場合），NumPy，R で得る固有ベクトルは，正規化され，ノルムが 1 になっています．Wolfram|Alpha，Mathematica（厳密値の場合），SymPy でノルムが 1 の固有ベクトルがほしいときは，別に正規化する必要があります．

```R
                                    R
A <- rbind(c(5, 6, 3), c(0, 9, 2), c(0, 6, 8))
(eigs <- eigen(A)) # 固有値（絶対値の降順）と固有ベクトル（正規）
vals <- eigs$values; vecs <- eigs$vectors
```

```Mathematica
                               Mathematica
A = {{5, 6, 3}, {0, 9, 2}, {0, 6, 8}}; (* 固有ベクトル（絶対値の降順） *)
{vals, vecs} = Eigensystem[N[A]]      (* 近似値：固有ベクトル（正規）  *)
{vals, vecs} = Eigensystem[A]         (* 厳密値：固有ベクトル（非正規）*)
```

(19.1)の第1式を確認します[2]．固有ベクトルを列ベクトルとする行列を V（NumPy の vecsn と R の vecs）とすると，$AV = V \operatorname{diag}(固有値の並び)$ です．

```Python
                              Python (SymPy)
V = Matrix.hstack(*vecs); A @ V == V @ diag(*vals)
```

```Python
                              Python (NumPy)
np.allclose(An @ vecsn, vecsn @ np.diag(valsn))
```

```R
                                    R
n <- length(vals); all.equal(A %*% vecs, vecs %*% diag(vals, n))
```

```Mathematica
                               Mathematica
V = Transpose[vecs]; A . V == V . DiagonalMatrix[vals]
```

🔲 19.1.1　絶対値の降順の固有値♠

固有値を絶対値の降順で得たい場合があります（19.3.2項，20.1.3項を参照）．そういう場合には，Pythonでは並べ替えの作業が必要です．Mathematica（結果が数値の場合）とRでは，絶対値の降順に並んだ固有値を得るので，追加の作業は不要です．

並べ替えの際には，固有値と固有ベクトルの対応を保たなければなりません．まず，np.argsortを使って，位置を表す番号を並べ替えてidxとします[3,4]．例えば，固有値vals が $2, -3, 1$ なら idx は $1, 0, 2$ です．vals[1], vals[0], vals[2]の順に並べると，絶対値の降順つまり $-3, 2, 1$ になるからです．固有ベクトルvecsも同様に，vecs[1], vecs[0], vecs[2]の順に並べれば，固有値と固有ベクトルの対応を保った並び替えが完了します．

---

[2]　コードを簡潔にするために，SymPy と Mathematica では，厳密値の場合を想定します．

[3]　SymPyで厳密値を並べ替えようとすると，数値の表現が複雑な場合に失敗します．ここでは近似値を使うことでこの問題を回避します．

[4]　Rでは order，Mathematica では Ordering で同じことができます．Mathematica では，数値が Root[...] という形式で表されるなどの理由で Ordering を使うのが難しくなることがあります．そういうときは，近似値で比較するとよいでしょう．

```
                          Python (SymPy)
B = Matrix([[6, 7, 0], [7, 2, 0], [0, 0, 8]])
eigs = B.eigenvects()
vals = [e[0] for e in eigs for _ in range(e[1])] # 絶対値の降順とは限らない.
vecs = [v for e in eigs for v in e[2]]
idx = np.argsort([-abs(N(x)) for x in vals])     # 近似値で比較する.
vals = [vals[i] for i in idx]                    # 固有値（絶対値の降順）
vecs = [vecs[i] for i in idx]                    # 固有ベクトルも並べ替える.
vals                                             # 結果の確認
```

```
                          Python (NumPy)
B = np.array([[6, 7, 0], [7, 2, 0], [0, 0, 8]])
vals, vecs = np.linalg.eig(B)         # 絶対値の降順とは限らない.
idx = np.argsort(-abs(vals))          # 絶対値の降順の位置
vals, vecs = vals[idx], vecs[:, idx]  # 絶対値の降順
vals                                  # 結果の確認
```

🔲 19.1.2　定義にもとづく計算♠

　メモ18.3より，(19.1)を変形した$(\lambda I - A)\boldsymbol{u} = \boldsymbol{0}$となる$\boldsymbol{u} \neq \boldsymbol{0}$が存在することは

$$\det(\lambda I - A) = 0 \tag{19.2}$$

と同値です（Iは単位ベクトル）．ですから，(19.2)を満たすλがAの固有値です．(19.2)をλについての方程式とみなすとき，これをAの**固有方程式**といいます[5]．例19.1のAの固有方程式を解いて，固有値$5, 12$を得ます．

```
                        Wolfram|Alpha
solve_det(x_IdentityMatrix[3]-{{5,6,3},{0,9,2},{0,6,8}})=0
```

```
                          Python (SymPy)
A = Matrix([[5, 6, 3], [0, 9, 2], [0, 6, 8]]); n = A.shape[0]
var('x'); solve((x * eye(n) - A).det(), x)
```

```
                           Mathematica
A = {{5, 6, 3}, {0, 9, 2}, {0, 6, 8}}; n = Length[A];
SolveValues[Det[x IdentityMatrix[n] - A] == 0, x]
```

　固有値λに対応する固有ベクトルは，$(\lambda I - A)\boldsymbol{u} = \boldsymbol{0}$となる$\boldsymbol{u} \neq \boldsymbol{0}$です．そのような$\boldsymbol{u}$は$(\lambda I - A)$の零空間（核）に属します．ですから，$(\lambda I - A)$の零空間の基底を固有ベクトルとします．固有値$\lambda$に対応する全ての固有ベクトルは，その線形結合で表せます．

　固有値$\lambda = 5$に対応する固有ベクトル，つまり$(5I - A)$の零空間の基底を求めて，$(0, -1, 2)$と$(1, 0, 0)$を得ます．（固有値12に対応する固有ベクトルも同様に求められます．）

---

[5]　n次正方行列の固有方程式はn次方程式です．nが5以上になると，それを厳密に解くのは一般には難しく，近似値を使って解くことになります．

Wolfram|Alpha

```
null_space_of_5_IdentityMatrix[3]-{{5,6,3},{0,9,2},{0,6,8}}
```

Python (SymPy)

```
(5 * eye(n) - A).nullspace()
```

Mathematica

```
NullSpace[5 IdentityMatrix[n] - A]
```

■ 19.2　対称行列の対角化

理論と応用の両方で重要なのは，**対称行列**の場合です．

メモ 19.1（スペクトル分解）

n 次対称行列 S の固有値 $\lambda_1, \ldots, \lambda_n$ は全て実数である．固有ベクトル $u_1, \ldots, u_n$ は正規直交になるようにとれる[6]．

$Q = \begin{bmatrix} u_1 & \cdots & u_n \end{bmatrix}$, $\Lambda := \mathrm{diag}(\lambda_1, \ldots, \lambda_n)$ とすると

$$S = Q\Lambda Q^\top \tag{19.3}$$

である．これを，行列 S の**スペクトル分解**という．

例 19.2　次のスペクトル分解を行います．

$$S := \begin{bmatrix} 2 & 2 & -2 \\ 2 & 5 & -4 \\ -2 & -4 & 5 \end{bmatrix} = Q\Lambda Q^\top = Q \begin{bmatrix} 10 & 0 & 0 \\ 0 & 1 & 0 \\ 0 & 0 & 1 \end{bmatrix} Q^\top. \tag{19.4}$$

スペクトル分解をシステムによらず統一的に行うには，特異値分解（20.1 節．$A = U\Sigma V^\top$ とする分解）を使うのが簡単です．$S = U\Sigma V^\top$ として，$Q := U$ あるいは $Q := V$, $\Lambda := \Sigma$（コードでは L）とすると，この場合に合います（固有ベクトルを使う方法は後述）[7]．

---

[6]　（複素数の知識が必要）この脚註ではベクトルの成分を実数に限定しません（A の成分は実数です）．u の成分をその複素共役で置き換えたものを $\bar{u}$ とします．$Au = \lambda u$ の両辺と $\bar{u}$ の内積をとった結果と，両辺の複素共役と u の内積をとった結果をメモ 17.2 を使って比べると，$\lambda \bar{u} \cdot u = \bar{\lambda} u \cdot \bar{u}$ となり，固有ベクトルの定義より $u \neq 0$ なので，λ は実数とわかります．$\lambda_1 \neq \lambda_2$, $S := A - \lambda_2 I$ とします．$S = S^\top$ です．$Su_1 = (\lambda_1 - \lambda_2)u_1 \neq 0$ は $\mathrm{Im}\, S = \mathrm{Im}\, S^\top$ の要素です．$Su_2 = 0$ なので u_2 は $\mathrm{Ker}\, S$ の要素です．$\mathrm{Im}\, S^\top$ と $\mathrm{Ker}\, S$ は直交するので（図 18.2），u_1 と u_2 は直交します．

[7]　SymPy の特異値分解では，Λ の対角成分が降順にならないことがあります．

Wolfram|Alpha

```
svd_{{2,2,-2},{2,5,-4},{-2,-4,5}}
```

Python (SymPy)

```python
S = Matrix([[2, 2, -2], [2, 5, -4], [-2, -4, 5]])
Q, L, V = S.singular_value_decomposition()
Q, L, S == Q @ L @ Q.T == V @ L @ V.T
```

Python (NumPy)

```python
Sn = np.array([[2, 2, -2], [2, 5, -4], [-2, -4, 5]])
Q, lambdas, tV = linalg.svd(Sn); L = np.diag(lambdas)
Q, L, np.allclose(Sn, Q @ L @ Q.T), np.allclose(Sn, tV.T @ L @ tV)
```

R

```r
S <- rbind(c(2, 2, -2), c(2, 5, -4), c(-2, -4, 5))
tmp <- svd(S); Q <- tmp$u; d <- tmp$d; L <- diag(d, length(d)); V <- tmp$v
print(Q); print(L);
c(all.equal(S, Q %*% L %*% t(Q)), all.equal(S, V %*% L %*% t(V)))
```

Mathematica

```
S = {{2, 2, -2}, {2, 5, -4}, {-2, -4, 5}};
{Q, L, V} = SingularValueDecomposition[S];
{MatrixForm[Q], MatrixForm[L],
 S == Q . L . Transpose[Q] == V . L . Transpose[V]}
```

Q は直交行列（$Q^{-1} = Q^\top$）なので，$S = Q\Lambda Q^\top$ の両辺に，左から $Q^\top = Q^{-1}$，右から $Q = (Q^\top)^{-1}$ を掛けると $Q^\top SQ = \Lambda$（対角行列）になります．

このように，行列 X を使って，$X^{-1}AX$ を対角行列にすることを行列 A の**対角化**といいます．ここで確認したように，対称行列 S は直交行列 Q を使って対角化できます．

📇 固有値と固有ベクトルを活用する方法♠

対称行列 S を，固有値と固有ベクトルを使って対角化する手順は次のとおりです．

① S の固有値（$\lambda_1, \ldots, \lambda_n$）と固有ベクトルを得る（例 19.1）．
② 固有ベクトルを正規直交にする（例 18.3）．
③ 正規直交な固有ベクトルを列ベクトルとする行列 Q を作る．
④ $\Lambda = \mathrm{diag}(\lambda_1, \ldots, \lambda_n)$ とする．

```
Python (SymPy)
S = Matrix([[2, 2, -2], [2, 5, -4], [-2, -4, 5]])
eigs = S.eigenvects()
vals = [e[0] for e in eigs for _ in range(e[1])] # ①-1
vecs = [v for e in eigs for v in e[2]]           # ①-2
tmp = GramSchmidt(vecs, orthonormal=True)        # ②
Q = Matrix.hstack(*tmp)                           # ③
L = diag(*vals)                                   # ④
Q, L, np.allclose(np.double(S), np.double(Q @ L @ Q.T)) # 近似的な比較
```

```
Python (NumPy)
Sn = np.array([[2, 2, -2], [2, 5, -4], [-2, -4, 5]])
tmp = linalg.eig(Sn); vals = tmp[0]; vecs = tmp[1] # ①
Q = linalg.qr(vecs)[0]                              # ②, ③
L = np.diag(vals)                                    # ④
Q, L, np.allclose(Sn, Q @ L @ Q.T)
```

```
R
S <- rbind(c(2, 2, -2), c(2, 5, -4), c(-2, -4, 5))
tmp <- eigen(S); vals <- tmp$values; Q <- tmp$vectors # ①, ②, ③
L <- diag(vals, length(vals))                          # ④
print(Q); print(L); c(all.equal(S, Q %*% L %*% t(Q)))
```

```
Mathematica
S = {{2, 2, -2}, {2, 5, -4}, {-2, -4, 5}};
{vals, vecs} = Eigensystem[S];          (* ① *)
Q = Transpose[Orthogonalize[vecs]];     (* ②, ③ *)
L = DiagonalMatrix[vals];               (* ④ *)
Chop[N[S] - Q . L . Transpose[Q]] == 0 S (* 近似的な比較 *)
```

■┐19.3　2次形式
🔲 19.3.1　正定値行列と半正定値行列

$A := \begin{bmatrix} 4 & 2 \\ 2 & 1 \end{bmatrix}$ とします。$\mathbf{0}$ でない任意の 2 次元ベクトル x 対して，$x \cdot Ax \geq 0$ です。このような対称行列を**半正定値行列**といいます。

$x \cdot Ax$ の符号による対称行列の分類を表 19.1 にまとめます。

> **例 19.3** 対称行列 $\begin{bmatrix} 4 & 2 \\ 2 & 1 \end{bmatrix}$ が半正定値行列かどうかを求めて，真を得ます。

表 19.1 $x \cdot Ax$ の符号による対称行列の分類

$x \cdot Ax$	名称
正	**正定値行列** (positive definite matrix)
非負	**半正定値行列** (positive semidefinite matrix)
非正	**半負定値行列** (negative semidefinite matrix)
負	**負定値行列** (negative definite matrix)
正にも負にもなる	**不定値行列** (indefinite matrix)

Wolfram|Alpha
```
positive_semidefinite_{{4,2},{2,1}}
```

Python (SymPy)
```
Matrix([[4, 2], [2, 1]]).is_positive_semidefinite
```

R
```
matrixcalc::is.positive.semi.definite(rbind(c(4, 2), c(2, 1)))
```

Mathematica
```
PositiveSemidefiniteMatrixQ[{{4, 2}, {2, 1}}]
```

■固有値にもとづく判定♠

メモ 19.2（正定値行列と半正定値行列）
対称行列Aについて，次が成り立つ.

① 正定値行列であることと，全ての固有値が正であることは同値[*8].
② 半正定値行列であること，全ての固有値が0以上であることは同値.
③ 半負定値行列であること，全ての固有値が0以下であることは同値.
④ 負定値行列であること，全ての固有値が負であることは同値.
⑤ 不定値行列であること，正の固有値と負の固有値をもつことは同値.

例 19.4 メモ 19.2を使って例 19.3を再現します.

全ての固有値が0以上なら半正定値行列です.

[*8] Aの固有値λに対応する固有ベクトルをuとします. Aが正定値行列なら$0 < u \cdot Au = \lambda u \cdot u = \lambda |u|^2$なので$\lambda > 0$です. Aの全ての固有値が正のとき，固有ベクトルを正規直交基底にして（メモ 19.1），その線形結合で任意のベクトル$x \neq 0$を表せば，$x \cdot Ax > 0$，つまりAが正定値行列だとわかります.

```
Python (SymPy)
A = Matrix([[4, 2], [2, 1]])
all(e >= 0 for e in A.eigenvals(multiple=True))
```

```
Python (NumPy)
A = np.array([[4, 2], [2, 1]])
np.all(linalg.eigvals(A) >= 0)
```

```
R
A <- rbind(c(4, 2), c(2, 1))
all(eigen(A)$values >= 0)
```

```
Mathematica
A = {{4, 2}, {2, 1}};
AllTrue[Eigenvalues[A], NonNegative]
```

■グラム行列♠

　必要な知識がそろったので，データサイエンスでよく使われるグラム行列を導入し，その性質をまとめます[*9].

メモ 19.3（グラム行列の性質）

X を $m \times n$ 行列とする．$X^\top X$ の形で表される行列を**グラム行列**という．
グラム行列 X は次の性質をもつ．

①　X は対称行列である．
②　X は半正定値行列である．
③　X の固有値は全て 0 以上である．

次の四つは同値である．

(a)　X の列ベクトルは線形独立である．
(b)　$X^\top X$ は正則である．
(c)　$X^\top X$ は正定値行列である．
(d)　X の固有値は全て正である．

[*9]　直観的な理解に役立つと思われることを挙げます．①：メモ 17.1 より，$(X^\top X)^\top = X^\top (X^\top)^\top = X^\top X$ です．②：メモ 17.2 より，$\boldsymbol{x} \cdot X^\top X \boldsymbol{x} = X\boldsymbol{x} \cdot X\boldsymbol{x} = |X\boldsymbol{x}|^2 \geq 0$ です．③：メモ 19.2 と②より明らかです．【(a) $\Longrightarrow$ (b)】$X^\top X \boldsymbol{x} = \boldsymbol{0}$ となる $\boldsymbol{x}$ を求めます．両辺と $\boldsymbol{x}$ との内積をとると，$\boldsymbol{x} \cdot X^\top X \boldsymbol{x} = (X\boldsymbol{x}) \cdot X\boldsymbol{x} = |X\boldsymbol{x}|^2 = 0$，よって $X\boldsymbol{x} = \boldsymbol{0}$ となります．X の列ベクトルは線形独立なので $\boldsymbol{x} = \boldsymbol{0}$ です．$X^\top X \boldsymbol{x} = \boldsymbol{0}$ を満たすのが $\boldsymbol{x} = \boldsymbol{0}$ だけなので，メモ 18.3 の③より $X^\top X$ は正則です．【(b) $\Longrightarrow$ (c)】メモ 18.3 の③より，$X^\top X$ が正則なら $X\boldsymbol{x} = \boldsymbol{0}$ となるのは $\boldsymbol{x} = \boldsymbol{0}$ のときだけなので．$\boldsymbol{x} \neq \boldsymbol{0}$ なら $\boldsymbol{x} \cdot X^\top X \boldsymbol{x} = |X\boldsymbol{x}|^2 > 0$ です．【(c) $\Longrightarrow$ (a)】対偶を考えます．X の列ベクトルが線形独立でないとすると，$X\boldsymbol{x} = \boldsymbol{0}$ となる $\boldsymbol{x} \neq \boldsymbol{0}$ が存在し，$\boldsymbol{x} \cdot X^\top X \boldsymbol{x} = \boldsymbol{0}$ となります．よって，$X^\top X$ は正定値行列ではありません．【(c) $\Longrightarrow$ (d)】メモ 19.2 より明らかです．

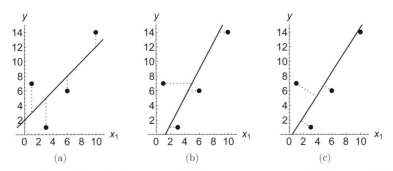

図 19.1 表 19.2(a) のデータに合いそうな直線 $y = b_0 + b_1 x_1$ の例（図 11.1 の再掲）

表 19.2 本項で用いるデータ（i は通し番号）

(a) データ（表 11.1(a) の再掲）   (b) 平行移動後のデータ

i	x_1	y		i	x_1'	y'
1	1	7		1	-4	0
2	3	1		2	-2	-6
3	6	6		3	1	-1
4	10	14		4	5	7

19.3.2　2 次形式の最大化

対称行列の固有値と固有ベクトルを活用する例として，図 19.1(c) の点線の長さの 2 乗和を最小にする直線を求めます．

準備として，$(x_{11}, y_1), \ldots, (x_{41}, y_4)$ の平均（重心）が原点になるように，全体を平行移動します．$\bar{x}_1 = 5,\ \bar{y} = 7$ なので，表 19.2(a) の x_{i1} から 5，y_i から 7 を引いたものを x_{i1}' と y_i' とします（表 19.2(b)）．

$$X := \begin{bmatrix} 1 & 7 \\ 3 & 1 \\ 6 & 6 \\ 10 & 14 \end{bmatrix},\ M := \frac{1}{4}\begin{bmatrix} 1 & 1 & 1 & 1 \\ 1 & 1 & 1 & 1 \\ 1 & 1 & 1 & 1 \\ 1 & 1 & 1 & 1 \end{bmatrix},\ A := X - MX = \begin{bmatrix} -4 & 0 \\ -2 & -6 \\ 1 & -1 \\ 5 & 7 \end{bmatrix}$$ としま

す（X は表 19.2(a) のデータ，A は表 19.2(b) のデータを表します）．

A の行ベクトルを $\boldsymbol{a}_1^\top, \ldots, \boldsymbol{a}_4^\top$ とします．$\boldsymbol{a}_1, \ldots, \boldsymbol{a}_4$ に当てはめる直線の方向ベクトル（直線に平行な単位ベクトル）を $\boldsymbol{v} := (v_1, v_2)^\top$ とします（図 19.2）．

求めたいのは，図 19.2 の鉛直線の長さの 2 乗和が最小になるときの $\boldsymbol{v}$ です．そのとき，$\boldsymbol{v} \cdot \boldsymbol{a}_i$ の 2 乗和 R が最大になります．R は次のとおりです（$\boldsymbol{a}_1, \ldots, \boldsymbol{a}_4$ と $\boldsymbol{v}$ を 2×1 行列と同一視し，1×1 行列を数と同一視します）．

$$R := \sum_{i=1}^{4}(\boldsymbol{v} \cdot \boldsymbol{a}_i)^2 = \sum_{i=1}^{4}\left((\boldsymbol{v}^\top \boldsymbol{a}_i)(\boldsymbol{a}_i^\top \boldsymbol{v})\right) = \sum_{i=1}^{4}\boldsymbol{v}^\top \boldsymbol{a}_i \boldsymbol{a}_i^\top \boldsymbol{v}, \tag{19.5}$$

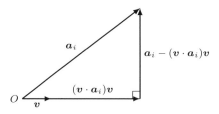

図 19.2　データに近い直線を求めることの図形的な意味（a_i から $(v \cdot a_i)v$ つまり a_i の v への正射影を引いて，v に直交するベクトルを得る．）

$$= v^\top \left(\sum_{i=1}^{4} a_i a_i^\top \right) v = v^\top A^\top A v, \tag{19.6}$$

$$= v^\top S v, \qquad \left(S := A^\top A = \begin{bmatrix} 46 & 46 \\ 46 & 86 \end{bmatrix} \right) \tag{19.7}$$

$$= 46 v_1^2 + 92 v_1 v_2 + 86 v_2^2. \tag{19.8}$$

(19.8) のような，全ての項が 2 次式である多項式を **2 次形式**といいます．2 次形式は，(19.7) の S のような**対称行列**を使って表せます．

メモ 19.4（2 次形式の最大化）

S を対称行列，その固有値を $\lambda_1 \geq \cdots \geq \lambda_n$，対応する正規直交の固有ベクトルを $u_1, \ldots, u_n$ とする（メモ 19.1）．v を単位ベクトルとすると，2 次形式 $v \cdot Sv$ は，$v = u_1$ のときに，最大値 λ_1 をとる．「v と u_1 が直交する」という制約を加えると，$v \cdot Sv$ は，$v = u_2$ のときに，最大値 λ_2 をとる．以下，同様に続ける．

例 19.5　メモ 19.4 を使って (19.8) を最大にする v（S の最大固有値に対応する正規化された固有ベクトル）を求めて $v = (0.548, 0.836)$ を得ます[*10]．

★10　Python の `np.argmax`は，ベクトルの要素の最大値の位置を返します．例えば，`np.argmax([3, 5, 2])` は 1 です（最大値 5 は 1 番目の要素）．

```
Python (SymPy)
x1 = [1, 3, 6, 10]; y = [7, 1, 6, 14]; X = Matrix([x1, y]).T
n = X.shape[0]; M = ones(n, n) / sym.S(n)
A = X - M @ X
S = A.T @ A; display(S)
eigs = S.eigenvects()
vals = [re(e[0]) for e in eigs for _ in range(e[1])] # 固有値
vecs = [re(v) for e in eigs for v in e[2]]           # 固有ベクトル
N(vecs[np.argmax(vals)].normalized()) # 最大固有値に対応する固有ベクトル
# 最大固有値の位置の探索と，固有ベクトルの正規化が必要
```

```
Python (NumPy)
x1 = [1, 3, 6, 10]; y = [7, 1, 6, 14]; Xn = np.array([x1, y]).T
n = Xn.shape[0]; Mn = np.ones([n, n]) / n
An = Xn - Mn @ Xn
Sn = An.T @ An; print(Sn)
vals, vecs = linalg.eig(Sn)
vecs[:, np.argmax(vals)] # 最大固有値に対応する固有ベクトル
# 最大固有値の位置の探索が必要
```

```
R
x1 <- c(1, 3, 6, 10); y <- c(7, 1, 6, 14); X <- cbind(x1, y)
n <- nrow(X); M <- matrix(1, n, n) / n
A <- X - M %*% X
S <- t(A) %*% A; print(S)
eigen(S)$vectors[, 1] # 最大固有値に対応する固有ベクトル
```

```
Mathematica
x1 = {1, 3, 6, 10}; y = {7, 1, 6, 14}; X = Transpose[{x1, y}];
n = Length[X]; M = ConstantArray[1, {n, n}]/n;
A = X - M . X;
MatrixForm[S = Transpose[A] . A]
v = Eigenvectors[N[S], 1][[1]] (* 最大固有値に対応する固有ベクトル *)
```

　直線の式を求めるために，v と $(x'_1 - \bar{x}_1, y' - \bar{y})$ が平行だという条件を y' について解いて，$y' = -0.63 + 1.53x'$ を得ます．これは，表 11.2 の⑤と同じ結果です．

```
Mathematica
Reduce[Det[{v, {xp - Mean[x1], yp - Mean[y]}}] == 0, yp] // N
```

■主成分分析♠

　ここでは特異値分解を使います．特異値分解について知らない場合は，先に20.1節を読んでください．

　図 19.1 の (c) の点線の長さの2乗和を最小にする試みは，2次元のデータを1次元（直線）で表現する試みです．この考え方を一般化した，多次元のデータを少ない次元で表現する試みが

主成分分析（principal component analysis; PCA）です．

特異値分解の利用♠

主成分分析では，（平行移動後の）データ $a_1^\top, \ldots, a_m^\top$ を正規直交基底 $v_1, \ldots, v_n$ の線形結合で表します．この正規直交基底を主成分，線形結合の係数を主成分スコアといいます．これらは，特異値分解を利用して，次のように定められます[*11]．

$$A =: \underbrace{\begin{bmatrix} a_1^\top \\ \vdots \\ a_m^\top \end{bmatrix}}_{\text{データ}} = \underbrace{U\Sigma V^\top}_{\text{特異値分解}} = \underbrace{U\Sigma}_{\text{主成分スコア}} \underbrace{\begin{bmatrix} v_1^\top \\ \vdots \\ v_n^\top \end{bmatrix}}_{\text{主成分}} = \underbrace{U_r \Sigma_r V_r}_{\text{簡易特異値分解}} = U_r \Sigma_r \begin{bmatrix} v_1^\top \\ \vdots \\ v_r^\top \end{bmatrix} \tag{19.9}$$

例19.5で求めたのは，第1主成分 v_1（$S := A^\top A$ の最大固有値に対応する固有ベクトル）です．その結果を，行列 A の特異値分解で再現します[*12]．

```python
# Python (SymPy)
_, L, V = A.singular_value_decomposition()  # 特異値分解
s = re(L.diagonal())   # 特異値
idx = np.argmax(s)     # 最大特異値の位置（SymPyでは0とは限らない）
display(N(V[:, idx]))  # 対応するVの列ベクトル（求めるもの）
s2 = np.array(sorted([N(x)**2 for x in s], reverse=True))  # 特異値の2乗（降順）
np.cumsum(s2) / sum(s2)                      # 累積寄与率（後述）
```

```python
# Python (NumPy)
_, s, tV = linalg.svd(An)  # 特異値分解
print(tV.T[:, 0])          # Vの第1列（求めるもの）
s2 = s**2                  # 特異値の2乗
np.cumsum(s2) / sum(s2)    # 累積寄与率（後述）
```

```r
# R
tmp <- svd(A)          # 特異値分解
print(tmp$v[, 1])      # Vの第1列（求めるもの）
s2 <- tmp$d**2         # 特異値の2乗
cumsum(s2) / sum(s2)   # 累積寄与率（後述）
```

```mathematica
(* Mathematica *)
{U, L, V} = SingularValueDecomposition[A];  (* 特異値分解 *)
V[[All, 1]] // N                    (* Vの第1列（求めるもの）*)
s2 = Diagonal[L]^2;                 (* 特異値の2乗 *)
Accumulate[s2]/Total[s2] // N       (* 累積寄与率（後述）*)
```

[*11]　A のランクを r とすると，$U\Sigma$ の列ベクトルで $\mathbf{0}$ でないのは左の r 列だけです．ですから，主成分 $v_1, \ldots, v_n$ のうち，A に寄与するのは $v_1, \ldots, v_r$ だけです（$v_1, \ldots, v_r$ は $S := A^\top A$ の固有ベクトル）．

[*12]　Pythonの np.cumsum，Rの cumsum，Mathematicaの Accumulate は，1次元データの累積和を計算する関数です．例えば，$(1, 2, 3, 4)$ の累積和は $(1, 3, 6, 10)$ です．

ライブラリの利用♠

主成分分析のためのライブラリ（Pythonは2種類）を使って，同じ結果 $(0.548, 0.836)$ を得ます．必要なのは平行移動前のデータ X だけで，平行移動後のデータ A や $S := A^\top A$ を求める必要はありません[*13]．

```
                                   Python
X = np.array([[1, 3, 6, 10], [7, 1, 6, 14]]).T

from statsmodels.multivariate import pca        # statsmodelsを使う場合
pca1 = pca.PCA(X, standardize=False, normalize=False)
P = pca1.scores; print(P)        # 主成分スコア
V = pca1.loadings; print(V)      # 主成分
print(V[:, 0])                   # 第1主成分（求めるもの）
s2 = pca1.eigenvals              # 特異値の2乗
print(np.cumsum(s2) / sum(s2))   # 累積寄与率（後述）

from sklearn import decomposition               # Scikit-learnを使う場合
pca2 = decomposition.PCA()
P = pca2.fit_transform(X); print(P)  # 主成分スコア
tV = pca2.components_; print(tV.T)   # 主成分
print(tV[0])                         # 第1主成分（求めるもの）
s2 = pca2.explained_variance_ratio_  # 特異値の2乗
print(np.cumsum(s2) / sum(s2))       # 累積寄与率（後述）
```

```
                                   R
X <- cbind(c(1, 3, 6, 10), c(7, 1, 6, 14))
pca <- prcomp(X)
P <- pca$x; print(P)        # 主成分スコア
V <- pca$rotation; print(V) # 主成分
print(V[, 1])               # 第1主成分（求めるもの）
s2 <- pca$sdev^2            # 特異値の2乗
print(cumsum(s2) / sum(s2)) # 累積寄与率（後述）
```

[*13] Mathematicaの PrincipalComponents は主成分スコア（$P := U\Sigma$）だけを返すので

$$A := X - MX = U\Sigma V^\top = PV^\top \tag{19.10}$$

に左から $(P^\top P)^{-1}P^\top$ を掛けて

$$(P^\top P)^{-1}P^\top(X - MX) = (P^\top P)^{-1}P^\top X = V^\top \tag{19.11}$$

として主成分 V を得ます（P の列ベクトルが線形独立の場合です．その場合，メモ19.3より $P^\top P$ は正則です．また，$P^\top M = 0$ なので，M を求める必要はありません）．P の列ベクトルが線形独立でない場合は，（方法1）P の代わりに P の線形独立な r 個の列ベクトルからなる行列 $P_r = U_r\Sigma_r$ を使うか，（方法2）P の擬似逆行列 P^+ を使って（20.3.1項），主成分 $v_1, \ldots, v_r$ を得ます．また，$P^\top P = (U\Sigma)^\top U\Sigma = \Sigma^\top U^\top U\Sigma = \Sigma^2$ なので，$P^\top P$ の対角成分から累積寄与率がわかります．

```
                          Mathematica
X = N[Transpose[{{1, 3, 6, 10}, {7, 1, 6, 14}}]];
t = Transpose;
MatrixForm[P = PrincipalComponents[X]]              (* 主成分スコア *)
r = MatrixRank[P]; Pr = P[[All, ;; r]]; tPr = t[Pr];
MatrixForm[tVr1 = Inverse[tPr . Pr] . tPr . X]      (* 主成分（方法1）*)
MatrixForm[tVr2 = (PseudoInverse[P] . X)[[;; r, All]]] (* 主成分（方法2）*)
tVr1[[1]]                       (* 第1主成分（求めるもの）（方法1）*)
tVr2[[1]]                       (* 第1主成分（求めるもの）（方法2）*)
s2 = Diagonal[Transpose[P] . P]; (* 特異値の2乗 *)
Accumulate[s2]/Total[s2]         (* 累積寄与率（後述）*)
```

主成分分析の結果の第 k 主成分まで（上の例では $k := 1$）を採用することの，別の見方を紹介します．

第 k 主成分までを採用するというのは，平行移動後のデータ A を特異値分解して，$A = U_r \Sigma_r V_r^\top$ を $A_k := U_k \Sigma_k V_k^\top$ $(k < r)$ で近似するということです．ここで，U_k は U_r の左の k 列，Σ_k は Σ_r の左上の $k \times k$ 部分行列，V_k は V_r の左の k 列です．

$A^\top A$ は，A の分散共分散行列の $(n-1)$ あるいは n 倍です（n はサンプルサイズ）．その対角成分の和 $\mathrm{tr}(A^\top A)$ は A の各列の分散の和の $(n-1)$ あるいは n 倍です．A のフロベニウスノルム (20.7) でもあります．(17.10) と $U_r^\top U_r = I, V_r^\top V_r = I, \Sigma_r^\top = \Sigma_r$ より，次が成り立ちます（$\sigma_1, \ldots, \sigma_r$ は A の特異値）．

$$
\mathrm{tr}(A^\top A) = \mathrm{tr}((U\Sigma V^\top)^\top U\Sigma V^\top) = \mathrm{tr}(V\Sigma^\top U^\top U\Sigma V^\top) = \mathrm{tr}(\Sigma^2) = \sigma_1^2 + \cdots + \sigma_r^2.
$$
(19.12)

同様に，$\mathrm{tr}(A_k^\top A_k) = \sigma_1^2 + \cdots + \sigma_k^2$ です．つまり，A_k の各列の分散の和は A の各列の分散の和のうちの，$(\sigma_1^2 + \cdots + \sigma_k^2)/(\sigma_1^2 + \cdots + \sigma_r^2)$ を占めるということです．この比を**累積寄与率**といいます．

ここで扱っている例の累積寄与率は $(0.88, 1)$ です．A の分散の約 88 ％を A_1 の分散が占めます．

特異値分解は，教養レベルの線形代数の集大成です．本書ではすでに，例 19.2 でスペクトル分解を統一的に行うために，例 19.5 でデータを表現する行列について理解するために，特異値分解を活用しています．本章の 20.1 節では，特異値分解の求め方と応用例（画像圧縮）を示します．20.2 節では，線形写像について特異値分解を使って調べます．20.3 節では，どんな行列にも適応できるという特異値分解の特徴を利用して，逆行列を一般化した擬似逆行列を求め，それを使って連立 1 次方程式を解くことの意味を説明します．

■ 20.1 特異値分解

> **メモ 20.1（特異値分解）**
>
> ランクが r の任意の $m \times n$ 行列 A は
>
> $$A = U\Sigma V^\top, \qquad \text{（特異値分解）} \tag{20.1}$$
> $$= U_r \Sigma_r V_r^\top \qquad \text{（簡易特異値分解）} \tag{20.2}$$
>
> と表せる．ここで，U は $m \times m$ の直交行列，Σ は $(1,1), \ldots, (r,r)$ 成分以外が 0 の $m \times n$ 行列，V は $n \times n$ の直交行列，U_r は U の左の $m \times r$ 部分行列，Σ_r は Σ の左上の $r \times r$ 部分行列，V_r は V の左の $n \times r$ 部分行列である．
> 本書では，(20.1) と (20.2) を区別せずに，A の**特異値分解**（singular value decomposition）という．

Σ（シグマ）は特異値分解でよく使われる記号で，和をとることを表す記号ではありません．$\sigma_i := (\Sigma \text{の} (i,i) \text{成分})$ を**特異値**といいます．特異値は降順に並べます（$\sigma_1 \geq \sigma_2 \geq \cdots \geq \sigma_r$）．コードでは，$\Sigma$ を S，$(\sigma_1, \ldots, \sigma_r)$ を s とします．

⊞ 20.1.1 特異値分解の実践

例 20.1 $A := \begin{bmatrix} 1 & 0 \\ 1 & 1 \\ 0 & 1 \end{bmatrix}$ の特異値分解を求めて，

$$A = \overbrace{\begin{bmatrix} 1/\sqrt{6} & -1/\sqrt{2} & 1/\sqrt{3} \\ \sqrt{2/3} & 0 & -1/\sqrt{3} \\ 1/\sqrt{6} & 1/\sqrt{2} & 1/\sqrt{3} \end{bmatrix}}^{U} \overbrace{\begin{bmatrix} \sqrt{3} & 0 \\ 0 & 1 \\ 0 & 0 \end{bmatrix}}^{\Sigma} \overbrace{\begin{bmatrix} 1/\sqrt{2} & -1/\sqrt{2} \\ 1/\sqrt{2} & 1/\sqrt{2} \end{bmatrix}^\top}^{V^\top}, \tag{20.3}$$

$$= \underbrace{\begin{bmatrix} 1/\sqrt{6} & -1/\sqrt{2} \\ \sqrt{2/3} & 0 \\ 1/\sqrt{6} & 1/\sqrt{2} \end{bmatrix}}_{U_r} \underbrace{\begin{bmatrix} \sqrt{3} & 0 \\ 0 & 1 \end{bmatrix}}_{\Sigma_r} \underbrace{\begin{bmatrix} 1/\sqrt{2} & -1/\sqrt{2} \\ 1/\sqrt{2} & 1/\sqrt{2} \end{bmatrix}^{\top}}_{V_r^{\top}}. \tag{20.4}$$

を得ます．(20.3) は Wolfram|Alpha, NumPy, Mathematica の結果（NumPy の結果は近似値），(20.4) は SymPy, R の結果です（R の結果は近似値）[1].

Wolfram|Alpha

```
svd_{{1,0},{1,1},{0,1}}
```

Python (SymPy)

```
A = Matrix([[1, 0], [1, 1], [0, 1]])
Ur, Sr, Vr = A.singular_value_decomposition()
Ur, Sr, Vr.T, A == simplify(Ur @ Sr @ Vr.T)
```

Python (NumPy)

```
An = np.array([[1, 0], [1, 1], [0, 1]])
U, s, tV = linalg.svd(An)
S = np.zeros(An.shape); r = len(s); S[:r, :r] = np.diag(s)
U, S, tV, np.allclose(An, U @ S @ tV)
```

R

```
A <- rbind(c(1, 0), c(1, 1), c(0, 1))
tmp <- svd(A); Ur <- tmp$u; s <- tmp$d; Vr <- tmp$v; tVr <- t(tmp$v)
r <- length(s); Sr <- diag(s, r) # diag(s)ではない.
print(Ur); print(Sr); print(tVr); all.equal(A, Ur %*% Sr %*% tVr)
```

Mathematica

```
A = {{1, 0}, {1, 1}, {0, 1}};
{U, S, V} = SingularValueDecomposition[A]; tV = Transpose[V];
{Map[MatrixForm, {U, S, tV}], A == U . S . tV}
```

🔲 20.1.2　行列の低ランク近似（画像圧縮）♠

　行列 A が何かのデータを表すときに，特異値分解を利用して A を近似できることを，19.3.2項で主成分分析を紹介したときに示唆していました．ここでは，そのことを示す別の例（画像圧縮）を紹介します．

---

[1]　NumPy では V ではなく $V^{\top}$ を得ます．NumPy と R では特異値のベクトル σ を得るので，それを使って Σ や Σ_r を再現します．特異値は降順でなければなりませんが，SymPy ではそうならないことがあります（昇順というわけでもありません）．

```
R
# Rで必要なパッケージのインストール
system(paste0(
  "command -v conda && conda install -c conda-forge imagemagick -y ",
  "|| (sudo apt-get update && sudo apt-get install -y libmagick++-dev ",
  "| tail -n 1)"))
install.packages("magick",
                 repos = "https://cran.rstudio.com/") # reposは必須ではない.
```

縦 m 横 n 画素のグレースケール画像を $m \times n$ 行列 A で表現します（成分が0なら黒，1なら白）.

$A = U_r \Sigma_r V_r^\top$ に対して，U_r の左の k 列を U_k，Σ_r の左上の $k \times k$ 部分行列を Σ_k，V_r の左の k 列を V_k として

$$A_k := U_k \Sigma_k V_k^\top \tag{20.5}$$

と定義されるランク k の行列 A_k は，A の良い近似になります．近似の良さをメモ 20.2 のフロベニウスノルムで測るなら，A に最も近いランク k の行列は A_k です．

メモ 20.2（低ランク近似）

ランクが k 以下の任意の行列 B に対して

$$\|A - A_k\|_{\mathrm{F}} = \sqrt{\sum_{i=k+1}^{r} \sigma_i^2} \leq \|A - B\|_{\mathrm{F}} \tag{20.6}$$

が成り立つ．ここで，$\|X\|_{\mathrm{F}}$ は $m \times n$ 行列 $X := [x_{ij}]$ の**フロベニウスノルム**で

$$\|X\|_{\mathrm{F}} := \sqrt{\sum_{i=1}^{m} \sum_{j=1}^{n} x_{ij}^2} \tag{20.7}$$

と定義される．$\|X\|_{\mathrm{F}} = \sqrt{\mathrm{tr}(X^\top X)}$ である．

A には mn 個の成分があります．A_k は，km 個の成分をもつ U_k，k 個の対角成分をもつ対角行列 Σ_k，kn 個の成分をもつ V_k の積なので，$(km + k + kn)$ 個の数値から作れます．A_k を記憶するのに必要な数値の個数と A をそのまま記憶するのに必要な数値の個数の比は $(km + k + kn)/mn$ です．

$m := 900$，$n := 1200$，$k := 52$ の場合の例を図 20.1 に示します．$(km + k + kn)/mn$ は約 10 % です[*2].

★2 独自の画像で試す場合，Google Colaboratory では画像ファイルをアップロードして url の値をファイル名にします．Mathematica では url の値を画像ファイルのフルパスにします．

図20.1　行列 A が表す画像（左）と行列 A_{52} が表す画像（右）

Python (NumPy)

```python
from skimage import io
url = 'https://github.com/taroyabuki/comath/raw/main/images/boy.jpg'
A = io.imread(url, as_gray=True)                    # 画像の行列への変換
U, s, tV = linalg.svd(A)                            # 特異値分解
k = 52
Ak = U[:, :k] @ np.diag(s[:k]) @ tV[:k, :]          # 近似
B = (Ak - np.min(Ak)) / (np.max(Ak) - np.min(Ak))  # 数値を0〜1にする.
plt.figure(figsize=(10, 5))
plt.subplot(1, 2, 1); plt.imshow(A, cmap='gray')
plt.subplot(1, 2, 2); plt.imshow(B, cmap='gray')
plt.show();
```

R

```r
library(magick)
url <- "https://github.com/taroyabuki/comath/raw/main/images/boy.jpg"
image <- image_convert(image_read(url), colorspace = "gray") # 画像の読み込み
A <- as.integer(image_data(image))[, , 1]; A <- A / max(A)    # 行列への変換
tmp <- svd(A); U <- tmp$u; s <- tmp$d; V <- tmp$v             # 特異値分解
k <- 52
Ak <- U[, 1:k] %*% diag(s[1:k], k) %*% t(V[, 1:k]) # 近似
B <- (Ak - min(Ak)) / (max(Ak) - min(Ak))          # 数値を0〜1にする.
par(mar = rep(0.5, 4), mfrow = c(1, 2)) # 余白を0.5にして，並べて表示する.
plot(as.raster(A)); plot(as.raster(B))
```

```
url = "https://github.com/taroyabuki/comath/raw/main/images/boy.jpg";
A = ImageData[ColorConvert[Import[url], "Grayscale"]]; (* 画像の行列への変換 *)
{U, S, V} = SingularValueDecomposition[A];                (* 特異値分解 *)
k = 52;
Ak = U[[All, ;; k]] . S[[;; k, ;; k]] . Transpose[V[[All, ;; k]]]; (* 近似 *)
B = (Ak - Min[Ak])/(Max[Ak] - Min[Ak]); (* 数値を0～1にする. *)
GraphicsRow[{Image[A], Image[B]}]
```

20.1.3　特異値分解の求め方♠

直観的な理解に役立つと思われることを挙げます. $A = U_r \Sigma_r V_r^\top$ に, 左から $A^\top$, 右から V_r を掛けると, (17.9), $\Sigma_r^\top = \Sigma_r, U_r^\top U_r = I, V_r^\top V_r = I$ より

$$A^\top A V_r = A^\top A \begin{bmatrix} \boldsymbol{v_1} & \cdots & \boldsymbol{v_r} \end{bmatrix} \tag{20.8}$$

$$= V_r \Sigma_r^\top U_r^\top U_r \Sigma_r V_r^\top V_r = V_r \Sigma_r^2 = \begin{bmatrix} \sigma_1^2 \boldsymbol{v_1} & \cdots & \sigma_r^2 \boldsymbol{v_r} \end{bmatrix} \tag{20.9}$$

となります. V_r の列ベクトル $\boldsymbol{v}_i$ は $A^\top A$ の固有ベクトルです（固有値は Σ_r の (i, i) 成分つまり特異値の2乗）. また, $A = U_r \Sigma_r V_r^\top$ に右から $V_r \Sigma_r^{-1}$ を掛けると, $A V_r \Sigma_r^{-1} = U_r$ となります[3]. よって, $m \times n$ 行列 A の特異値分解は, 次のように求められます.

① $m \times n$ 行列 A のグラム行列を $G := A^\top A$ とする.

② G の固有値・固有ベクトルを求める（メモ 19.3 より, 固有値は全て 0 以上）. 固有値は絶対値の降順とする（Python ではそのための作業が必要である. 19.1.1 項を参照）.

③ G の正の固有値（r 個）の非負の平方根を $\boldsymbol{\sigma}_r := (\sigma_1, \dots, \sigma_r) := (\sqrt{\lambda_1}, \dots, \sqrt{\lambda_r})$ とする[4].

④ $\Sigma_r := \mathrm{diag}(\boldsymbol{\sigma}_r)$ とする.

⑤ G の, 固有値 $\lambda_1, \dots, \lambda_r$ に対応する r 個の固有ベクトルを, 正規直交にする（18.2.7 項を参照）. その結果を列ベクトルとする行列を $V_r = \begin{bmatrix} \boldsymbol{v_1} & \cdots & \boldsymbol{v_r} \end{bmatrix}$ とする[5].

⑥ $U_r := A \begin{bmatrix} \dfrac{\boldsymbol{v_1}}{\sigma_1} & \cdots & \dfrac{\boldsymbol{v_r}}{\sigma_r} \end{bmatrix}$ とする. 以上で (20.4) つまり $A = U_r \Sigma_r V_r^\top$ が再現される.

⑦ Σ を $m \times n$ 行列とする. Σ の $(1, 1), \dots, (r, r)$ 成分を $\sigma_1, \dots, \sigma_r$, ほかの成分を 0 とする.

⑧ 基底の拡張（18.3.2 項）によって, $(\boldsymbol{v}_1, \dots, \boldsymbol{v}_r)$ から $(\boldsymbol{v}_1, \dots, \boldsymbol{v}_n)$ を作り, これを列ベクトルとする行列を V とする.

⑨ 基底の拡張によって, $(\boldsymbol{u}_1, \dots, \boldsymbol{u}_r)$ から $(\boldsymbol{u}_1, \dots, \boldsymbol{u}_m)$ を作り, これを列ベクトルとする行列を U とする. 以上で (20.3) つまり $A = U \Sigma V^\top$ が再現される.

---

[3] Σ_r^{-1} は Σ_r の対角成分を逆数で置き換えたものです.

[4] コードでは「正」の代わりに「tol $:= 10e{-}10$ より大きい」とします.

[5] NumPy の QR 分解は (18.8) や (18.11) のように基底の拡張を含んでいるので, その機能を利用して, まず V を求めて, その左の r 列を V_r とします.

実装して，(20.3) と (20.4) を得ます[6-9].

```
                           Python (SymPy)
def exbasis(A): # tAの零空間 (Aの列空間と直交) の基底を列ベクトルとする行列
    return Matrix.hstack(*GramSchmidt(A.T.nullspace(), orthonormal=True))
def svd2(A, tol=10e-10):
    m, n = A.shape; G = A.T @ A; eigs = G.eigenvects()           # ①
    vals = [re(e[0]) for e in eigs for _ in range(e[1])]         # ②-1a
    vecs = [re(v) for e in eigs for v in e[2]]                   # ②-1b
    idx = np.argsort([-abs(N(x)) for x in vals])                 # ②-2a
    vals, vecs = [vals[i] for i in idx], [vecs[i] for i in idx]  # ②-2b
    s = [sqrt(x) for x in vals if abs(N(x)) > tol]; r = len(s)   # ③
    if r != 0:
        Sr = diag(*s)                                            # ④
        Vr = Matrix.hstack(*GramSchmidt(vecs[:r], orthonormal=True)) # ⑤
        Ur = A @ Vr @ diag(*[1 / x for x in s])                  # ⑥
        S = 0 * A; S[:r, :r] = Sr                                # ⑦
        V = Vr if n == r else Vr.row_join(exbasis(Vr))           # ⑧
        U = Ur if m == r else Ur.row_join(exbasis(Ur))           # ⑨
    else:
        S = 0 * A; V = eye(n); U = eye(m)
        Sr = Matrix([[0]]); Vr = V[:, 0]; Ur = U[: ,0]
    return Ur, Sr, Vr, U, S, V

A = Matrix([[1, 0], [1, 1], [0, 1]]); svd2(A) # 動作確認
```

---

[6]　コードは考え方を示すためのものです．高速化のための工夫や，近似値の場合の正確さを高める工夫は本書の範囲外です．

[7]　特異値分解を求める途中で $G := A^\top A$ の固有値が必要になります．それを求めるためには n 次方程式を解かなければなりません．n が大きいときは，これを厳密に解くのは一般には難しいです．ですから，サイズの大きな行列の特異値分解を厳密値で求めるのは現実的ではありません．

[8]　Pythonで成分が近似値の場合，固有値や固有ベクトルの成分が複素数になることがあるので，②-1で実数部分だけを残します．厳密値の場合は最終的には実数になるはずですが，計算の途中で現れる虚数はこの方法では消せません．

[9]　PythonとRの「tol = 10e-10」，Mathematicaの「tol_ : 10^-10」は，sdv2(A) やsvd2[A] のように引数tolを省略すると，その値が10e-10になることを表しています．このように，省略すると設定した値になる引数を**デフォルト引数**といいます．

```python
# Python (NumPy)
def svd2n(A, tol=10e-10):
    m, n = A.shape; G = A.T @ A                                        # ①
    vals, vecs = linalg.eig(G); vals, vecs = vals.real, vecs.real     # ②-1
    idx = np.argsort(-abs(vals))                                       # ②-2a
    vals, vecs = vals[idx], vecs[:, idx]                               # ②-2b
    s = [np.sqrt(x) for x in vals if x > tol]; r = len(s)             # ③
    Sr = np.diag(s)                                                    # ④
    V = linalg.qr(vecs[:, :r])[0]; Vr = V[:, :r]                      # ⑤, ⑧
    Ur = A @ Vr / s                                                    # ⑥
    S = 0.0 * A; S[:r, :r] = Sr                                        # ⑦
    if (r != 0): U = np.hstack([Ur, linalg.null_space(Ur.T)])        # ⑨
    else: U = np.eye(m)
    return Ur, Sr, Vr, U, S, V

A = np.array([[1, 0], [1, 1], [0, 1]]); svd2n(A)  # 動作確認
```

```r
# R
svd2 <- function(A, tol = 10e-10) {
  m <- nrow(A); n <- ncol(A); G <- t(A) %*% A               # ①
  eigs <- eigen(G); vals = eigs$values; vecs <- eigs$vectors # ②
  s <- sqrt(vals[vals > tol]); r <- length(s)                # ③
  if (r != 0) {
    Sr <- diag(s, r)                                          # ④
    Vr <- qr.Q(qr(vecs[, 1:r]))                               # ⑤
    Ur <- A %*% Vr %*% diag(1 / s, r)                        # ⑥
    S <- 0 * A; S[1:r, 1:r] <- Sr # S != diag(s, m, n)       # ⑦
    V <- cbind(Vr, MASS::Null(Vr))                           # ⑨
    U <- cbind(Ur, MASS::Null(Ur))                           # ⑨
  } else {
    S <- 0 * A; V <- diag(n); U <- diag(m)
    Sr <- matrix(0); Vr <- V[, 1, drop=FALSE]; Ur <- U[, 1, drop=FALSE]
  }
  list(Ur = Ur, Sr = Sr, Vr = Vr, U = U, S = S, V = V)
}

A <- rbind(c(1, 0), c(1, 1), c(0, 1)); svd2(A)  # 動作確認
```

```
                           Mathematica
nonzero[x_, tol_ : 10^-10] := Chop[x, tol] != 0
svd2[A_] := Module[{diag = DiagonalMatrix, eye = IdentityMatrix, t = Transpose,
  gs = Orthogonalize, m, n, G, vals, vecs, s, r, Sr, S, Vr, V, Ur, U},
  {m, n} = Dimensions[A]; G = t[A] . A;                    (* ① *)
  {vals, vecs} = Eigensystem[G];                           (* ② *)
  s = Sqrt[Select[vals, nonzero]]; r = Length[s];          (* ③ *)
  If[r != 0,
   Sr = diag[s, 0, {r, r}];                                (* ④ *)
   Vr = t[gs[Take[vecs, r]]];                              (* ⑤ *)
   Ur = A . Vr . diag[1/s, 0, {r, r}];                     (* ⑥ *)
   S = diag[s, 0, {m, n}];                                 (* ⑦ *)
   V = If[n == r, Vr, Join[Vr, t[gs[NullSpace[t[Vr]]]], 2]]; (* ⑧ *)
   U = If[m == r, Ur, Join[Ur, t[gs[NullSpace[t[Ur]]]], 2]], (* ⑨ *)
   (* else *)
   S = 0 A; V = eye[n]; U = eye[m];
   Sr = {{0}}; Vr = V[[All, {1}]]; Ur = U[[All, {1}]]];
  {Ur, Sr, Vr, U, S, V}]

A = {{1, 0}, {1, 1}, {0, 1}}; Map[MatrixForm, svd2[A]] (* 動作確認 *)
```

■特異値分解の結果の確認♠

得られた結果が本当に特異値分解になっていることを確認します. 具体的に調べるのは次のことです.

① U_r, V_r, U, V の列ベクトルは正規直交である（例えば $U^\top U = I_m$）.

② U, V は正方行列である.

③ Σ_r, Σ の対角成分は正で降順である.

④ $A = U_r \Sigma_r V_r^\top = U \Sigma V^\top$.

```
                        Python (SymPy)
isOrtho = lambda A: np.allclose(
    np.double(A.T) @ np.double(A), np.eye(A.shape[1]))
isSquare = lambda A: A.shape[0] == A.shape[1]
isDiagDesc = lambda A: (
    list(A.diagonal()) == sorted(abs(A.diagonal()), reverse=True))


A = Matrix([[1., 0], [1, 1], [0, 1]])
Ur, Sr, Vr, U, S, V = svd2(A)                       # 特異値分解
[isOrtho(Ur), isOrtho(Vr), isOrtho(U), isOrtho(V),  # ①
 isSquare(U), isSquare(V),                          # ②
 isDiagDesc(Sr), isDiagDesc(S),                     # ③
 np.allclose(np.double(A), np.double(Ur @ Sr @ Vr.T)), # ④-1
 np.allclose(np.double(A), np.double(U @ S @ V.T))] # ④-2
```

```Python (NumPy)
isOrthon = lambda A: np.allclose(A.T @ A, np.eye(A.shape[1]))
isSquaren = lambda A: A.shape[0] == A.shape[1]
isDiagDescn = lambda A: all(
    A.diagonal() == sorted(abs(A.diagonal()), reverse=True))


A = np.array([[1, 0], [1, 1], [0, 10]])
Ur, Sr, Vr, U, S, V = svd2n(A)                            # 特異値分解
[isOrthon(Ur), isOrthon(Vr), isOrthon(U), isOrthon(V),    # ①
 isSquaren(U), isSquaren(V),                              # ②
 isDiagDescn(Sr), isDiagDescn(S),                         # ③
 np.allclose(np.double(A), np.double(Ur @ Sr @ Vr.T)),    # ④-1
 np.allclose(np.double(A), np.double(U @ S @ V.T))]       # ④-2
```

```R
isOrtho <- function(A) all.equal(t(A) %*% A, diag(ncol(A)))
isSquare <- function(A) nrow(A) == ncol(A)
isDiagDesc <- function(A) {
  d = diag(A); all.equal(d, sort(abs(d), decreasing = TRUE));
}


A <- rbind(c(1, 0), c(1, 1), c(0, 1))
tmp <- svd2(A)                                            # 特異値分解
Ur <- tmp$Ur; Sr <- tmp$Sr; Vr <- tmp$Vr; U <- tmp$U; S <- tmp$S; V <- tmp$V
c(isOrtho(Ur), isOrtho(Vr), isOrtho(U), isOrtho(V),       # ①
  isSquare(U), isSquare(V),                               # ②
  isDiagDesc(Sr), isDiagDesc(S),                          # ③
  all.equal(A, Ur %*% Sr %*% t(Vr)),                      # ④-1
  all.equal(A, U %*% S %*% t(V)))                         # ④-2
```

```Mathematica
tol = 10^-10;
isOrtho[A_] := With[{e = IdentityMatrix[Dimensions[A][[2]]]},
  Chop[Transpose[A] . A - e, tol] == 0 e]
isDiagDesc[A_] := With[{d = Diagonal[A]}, d == Sort[Abs[d], Greater]]
t = Transpose;


A = {{1, 0}, {1, 1}, {0, 1}};
{Ur, Sr, Vr, U, S, V} = svd2[A];                          (* 特異値分解 *)
{isOrtho[Ur], isOrtho[Vr], isOrtho[U], isOrtho[V],        (* ① *)
 SquareMatrixQ[U], SquareMatrixQ[V],                      (* ② *)
 isDiagDesc[Sr], isDiagDesc[S],                           (* ③ *)
 Chop[N[A] - Ur . Sr . t[Vr], tol] == 0 A,                (* ④-1 *)
 Chop[N[A] - U . S . t[V], tol] == 0 A}                   (* ④-2 *)
```

20.2 線形写像の基底

行列 A を次のように特異値分解します.

$$A = \overbrace{\begin{bmatrix} \boldsymbol{u}_1 & \cdots & \boldsymbol{u}_r \end{bmatrix}}^{U_r} \overbrace{\begin{bmatrix} \sigma_1 & & \\ & \ddots & \\ & & \sigma_r \end{bmatrix}}^{\Sigma_r} \overbrace{\begin{bmatrix} \boldsymbol{v}_1 & \cdots & \boldsymbol{v}_r \end{bmatrix}^\top}^{V_r^\top}, \tag{20.10}$$

$$= \underbrace{\begin{bmatrix} \boldsymbol{u}_1 & \cdots & \boldsymbol{u}_r & \boldsymbol{u}_{r+1} & \cdots & \boldsymbol{u}_m \end{bmatrix}}_{U} \underbrace{\begin{bmatrix} \sigma_1 & & \\ & \ddots & \\ & & \sigma_r \\ & & \end{bmatrix}}_{\Sigma} \underbrace{\begin{bmatrix} \boldsymbol{v}_1 & \cdots & \boldsymbol{v}_r & \boldsymbol{v}_{r+1} & \cdots & \boldsymbol{v}_n \end{bmatrix}^\top}_{V^\top}. \tag{20.11}$$

この結果から, A が表す線形写像について, 次のようなことがわかります (図 20.2).

① $A = U_r(\Sigma_r V_r^\top)$ だから, A の列ベクトルは, U_r の列ベクトル $\boldsymbol{u}_1, \ldots, \boldsymbol{u}_r$ の線形結合である. $(\boldsymbol{u}_1, \ldots, \boldsymbol{u}_r)$ は正規直交だから, A の列空間 (Im A) の正規直交基底である.

② $\mathbb{R}^m$ の正規直交基底 $(\boldsymbol{u}_1, \ldots, \boldsymbol{u}_r, \boldsymbol{u}_{r+1}, \ldots, \boldsymbol{u}_m)$ から A の列空間の基底 $(\boldsymbol{u}_1, \ldots, \boldsymbol{u}_r)$ を取り除いた残りの $(\boldsymbol{u}_{r+1}, \ldots, \boldsymbol{u}_m)$ は, A の列空間の直交補空間 (Ker $A^\top$) の正規直交基底である.

③ $A = (U_r \Sigma_r) V_r^\top$ だから, A の行ベクトルは, $V_r^\top$ の行ベクトル, (ベクトルの縦横を区別しなければ) V_r の列ベクトル $\boldsymbol{v}_1, \ldots, \boldsymbol{v}_r$ の線形結合である. $(\boldsymbol{v}_1, \ldots, \boldsymbol{v}_r)$ は正規直交だから, A の行空間 (Im $A^\top$) の正規直交基底である.

④ $\mathbb{R}^n$ の正規直交基底 $(\boldsymbol{v}_1, \ldots, \boldsymbol{v}_r, \boldsymbol{v}_{r+1}, \ldots, \boldsymbol{v}_n)$ から A の行空間の基底 $(\boldsymbol{v}_1, \ldots, \boldsymbol{v}_r)$ を取り除いた残りの $(\boldsymbol{v}_{r+1}, \ldots, \boldsymbol{v}_n)$ は, A の行空間の直交補空間 (Ker A) の正規直交基底である.

線形写像の基底について, A が 3×2 行列の場合を例に説明します.

これまで, A が線形写像 $\mathbb{R}^2 \to \mathbb{R}^3$; $\begin{pmatrix} x_1 \\ x_2 \end{pmatrix} \mapsto A\begin{pmatrix} x_1 \\ x_2 \end{pmatrix} =: \begin{pmatrix} y_1 \\ y_2 \\ y_3 \end{pmatrix}$ を表すというとき, $\mathbb{R}^2$ や $\mathbb{R}^3$ の基底は標準基底だと暗黙に仮定していました. この写像を, 基底を明示して表すと

$$A\left(x_1\begin{pmatrix} 1 \\ 0 \end{pmatrix} + x_2\begin{pmatrix} 0 \\ 1 \end{pmatrix}\right) = y_1\begin{pmatrix} 1 \\ 0 \\ 0 \end{pmatrix} + y_2\begin{pmatrix} 0 \\ 1 \\ 0 \end{pmatrix} + y_3\begin{pmatrix} 0 \\ 0 \\ 1 \end{pmatrix} \tag{20.12}$$

となります.

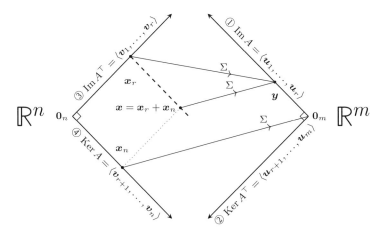

図 20.2 特異値分解にもとづく $A\colon \mathbb{R}^n \to \mathbb{R}^m$ の解釈（この図の見方については図 18.2 を参照）

$\mathbb{R}^2$ の基底を $(\boldsymbol{v}_1, \boldsymbol{v}_2)$，$\mathbb{R}^3$ の基底を $(\boldsymbol{u}_1, \boldsymbol{u}_2, \boldsymbol{u}_3)$ として，$\begin{pmatrix} x_1' \\ x_2' \end{pmatrix}$，$\begin{pmatrix} y_1' \\ y_2' \\ y_3' \end{pmatrix}$ を

$$\begin{pmatrix} x_1 \\ x_2 \end{pmatrix} = x_1' \boldsymbol{v}_1 + x_2' \boldsymbol{v}_2 = \begin{bmatrix} \boldsymbol{v}_1 & \boldsymbol{v}_2 \end{bmatrix} \begin{pmatrix} x_1' \\ x_2' \end{pmatrix} = V \begin{pmatrix} x_1' \\ x_2' \end{pmatrix}, \tag{20.13}$$

$$\begin{pmatrix} y_1 \\ y_2 \\ y_3 \end{pmatrix} = y_1' \boldsymbol{u}_1 + y_2' \boldsymbol{u}_2 + y_3' \boldsymbol{u}_3 = \begin{bmatrix} \boldsymbol{u}_1 & \boldsymbol{u}_2 & \boldsymbol{u}_3 \end{bmatrix} \begin{pmatrix} y_1' \\ y_2' \\ y_3' \end{pmatrix} = U \begin{pmatrix} y_1' \\ y_2' \\ y_3' \end{pmatrix} \tag{20.14}$$

のように導入します．V, T は直交行列（$V^\top V = I$, $U^\top U = I$）なので

$$\begin{pmatrix} x_1' \\ x_2' \end{pmatrix} = V^\top \begin{pmatrix} x_1 \\ x_2 \end{pmatrix}, \qquad \begin{pmatrix} y_1' \\ y_2' \\ y_3' \end{pmatrix} = U^\top \begin{pmatrix} y_1 \\ y_2 \\ y_3 \end{pmatrix} \tag{20.15}$$

です．

線形写像 A を表す

$$A \begin{pmatrix} x_1 \\ x_2 \end{pmatrix} = \begin{pmatrix} y_1 \\ y_2 \\ y_3 \end{pmatrix} \tag{20.16}$$

を，(20.13) と (20.14) で置き換えると

$$AV \begin{pmatrix} x_1' \\ x_2' \end{pmatrix} = U \begin{pmatrix} y_1' \\ y_2' \\ y_3' \end{pmatrix} \tag{20.17}$$

です. A を $U\Sigma V^\top$ で置き換え, 両辺に左から $U^\top$ を掛けて, $U^\top U = I$, $V^\top V = I$ を使うと

$$U^\top U \Sigma V^\top V \begin{pmatrix} x_1' \\ x_2' \end{pmatrix} = U^\top U \begin{pmatrix} y_1' \\ y_2' \\ y_3' \end{pmatrix} \tag{20.18}$$

$$\Sigma \begin{pmatrix} x_1' \\ x_2' \end{pmatrix} = \begin{pmatrix} y_1' \\ y_2' \\ y_3' \end{pmatrix} \tag{20.19}$$

となります.

標準基底で A が表していた線形写像は, 新しい基底を使うと Σ という単純な形で書けるということです (図 20.2).

■ 20.3 擬似逆行列と連立方程式の「解」

20.3.1 擬似逆行列

メモ 20.3 (擬似逆行列)

任意の行列 A に対して, $ABA = A$ を満たす行列 B が存在する. そのような B を, A の**一般逆行列**という.

また, 任意の行列 A に対して, 次の四つの等式を満たす行列 A^+ が存在する.

$$AA^+A = A,\ A^+AA^+ = A^+,\ (AA^+)^\top = AA^+,\ (A^+A)^\top = A^+A. \tag{20.20}$$

この A^+ を, A の**擬似逆行列 (ムーア・ペンローズ一般逆行列**, pseudoinverse) という[*10].

行列 A の特異値分解を $A = U\Sigma V^\top$ とすると, $A^+ = V\Sigma^+ U^\top$ である. ここで, Σ^+ は Σ の擬似逆行列で, $\Sigma^\top$ の 0 でない成分をその逆数で置き換えたものである. A が正則のときは, $A^+ = A^{-1}$ である.

例 20.2 $A := \begin{bmatrix} 1 & 0 \\ 1 & 1 \\ 0 & 1 \end{bmatrix}$ の擬似逆行列を求めて, $\begin{bmatrix} 2/3 & 1/3 & -1/3 \\ -1/3 & 1/3 & 2/3 \end{bmatrix}$ を得ます.

[*10] A^+ を A^- と表す文献もあります.

```
Wolfram|Alpha
pseudoinverse_{{1,0},{1,1},{0,1}}
```

```
Python (SymPy)
A = Matrix([[1, 0], [1, 1], [0, 1]]); A.pinv()
```

```
Python (NumPy)
A = np.array([[1, 0], [1, 1], [0, 1]]); linalg.pinv(A)
```

```
R
A <- rbind(c(1, 0), c(1, 1), c(0, 1)); MASS::ginv(A)
```

```
Mathematica
A = {{1, 0}, {1, 1}, {0, 1}}; PseudoInverse[A]
```

20.3.2 連立方程式の「近似解」

x についての方程式 $Ax = b$ に対して，$x^+ := A^+ b$ を考えます．

- A が正則の場合，x^+ は $b - Ax^+ = 0$ を満たす解である（$x^+ = A^{-1}b$）．
- A が正則でない場合，x^+ は $|b - Ax|$ を最小にする「近似解」である．

例 20.3 連立一次方程式

$$
\begin{cases}
x_1 & = 2, \\
x_1 + x_2 & = 0, \\
x_2 & = 2
\end{cases}
\tag{20.21}
$$

の「近似解」を求めて，$(x_1, x_2) = (2/3, 2/3) \simeq (0.667, 0.667)$ を得ます．

$$
A := \begin{bmatrix} 1 & 0 \\ 1 & 1 \\ 0 & 1 \end{bmatrix}, \; x := \begin{pmatrix} x_1 \\ x_2 \end{pmatrix}, \; b := \begin{pmatrix} 2 \\ 0 \\ 2 \end{pmatrix} \text{ として，(20.21) を } Ax = b \text{ と表します．}
$$

明らかに，この方程式には解がありません．$b - Ax = 0$ となる x は存在しません．

そこで，$|b - Ax|$ を最小にするような x を求め，それを「近似解」とします（図 20.3）．$x^+ := A^+ b$ が，そのような x になります．これは，A が正則の場合に $Ax = b$ の解が $x = A^{-1}b$ であることに似ています．

```
Wolfram|Alpha
(pseudoinverse_{{1,0},{1,1},{0,1}}).{2,0,2}
```

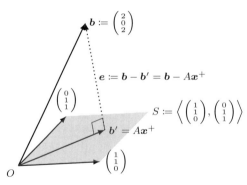

図20.3 S 上で b に最も近い点を b' として，$Ax = b$ となる x の代わりに，$Ax^+ = b'$ となる x^+ を求める．

```
                    Python (SymPy)
A = Matrix([[1, 0], [1, 1], [0, 1]]); b = Matrix([2, 0, 2])
A.pinv() @ b
```

```
                    Python (NumPy)
A = np.array([[1, 0], [1, 1], [0, 1]]); b = np.array([2, 0, 2])
linalg.pinv(A) @ b
```

```
                    R
A <- rbind(c(1, 0), c(1, 1), c(0, 1)); b <- c(2, 0, 2)
MASS::ginv(A) %*% b
```

```
                    Mathematica
A = {{1, 0}, {1, 1}, {0, 1}}; b = {2, 0, 2};
PseudoInverse[A] . b
```

■ 「$x^+ := A^+b$」の意味♠

「$x^+ := A^+b$」が意味することを図 20.4 の①〜⑪で説明します．

$A := \begin{bmatrix} 1 & 0 \\ 1 & 1 \\ 0 & 1 \end{bmatrix}$ は $\mathbb{R}^n \to \mathbb{R}^m$ を表しますが，その像（$\operatorname{Im} A$．A の列ベクトルで張られる空間）

は必ずしも $\mathbb{R}^m$ の全体ではありません．ですから，$\operatorname{Im} A$ に属していない①b に対して，$Ax = b$ となる x は存在しません（$\mathbb{R}^n$ の要素は全て $\operatorname{Im} A$ に写ります）．

そこで，$\operatorname{Im} A$ 内で b に最も近い点②b' を考えます．b の $\operatorname{Im} A$ への正射影（b から $\operatorname{Im} A$ に下ろした垂線の足）です．

$Ax = b'$ となる $x \in \mathbb{R}^n$ を求めます．

b と b' のずれ③$e := b - b' = b - Ax$ は，$\operatorname{Im} A$ の直交補空間にあります．$\operatorname{Im} A$ は A の列空

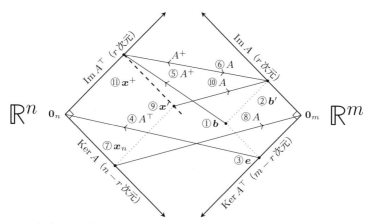

図 20.4 「$x^+ := A^+b$」が意味すること（この図の見方については図 18.2 を参照）

間です．よって，e と，A の列ベクトル $\begin{pmatrix}1\\1\\0\end{pmatrix}, \begin{pmatrix}0\\1\\1\end{pmatrix}$ は直交します．このことを内積を使って表すと $(1,1,0)\cdot e = 0, (0,1,1)\cdot e = 0$，行列を使って表すと

$$\begin{bmatrix}1 & 1 & 0\\0 & 1 & 1\end{bmatrix}e = A^\top e = A^\top(b - Ax) = A^\top b - A^\top Ax = \mathbf{0}_n \tag{20.22}$$

となります．e は ④ $A^\top$ で $\mathbf{0}_n$ に写る，$\mathrm{Ker}\, A^\top$ の要素です．

　(20.22) を**正規方程式**といいます．$Ax = b$ の代わりに，左から $A^\top$ を掛けた $A^\top Ax = A^\top b$ を解くと思うと覚えやすいかもしれません．

　A の列ベクトルは線形独立なので $A^\top A$ は正則です（メモ 19.3）．よって，正規方程式の解は

$$x = (A^\top A)^{-1}A^\top b \tag{20.23}$$

と表せます．

　A の列ベクトルが線形独立でない場合は $A^\top A$ は正則ではないので，(20.23) のようには解けません．この場合

$$x = A^+b \tag{20.24}$$

が正規方程式の一つの解です．実際，(20.22) にメモ 20.3 とメモ 17.1 の (17.9) を使うと

$$A^\top b - A^\top AA^+b = (A^\top - A^\top(AA^+)^\top)b \tag{20.25}$$

$$= (A^\top - (AA^+A)^\top)b \tag{20.26}$$

$$= (A^\top - A^\top)b = \mathbf{0}_n \tag{20.27}$$

となります．

　$A^\top A$ が正則な場合は $A^+ = (A^\top A)^{-1}A^\top$ なので，正規方程式の解の表記は (20.24) に統一できます．そこで

$$\boldsymbol{x}^+ := A^+ \boldsymbol{b} \tag{20.28}$$

とします.

　$A\boldsymbol{x}^+ = \boldsymbol{b}' \neq \boldsymbol{0}_m$ なので，$\boldsymbol{x}^+$ は $\mathrm{Ker}\, A$ の要素ではなく，$\mathrm{Ker}\, A$ の直交補空間である $\mathrm{Im}\, A^\top$ の要素です（⑤と⑥）.

　$A^\top A$ が正則でない場合は，$\boldsymbol{x}^+$ は正規方程式の唯一の解ではありません．$\boldsymbol{x}$ が図の破線上の点であることと $\boldsymbol{x}$ が正規方程式の解であることは同値です．$\mathrm{Im}\, A^\top$ の直交補空間の要素の一つを⑦$\boldsymbol{x}_n$ とします．$\boldsymbol{x}_n$ は $\mathrm{Ker}\, A$ の要素なので，⑧ A で $\boldsymbol{0}_m$ に写ります（$A\boldsymbol{x}_n = \boldsymbol{0}_m$）.
⑨$\boldsymbol{x}' := \boldsymbol{x}^+ + \boldsymbol{x}_n$ とすると，⑩ $A\boldsymbol{x}' = A(\boldsymbol{x}^+ + \boldsymbol{x}_n) = A\boldsymbol{x}^+ = \boldsymbol{b}'$ なので，$\boldsymbol{x}'$ は正規方程式の解です.

　正規方程式の解（図の破線上の点）でノルムが最も小さいのは，$\boldsymbol{0}_n$ に最も近い⑪$\boldsymbol{x}^+$ です.

　つまり，$\boldsymbol{x}^+$ は，$|\boldsymbol{b} - A\boldsymbol{x}|$ を最小にする $\boldsymbol{x}$ で，$|\boldsymbol{x}|$ が最小のものです.

　「$\boldsymbol{x}^+ := A^+ \boldsymbol{b}$」という単純な式に，以上の全てが詰まっています.

参考文献

[1] Herbert B. Enderton. *A Mathematical Introduction to Logic*. Academic Press, 2nd edition, 2001. 嘉田勝 訳. 論理学への数学的手引き. 1 月と 7 月, 2020.

[2] Ernst Hairer and Gerhard Wanner. *Analysis by Its History*. Springer, 1996. 蟹江幸博 訳. 解析教程. シュプリンガー・ジャパン, 新装版, 2006.

[3] Roman E. Maeder. *Programming in Mathematica*. Addison Wesley Longman, 3rd edition, 1996. 時田節 訳. プログラミング MATHEMATICA. ピアソン・エデュケーション, 1999.

[4] Elizabeth S. Meckes and Mark W. Meckes. *Linear Algebra*. Cambridge University Press, 2018. 山本芳嗣 訳. 線形代数. 東京化学同人, 2020.

[5] Marc Rayman. How Many Decimals of Pi Do We Really Need? NASA/JPL Edu. https://www.jpl.nasa.gov/edu/news/2016/3/16/how-many-decimals-of-pi-do-we-really-need/.

[6] Tatyana Shaposhnikova. Three high-stakes math exams. *The Mathematical Intelligencer*, Vol. 27, No. 3, pp. 44–46, 2005.

[7] Joseph H. Silverman. *A Friendly Introduction to Number Theory*. Pearson Education, 4 edition, 2017. 鈴木治郎 訳. はじめての数論. 丸善出版, 原著第 4 版, 2022.

[8] Gilbert Strang. *Linear Algebra for Everyone*. Wellesley-Cambridge Press, 2020. 松崎公紀ほか 訳. 教養の線形代数. 近代科学社, 2023.

[9] Michael Trott. *The Mathematica GuideBook for Numerics*. Springer, 2006.

[10] 青木和彦ほか 編. 岩波 数学入門辞典. 岩波書店, 2005.

[11] 稲葉三男. 微積分の根底をさぐる. 現代数学社, 新装版, 2008.

[12] 春日正文 編. モノグラフ　公式集. 科学新興新社, 5 訂版, 1996.

[13] 加藤文元. 大学教養 微分積分. 数研出版, 2019.

[14] 金子晃. 数理系のための基礎と応用 微分積分 II. サイエンス社, 2001.

[15] 金子晃. 線形代数講義. サイエンス社, 2004.

[16] 木村良夫. パソコンで遊ぶ数学. 講談社, 1986.

[17] 倉田博史, 星野崇宏. 入門統計解析. 新世社, 2009.

[18] 斎藤毅. 微積分. 東京大学出版会, 2013.

[19] 桜井基晴. 統計学の数理. プレアデス出版, 2022.

[20] 佐武一郎. 線型代数学. 裳華房, 1974.

[21] 佐和隆光. 回帰分析. 朝倉書店, 1979.

[22] 椎名乾平. 七つの正規分布. 心理学評論, Vol. 56, No. 1, pp. 7–34, 2013.

[23] 杉浦光夫. 解析入門 I. 東京大学出版会, 1980.

[24] 杉浦光夫, 清水英男, 金子晃, 岡本和夫. 解析演習. 東京大学出版会, 1989.

[25] 赤攝也. 実数論講義. 日本評論社, 2014.

[26] 高木貞治. 定本 解析概論. 岩波書店, 2010. 改訂第 3 版（1961）に黒田成俊「いたるところ微分不可能な連続函数について」が補遺として付されたものです.

[27] 竹村彰通. 統計. 共立出版, 第 2 版, 2007.

[28] 辻真吾, 矢吹太朗. ゼロからはじめるデータサイエンス入門. 講談社, 2021.

[29] 東京大学教養学部統計学教室 編. 統計学入門. 東京大学出版会, 1991.

[30] 西内啓. 統計学が最強の学問である [数学編]. ダイヤモンド社, 2017.

[31] 和達三樹. 微分積分. 岩波書店, 1988.

[32] 汪金芳, 桜井裕仁. ブートストラップ入門. 共立出版, 2011.

索　引

★　下付きのアルファベットはシステムを表します．例えば，Accumulate$_M$ は Mathematica，np.cumsum$_P$ は Python，cumsum$_R$ は R のものです．

記号・数字

〈著者略歴〉

矢 吹 太 朗（やぶき　たろう）

千葉工業大学情報変革科学部（高度応用情報科学科）・社会システム科学部（プロジェクトマネジメント学科）准教授

1976年生まれ. 1998年，東京大学理学部天文学科卒業. 2004年，東京大学大学院新領域創成科学研究科基盤情報学専攻修了，博士（科学）. 2004年，青山学院大学理工学部助手. 同助教を経て，2012年より千葉工業大学社会システム科学部准教授.

情報処理技術者試験委員.『Webアプリケーション構築入門』（森北出版），『基礎からしっかり学ぶC++の教科書』（日経BP社），『Webのしくみ』（サイエンス社），『ゼロからはじめるデータサイエンス入門』（講談社）などの著書がある.

コンピュータでとく数学
　—データサイエンスのための統計・微分積分・線形代数—

2024年4月5日　　第1版第1刷発行

著　　者　矢 吹 太 朗
発 行 者　村 上 和 夫
発 行 所　株式会社 オーム社
　　　　　郵便番号　101-8460
　　　　　東京都千代田区神田錦町 3-1
　　　　　電話　03(3233)0641(代表)
　　　　　URL　https://www.ohmsha.co.jp/

© 矢吹太朗 2024

組版　Green Cherry　　印刷　三美印刷　　製本　協栄製本
ISBN978-4-274-23179-7　Printed in Japan

本書の感想募集 https://www.ohmsha.co.jp/kansou/

本書をお読みになった感想を上記サイトまでお寄せください.
お寄せいただいた方には，抽選でプレゼントを差し上げます.